NSE 17

网络科学与工程丛书

图机器学习

Graph Machine Learning

宣琦 著

高等教育出版社·北京

图书在版编目（CIP）数据

图机器学习 / 宣琦著. --北京：高等教育出版社，2022.9

（网络科学与工程丛书/陈关荣主编）

ISBN 978-7-04-057639-9

Ⅰ.①图… Ⅱ.①宣… Ⅲ.①机器学习 Ⅳ.①TP181

中国版本图书馆 CIP 数据核字（2022）第 019788 号

Tu Jiqi Xuexi

策划编辑 刘 英　　责任编辑 刘 英　　封面设计 李卫青　　版式设计 李彩丽

插图绘制 邓 超　　责任校对 刘 莉　　责任印制 刘思涵

出版发行	高等教育出版社	咨询电话	400-810-0598
社　　址	北京市西城区德外大街 4 号	网　　址	http://www.hep.edu.cn
邮政编码	100120		http://www.hep.com.cn
印　　刷	中农印务有限公司	网上订购	http://www.hepmall.com.cn
开　　本	787mm × 1092mm　1/16		http://www.hepmall.com
印　　张	18.75		http://www.hepmall.cn
字　　数	350 千字	版　　次	2022 年 9 月第 1 版
插　　页	1	印　　次	2022 年 9 月第 1 次印刷
购书热线	010-58581118	定　　价	109.00 元

本书如有缺页、倒页、脱页等质量问题，请到所购图书销售部门联系调换

物 料 号　57639-00

序

随着以互联网为代表的网络信息技术的迅速发展，人类社会已经迈入了复杂网络时代。人类的生活与生产活动越来越多地依赖于各种复杂网络系统安全可靠和有效的运行。作为一个跨学科的新兴领域，“网络科学与工程”已经逐步形成并获得了迅猛发展。现在，许多发达国家的科学界和工程界都将这个新兴领域提上了国家科技发展规划的议事日程。在中国，复杂系统包括复杂网络作为基础研究也已列入《国家中长期科学和技术发展规划纲要（2006—2020年）》。

网络科学与工程重点研究自然科学技术和社会政治经济中各种复杂系统微观性态与宏观现象之间的密切联系，特别是其网络结构的形成机理与演化方式、结构模式与动态行为、运动规律与调控策略，以及多关联复杂系统在不同尺度下行为之间的相关性等。网络科学与工程融合了数学、统计物理、计算机科学及各类工程技术科学，探索采用复杂系统自组织演化发展的思想去建立全新的理论和方法，其中的网络拓扑学拓展了人们对复杂系统的认识，而网络动力学则更深入地刻画了复杂系统的本质。网络科学既是数学中经典图论和随机图论的自然延伸，也是系统科学和复杂性科学的创新发展。

为了适应这一高速发展的跨学科领域的迫切需求，中国工业与应用数学学会复杂系统与复杂网络专业委员会偕同高等教育出版社出版了这套“网络科学与工程丛书”。这套丛书将为中国广大的科研教学人员提供一个交流最新研究成果、介绍重要学科进展和指导年轻学者的平台，以共同推动国内网络科学与工程研究的进一步发展。丛书在内容上将涵盖网络科学的各个方面，特别是网络数学与图论的基础理论，网络拓扑与建模，网络信息检索、搜索算法与数据挖掘，网络动力学（如人类行为、网络传播、同步、控制与博弈），实际网络应用（如社会网络、生物网络、战争与高科技网络、无线传感器网络、通信网络与互联网），以及时间序列网络分析（如脑科学、心电图、音乐和语言）等。

“网络科学与工程丛书”旨在出版一系列高水准的研究专著和教材，使其成为引领复杂网络基础与应用研究的信息和学术资源。我们殷切希望通过这套丛书的出版，进一步活跃网络科学与工程的研究气氛，推动该学科领域知识的普及，并为其深入发展作出贡献。

金芳蓉（Fan Chung）院士

美国加州大学圣迭戈分校

二〇一一年元月

前言

世间万物皆有联系。网络图已经成为众多复杂系统结构的自然表征，小到分子，大到宇宙，横跨物理、生物、信息、社会及经济等众多学科，均可以描述成形形色色的网络图。自20世纪末以来，物理学家对来自不同领域的网络图表现出了浓厚的兴趣，期望能发现它们之间的“共性”，并提出了相应的物理学统一模型来进行解释，比如于1998年、1999年分别提出的小世界网络模型和无标度网络模型，以及之后提出的一系列模型。在这之后的20余年时间中，物理学家提出了大量的从微观到宏观的各类网络测度，并研究了不同的网络结构对其动力学行为的影响，涌现了许多成果。而计算机科学家则着眼于不同类节点、连边以及网络的结构“个性”，期望能抓住不同类节点、连边以及网络间的结构特征差异。基于此，通过对网络进行向量化表征，并结合机器学习技术来进行各类预测，比如虚拟货币交易网络中的诈骗节点识别、在线社交网络中的特定关系推断、电子商务和短视频平台的商品和内容推荐、基于分子结构的化学毒性预测等。对知识自动化的追求促使研究者提出各类网络图特征自动提取方法，即图嵌入方法，通过将网络中节点、连边、网络映射成不同维度的向量，建立起网络空间和欧氏空间之间的桥梁，有助于更为便捷地使用各类前沿的机器学习方法。近年来，随着深度学习的蓬勃发展，图数据挖掘领域也出现了多种端到端图神经网络框架，进一步提升了对各类网络图数据的自动化分析和处理能力。

本书主要介绍图机器学习，即结合网络图结构进行机器学习算法设计，并将其应用于实际网络数据挖掘中。事实上，从计算机科学的视角，在离散空间，时间序列、图像、视频可以认为是典型的一维、二维、三维网格数据，仅时间或空间相邻数据点之间有联系，每个节点有一个值对应其属性特征。网络图可以表达任意的拓扑结构，每个节点同样可以有其属性特征，是一种更具一般性的数据表征方式。

本书共分为8章，第1章介绍了物理世界和数字世界中的各类网络，在此基础上给出了网络图数据的表示，概述了图上的各类机器学习任务和方法，并详述了本书所使用的图数据集和相关资源。第2—5章是图机器学习的基础算法部分，从微观到宏观分别介绍了节点分类、链路预测、社团检测、图分类的各种机器学习任务及算法，每章先给出任务和评测指标体系，然后由浅入深地介绍基于启发式、图嵌入和深度学习的各类算法，并给出在真实数据上的实验结果，比较各类算法的优劣。社团检测属于非监督学习，相对独立，该任务在网络科学领域比较成熟，算法众多，我们选择了一些传统方法和深度学习方法进行介绍。算法的鲁棒性问题是近年来人工智能领域的热点研究方向之一，大量的研究表明人工智能算法具有其固有的脆弱性，输入数据细微的扰动就能导致算法的失效。基于类似的原理，对网络图数据的细微干扰（比如对图进行少量重连边操作或者对节点固有特征进行微扰等）也能使图机器学习算法失效。为此，第6章和第7章主要介绍图机器学习算法在对抗攻击下的鲁棒性（或安全性）问题，分别介绍对抗攻击策略和对抗防御策略。第6章详细探讨了针对多类图机器学习算法的对抗攻击策略，第7章介绍了包括对抗训练、图净化、对抗样本检测等对抗防御策略，以提升图机器学习在对抗环境中的鲁棒性。最后，第8章探讨了领域前沿图数据增强技术，通过利用图数据自身的结构和属性信息来拓展特征空间，乃至自动生成更多的标注数据，以全面提升图机器学习算法的性能。

本书聚焦于网络科学和人工智能前沿交叉领域，以期将机器学习前沿技术用于自动分析网络图数据，获取知识。对于网络科学领域的读者，我们期望本书介绍的图嵌入、深度学习、对抗攻防以及图数据增强等相关章节能够给您带来与传统网络科学书籍不一样的体验，在巩固网络科学相关知识的同时，也能促进您对人工智能的兴趣和技术积累；对于机器学习领域的读者，我们希望本书能够给您提供一个全新的应用领域，并了解网络图数据的普适性，其中介绍的网络科学、启发式算法等有助于您更深入地了解图数据的来源和应用前景。

作者要感谢近年来与本人在图机器学习领域并肩开拓的各位同学，包括张剑、王金焕、殳欣成、周嘉俊、陈丽红、谢昀苡、单雅璐、徐慧玲、沈杰、李晓慧、周涛、甘燃，以及我的同事阮中远，你们为本书作出了巨大贡献，协助我整理了本书的大部分材料，复现了相关算法，衷心感谢并为你们感到骄傲。

感谢香港城市大学陈关荣教授，将我带入网络科学这个非常有趣并充满挑战的前沿领域，让我在学术上实现自我成长。感谢中国工程院杨小牛院士，将我带入网络空间安全这一关系到未来人类命运共同体的领域，并启发我将安全引入图机器学习，从而开辟了全新的学术方向。同样也感谢国内外网络科学和人工智能领域的众多学者，与你们的交流、读你们的文章都能让我获得诸多启迪。

作者也要感谢家人、朋友以及同事对我一以贯之的支持和帮助。特别是我的父母和妻子，是你们的爱和无私付出让我有足够的时间沉浸在学术领域，去思考和探索。

特别感谢高等教育出版社刘英女士对本书的持续关注和大力支持，您专业的指导和帮助让本书得以通过最好的方式呈现给大家。

最后，感谢国家自然科学基金委、浙江省自然科学基金委等多年来对我们研究工作的大力支持。感谢本书的每一位读者，是你们的阅读真正实现了本书的价值，如果本书的任何一部分能够给你们带来一点点启发，我们都会由衷地感到高兴。

希望未来能有更多的青年学者一起在图机器学习这一充满挑战和机会的领域中探索。

宣琦
2021 年夏

目录

第1章 绪论

从系统论的观点看，原子之间通过化学键形成分子；蛋白质分子之间通过特定的相互调控，促成了地球上生命的涌现；神经元之间通过耦合形成的信息传递，造成了单个生命体智慧的涌现；进一步地，多个生命体之间通过协作，形成了蚁群、鸟群、鱼群以及原始人类部落等集群智能；而人类进一步利用先进的交通和通信工具，使得整个社会网络处于不断增长的态势，进一步提升了整个人类社会的群体智慧。由此可见，在地球生命演化的进程中，物理世界不同尺度的网络，包括分子网络[1]、蛋白质调控网络[2]、神经网络[3]、动物集群网络[4]、交通网络[5]、人类社会网络[6]乃至整个宇宙网络[7]等均扮演了极为重要的角色。

计算机和互联网技术的发展，特别是搜索引擎以及智能推荐算法的出现，极大地提升了我们获取信息的能力，这也自然地强化了人类的知识储备，促进了各类科学技术的蓬勃发展。通过模拟大脑神经网络，科学家提出了各类人工神经网络驱动下的智能算法[8,9]。社会科学领域中，在利益的驱使下，众多互联网公司热衷于采用智能算法精确获取用户的偏好，并过滤对应的信息片段以投其所好。这一方面可以为众多用户提供更好的服务，降低用户搜索信息所花费的时间；而另一方面，这些算法在打开一扇窗的同时，也关闭了众多的门，从而导致用户思维的

“极化”，学而不思，形成所谓的“信息茧房”效应[10]。这有可能在让我们增加知识的同时，退化思维，激化数字世界中不同人群意识的冲突。在金融领域，虚拟货币的出现极大地便利了交易，但同时也能看到各类诈骗、洗钱等犯罪行为频发，增加了金融领域的安全风险。由此可见，数字世界的各类网络，包括人工神经网络[8,9]、互联网[11]、数字货币交易网络[12]以及在线社会网络[10,13]等在促进世界繁荣的同时，也会带来诸多挑战和风险。

鉴于网络在物理世界和数字世界的普遍性，如图 1-1 所示，我们需要一套行

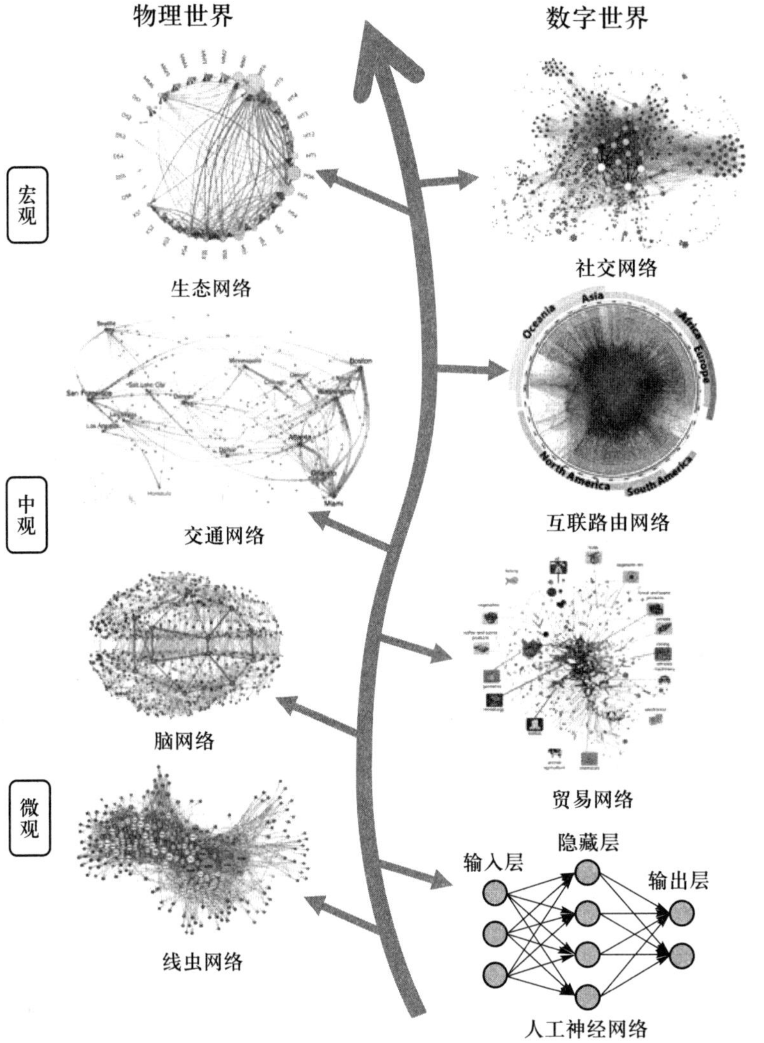

图 1-1　物理世界和数字世界的各类网络

之有效的方法体系对这些网络进行深入的分析挖掘，提取其中的关键信息，预测其发展趋势，设计更好的算法为社会服务；同时预测各类风险，并给出应对策略。

1.1 网络科学

对于网络的研究，起源于哥尼斯堡七桥问题。18 世纪初普鲁士的哥尼斯堡，有一条河流穿过，河上有两个小岛，为方便通行，人们在河上修建了七座桥，把两个岛与河岸联系起来。欧拉在 1736 年访问普鲁士的哥尼斯堡时，发现当地的市民正在讨论一个非常有趣的问题：能否一次走过所有七座桥，每座桥只经过一次，而且起点与终点必须是同一地点。欧拉通过数学抽象将该问题转化为一笔画问题，并成功将之解决。七桥问题开创了图论，也是网络科学的理论源头。

事实上，图（Graph）提供了一种用抽象的节点和连边表示各种实际网络的统一方法，也是目前描述复杂系统结构的通用语言。这种抽象方法的好处在于可以让研究人员透过现象看本质，通过对抽象图的研究得到实际网络的拓扑性质[14]。20 世纪 50 年代末，两位匈牙利数学家 Erdös 和 Rényi 建立了随机图理论（Random Graph Theory）[14]，用于系统地分析随机网络的拓扑结构。同时，数学家也比较关注一些具有特定结构的规则图，如笼状图（Cage Graph）[15]，该网络每个节点具有相同的度值，在给定度值和最小环长度的情况下，具有最小的节点数。通过数值模拟发现，此类网络在同等规模和连边密度的规则网络中，具有较小的平均最短路径，同时具有诸多良好的性能[16]。随着大数据时代的到来，越来越多的复杂系统结构被陆续揭示，实证数据表明现实中的网络图不是完全随机的，也不是完全规则的，通常介于两者之间，不同种类的网络会涌现出不同的结构。

1998 年，Watts 和 Strogatz 分析了一系列实际网络，发现这些网络同时具备最近邻耦合网络和随机网络的典型特点，即具有较大的聚类系数和较小的平均最短路径，为解释这一现象，他们建立了 WS 小世界模型[17]。紧接着，在 1999 年，Barabási 和 Albert 发现包括电影演员网络和电力网络在内的许多实际网络的度分布服从幂律分布，有别于 ER 随机网络的泊松分布。鉴于此，他们提出了符合增长和优先连接两种机制的 BA 无标度网络模型[18]。这两个开创性的研究吸引了大量不同领域的学者。在过去的 10 年里，受益于各领域数据采集手段不断提升，各类网络图数据日趋丰富，为网络研究者提供了极大的便利。来自数学、物理学、社会科学、生命科学、计算机科学等不同领域的研究人员提出了一系列方法用于分析、处理各类网络图,并研究其上的动力学行为[19]。网络科学与工程作为一个跨领域的新兴交叉学科,已经逐步形成并不断蓬勃发展,下面将简单介绍生命科学、经济学、社会科学以及互联网领域的多种物理世界和数字世界网络。

1.1.1　神经网络

在生命科学领域,通过大脑神经元细胞组成生物神经网络(Biological Neural Networks)产生意识,用来帮助生物体思考或行动。对生物神经网络的研究能够预测生物神经元在生物体行为中的作用。图 1-2 展示了秀丽线虫(*Caenorhabditis elegans*,C. elegans)的神经元连接组,Yan 等人[3]将网络中的控制框架应用于秀丽线虫的神经网络结构,成功预测了与线虫运动功能相关的神经元。他们首先预测了控制肌肉或运动神经元需要 12 个神经元组,其中 11 个已经被先前的激光消融实验所证实,其次预测了另一个与运动功能相关的神经元组,此外他们还推断出了同一个神经元组不同个体之间的功能具有很强的异质性,相关的预测和推断均被激光剔除实验所证实。

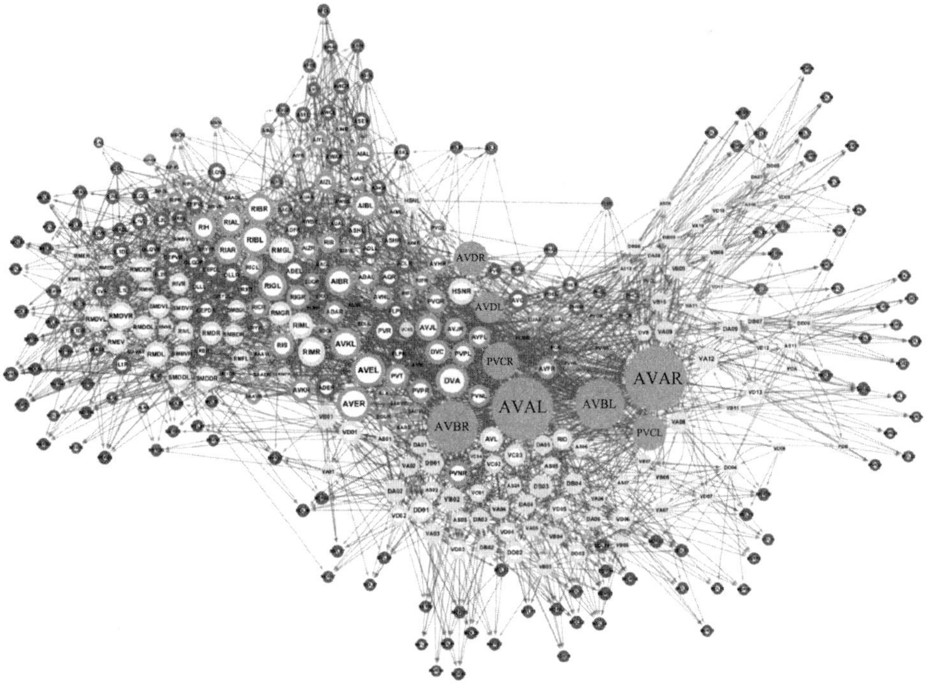

图 1-2　秀丽线虫神经元连接组(取自文献[3])

与之对应地，在数字世界，20 世纪 80 年代以来，人工神经网络作为一种性能强大的推理模型，成为人工智能领域的研究热点，而近年来关于深度神经网络的研究则将人工神经网络的发展推向了一个新的高点。人工神经网络由于多层级结构的设计，其研究方式不完全等同于生物神经网络，但通过研究相邻层间神经元的连接关系，可以将其再度表征为关系图，并纳入网络科学的研究框架中。例如，You 等人[20]提出了一种人工神经网络的关系图表征方法，通过神经网络相邻层间的信息流动产生关系图的节点和连边，该关系图表征了人工神经网络的信息流关系，其结构在一定程度上反映了信息流动的效率。图 1-3 展示了人工神经网络的关系图，利用关系图的平均路径长度和聚类系数等网络度量，可以探索和设计具有最佳预测性能的人工神经网络结构。可以预见，网络结构分析有望未来在很大程度上指导人工智能模型的设计和发展。

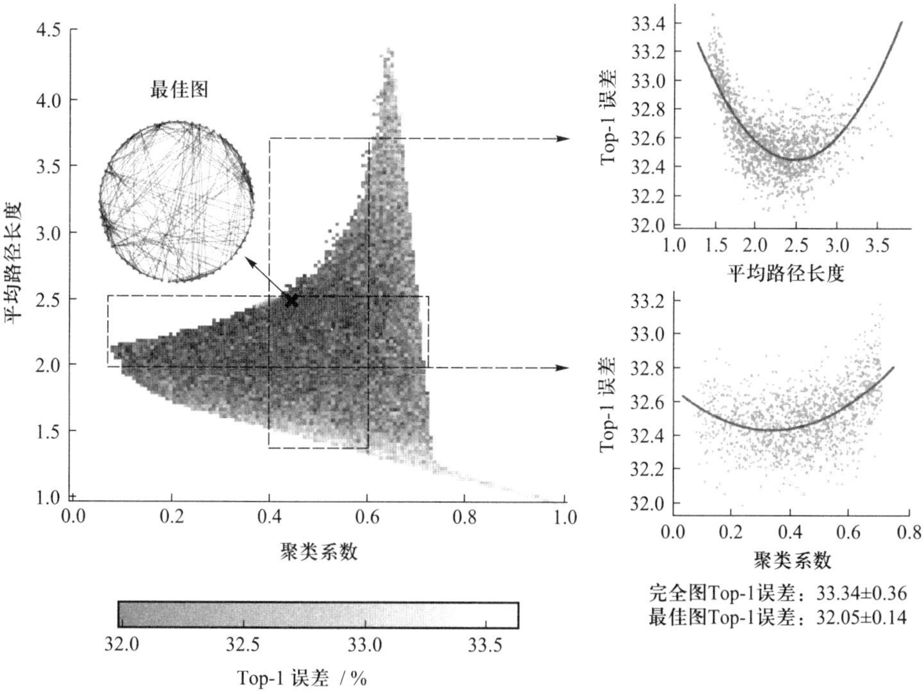

图 1-3 人工神经网络的关系图。利用关系图的平均路径长度和聚类系数等网络度量，来探索及设计具有最佳预测性能的人工神经网络结构（取自文献[20]）

1.1.2 交易网络

在金融领域，纸币作为现实生活中的通用货币，由国家发行并为其信用背书，人们使用纸币可以购买现实生活中的商品。例如，美元作为美国通用货币，在美国境内流通并被广泛使用。美元的流通情况与人的行踪轨迹密切相关，因此可以对美元的流通情况进行定量分析从而解释人的移动轨迹。Brockmann 等人[21]通过对数十万张美元纸币轨迹跟踪分析，发现美元的流通和人的移动轨迹可以通过连续时间随机游走过程来描述。此外，他们将城市作为节点，城市间的美元流通量作为连边，发现通过上述情况构建网络，可以判断美国两地之间的有效地理边界，如果两地之间美元流通量较小，则说明它们之间有明显的边界[22]。

与之对应，诞生于数字世界的虚拟货币在近几年也引起了越来越多的关注，其中最引人注目的便是区块链中的加密货币。作为一种特定的虚拟商品，区块链中的加密货币具有以下特点：没有集中发行方、数量有限、完全匿名以及交易不可追踪等。作为区块链 1.0 的代表，比特币是第一个去中心化的对等加密货币，单个比特币的价格在 2021 年 4 月 13 日首次突破 63 000 美元关口。以太坊于 2015 年推出，是目前最大的基于区块链的开源平台，支持分布式应用（即智能合约），并被广泛认为是区块链 2.0 的核心[23]。然而，随着区块链技术的快速发展，近年来区块链生态系统中也出现了各种类型的网络犯罪。犯罪分子利用区块链的匿名性逃避监管，从事洗钱、走私等违法活动。图 1-4 展示了以太坊钓鱼用户交易网络，图中共有三类节点：绿色为钓鱼节点，紫色为受害节点，橙色为资

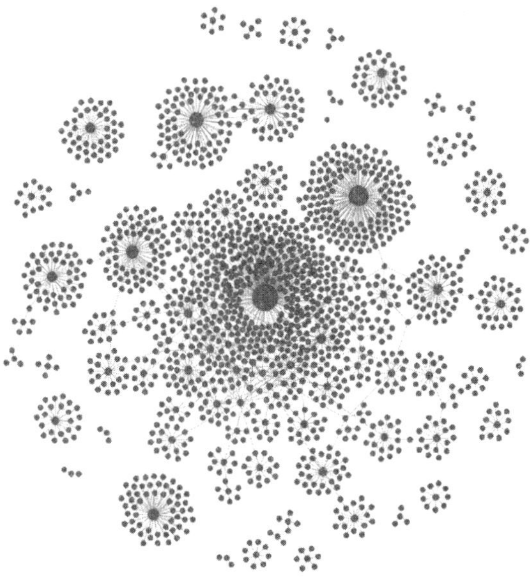

图 1-4　以太坊钓鱼用户交易网络（见彩图）

金转移节点;节点之间的连线表示两个节点之间在某一时刻存在交易行为。由该交易网络可以看出,钓鱼节点周围往往聚集了大量的受害节点,受害节点对钓鱼节点都是转入交易,而钓鱼节点往往会将资金转出到资金转移节点。当前,有很多研究利用图数据挖掘技术对比特币交易中的违法行为进行识别,取得了较好的效果,例如识别庞氏骗局[24]及钓鱼账户[25]等。

1.1.3 社会网络

在物理世界中,人与人之间会产生多种多样的联系,这种联系可以是生活中的好友关系、工作上的合作关系,也可以是由特定事件引发的联系。这些联系把人与人连在一起,形成了各式各样的社会网络。图 1-5 所示的演员合作网络就是一个典型的例子,具有不同背景、原本可能互不相识的演员因参演同一部电影而产生联系。Watts 和 Strogatz 正是通过演员合作网络验证了真实社交网络中的小世界特性[26]。在社会学领域,与其相似的六度分隔理论也指出了一个人和任何一个陌生人之间所间隔的人不会超过六个。

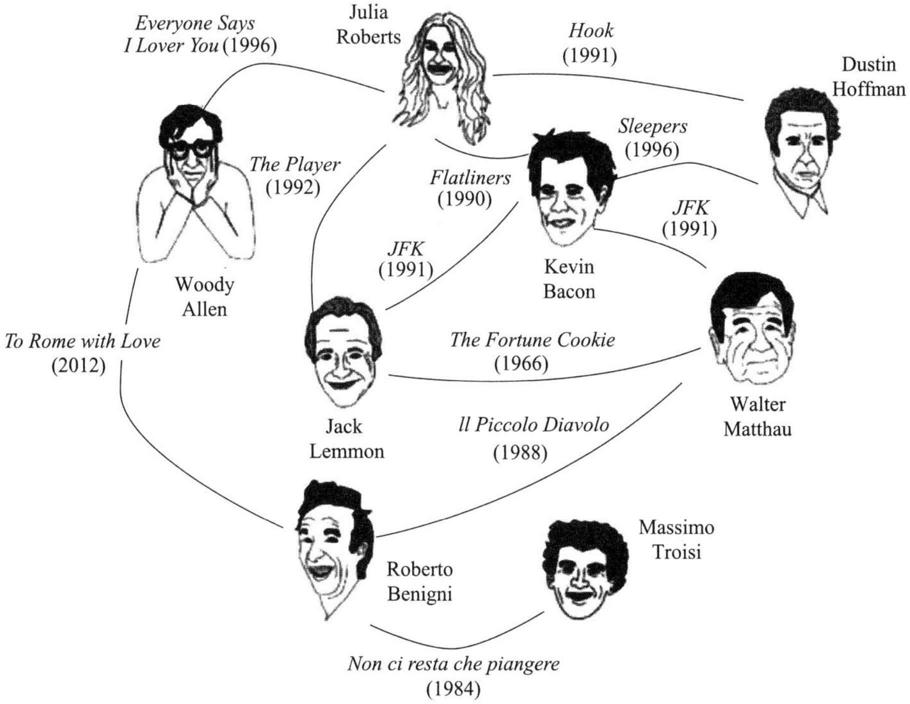

图 1-5 演员合作网络(取自文献[26])

人与人之间的关系同样也出现在作家构建的虚拟世界中。在文学作品中，不同的角色通过各种各样的关系连接在一起，发展出引人入胜的故事情节。如中国古典小说《红楼梦》、当代科幻小说《三体》和外国小说《权力的游戏》等优秀作品都呈现了不同于现实的虚拟社会，其中角色与角色之间的结构关系是否仍与现实世界相似？文献[27]研究了《权力的游戏》第三部中的角色与角色之间的关系，从角色关系网络的可视化结果可以看出，相同阵营之间的角色联系紧密，分属不同阵营的角色之间联系较弱。这与现实社会中的人与人之间的关系网络较为类似。

在数字世界，社会网络实现了虚实交融，我们会将线下的好友移入数字世界，同时也会在数字世界结识新的朋友，这些朋友或许从未在物理世界中谋面。以合作开发项目为例，软件开发者越来越趋向于以线上、远程的形式进行合作，这种形式打破了地域的限制，来自全球各地的开发者可以在同一个平台进行协作交流。一些著名的开源社区，如 GitHub，Apache Software Foundation（ASF）等都有大量的开发者在远程协同工作，开发者之间的邮件交流形成了一个项目开发阶段的社会网络。例如，Yin 等人[28]通过建立并研究 ASF Incubator 上诸多开源项目的开发者邮件网络和协作网络，来挖掘影响开源项目成败的关键因素。图 1-6 展示了 ASF Incubator 上的项目 Harmony 在 2005 年 5 月到 6 月间的开发者邮

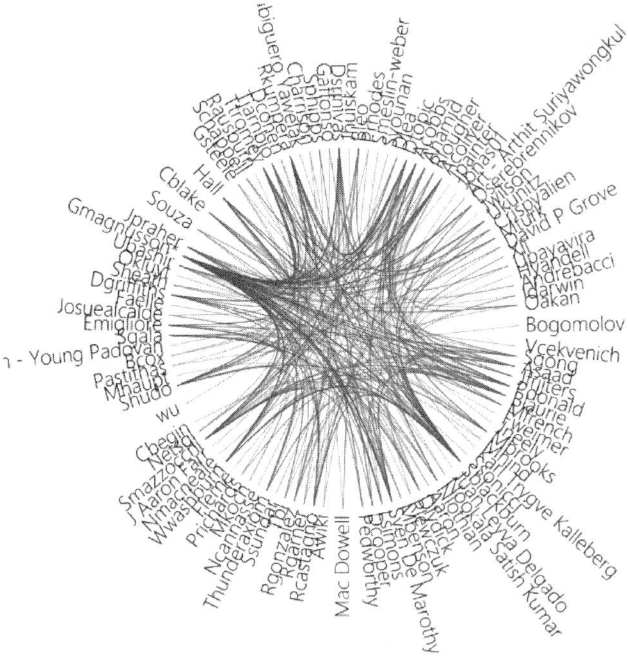

图 1-6　开发者邮件网络

件网络，从中可以看到该项目的核心成员。

1.1.4 互联网

互联网是连接物理世界和数字世界的枢纽，从不同细粒度刻画，可以分为4层[29]：接口层、路由层、接入点层及自治系统层。从自治系统层看，互联网现在由7万多个自治系统（Autonomous System，AS）组成，其中AS作为一个网络单元覆盖了不同的地理区域，每个AS构建自己的物理基础设施，并服务于不同的目的。AS有权决定在各自范围内使用的路由协议，然后通过边界网关协议（Border Gateway Protocol，BGP）在不同AS之间交换路由信息，实现全局可达。在自治系统层的互联网拓扑可以使用简单的网络进行建模，节点表示AS，连边表示两个AS之间的逻辑连接，并根据连边类型标记不同的业务关系。AS之间的业务关系大致可分为C2P（Customer-to-Provider）、P2P（Peer-to-Peer）和S2S（Sibling relationship）[29]。图1-7展示了2015年捕获的IPv4地址映射到AS层面的互联网拓扑宏观快照[30]，反映了互联网节点广泛的地理覆盖和丰富的互联性。对互联网拓扑结构的分析关系到互联网的良性发展，而图机器学习为互联网结构分析提供了可行方案，例如可以检测BGP中的异常行为[31]、推理未知的AS关系[32]等。

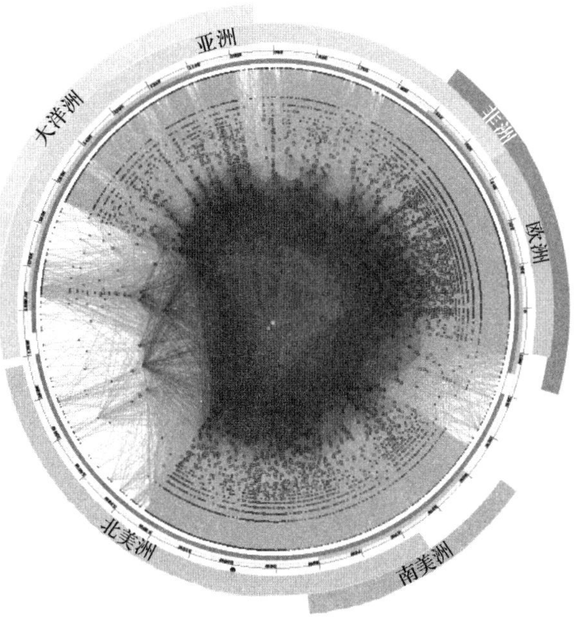

图1-7 IPv4地址映射AS层面的互联网拓扑宏观快照（取自互联网[30]）

1.2 图数据

在生活中,网络图无处不在,并且随着新技术的涌现不断增强。鉴于当前人工智能特别是机器学习技术的飞速发展,越来越多的学者将网络图与机器学习相结合,以期对网络图数据进行充分的挖掘分析。本书将重点介绍网络图上的机器学习方法,作为起点,我们有必要对图数据给出一般化的定义。

1.2.1 图数据的表示

一般地,给定一个网络图 $G=(V,E)$,其中 V 表示节点集合,E 表示连边集合。即假设一条连边的两个端点为节点 $u\in V$ 和节点 $v\in V$,则有 $(u,v)\in E$。对于图数据的结构特征,通常反映在其邻接矩阵 $\boldsymbol{A}\in R^{|V|\times|V|}$中。对图中的节点进行排序,以便每个节点索引邻接矩阵中的特定行和列。然后,可以将连边表示为矩阵中的对应项:

$$\boldsymbol{A}[u,v]=\begin{cases}1, & (u,v)\in E,\\ 0, & (u,v)\notin E.\end{cases} \tag{1-1}$$

如果图只包含无向边,那么 $\boldsymbol{A}$ 将是一个对称矩阵;但如果考虑有向边,那么 $\boldsymbol{A}$ 可能是非对称矩阵。在一些实际的图数据中也可能存在加权边的情况,即邻接矩阵中的项可以是任意实数。例如,在好友网络中,连边上的权重可以用来表示两个个体之间的亲密程度。在许多机器学习任务中,我们往往只关心简单图,在简单图中每一对节点之间最多只有一条边,这些边是无向无权的,并且节点与自身之间没有自环。

在复杂的实际场景下,存在不同类型节点或者边的图数据,常见的如异质图和多层图。异质图中存在不同类型的节点,连边的类型往往由节点类型来约束。例如,在一个异构的生物图数据中,可能存在几种类型的节点,分别代表蛋白质、药物及疾病,而表示治愈类型的连边只出现在药物节点和疾病节点之间。多层图可以被分解成 k 层网络的集合,每一层都包含所有的节点,但各层内节点之间会有不同的连边关系,同时层与层之间也会互相影响,如通信-电力耦合网络。当前,对于异质图和多层图的研究也是图数据挖掘的热点之一[33,34]。

1.2.2 图数据的特征

除了图数据的结构特征(即邻接矩阵 $\boldsymbol{A}$),与图相关联的属性或特征信息也有助于提升相关任务的精度。在许多情况下,节点级特征信息被用来作为图机器学习算法的输入。使用实数矩阵 $\boldsymbol{X} \in R^{|V| \times d}$ 表示节点特征,其中 d 表示节点特征的维度。如图 1-8 所示,特征矩阵中节点索引与邻接矩阵中的顺序须保持一致。在社会网络数据中,节点表示用户,节点上的特征可能是用户的年龄、身高、地区和性别等个人属性,也可能是用户的关注数、被关注数、转发频率和距离核心节点的最短距离等社交属性。

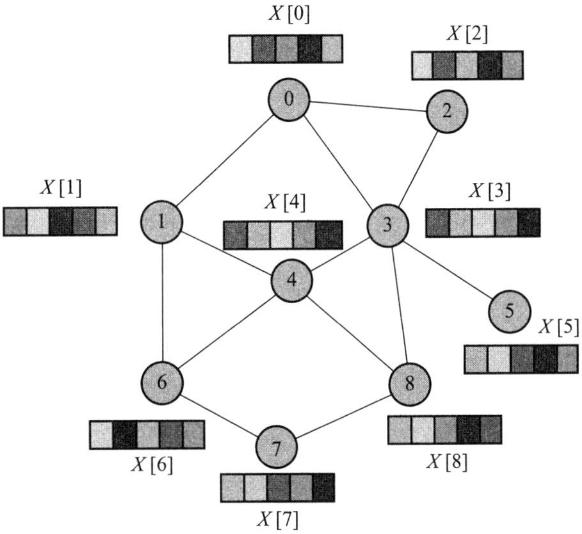

图 1-8 图数据结构特征和属性特征示意图

1.3 图上的机器学习任务

机器学习本质上是一门问题驱动的学科。通常步骤是从数据中分析提取相关特征,然后建立模型,从数据中学习参数,从而解决特定的问题。机器学习模型通常根据其寻求解决的任务类型进行分类:如果是有监督任务,模型需要根据给定的输入数据和相应的标签学习参数,同时在测试数据上应具有较好的泛化能力;如果是无监督任务,模型的目标就是自行推断数据中的模式,常见的任务如对数据进行聚类。

图数据上的机器学习任务也不例外,但在图任务中,通常的有监督和无监督对相关任务进行分类并不一定完全适用,例如将在第 1.3.1 小节提到的节点分类任务中,一些模型需要访问完整的图结构,包括所有测试数据中未标记的节点,唯一未知的是测试节点的标签。在训练期间,模型可以利用测试节点的结构和属性信息来改进,这被称为半监督学习任务。在本节余下的内容,我们将简要概述图数据上最重要的几种机器学习任务。

1.3.1 节点分类

在一个拥有数百万用户的大型社会网络数据集中,有相当一部分用户实际上是机器人[35]。这些社交机器人可能是虚假信息或者恶意信息暴发的源头,因此识别并移除这些机器人非常重要。然而,通过人工检查每个用户来确定他们是否是机器人,其代价显然过于昂贵。所以,我们希望有一个机器学习模型,在训练期间只需少量的标签,模型就可以自动将用户分类为机器人或不是机器人。这就是节点分类的一个典型例子。

节点分类任务的目标是预测某一节点的标签 y,y 代表节点的类别。在训练过程中,训练集合 $V_{\text{train}} \subset V$ 的节点标签已知。节点分类与标准监督分类任务有重要的区别。当构建有监督的机器学习模型时,通常假设这些数据点是独立同分布的,每个数据点都是统计独立的,否则,无法保证模型能泛化到新的数据点。节点分类不满足独立同分布的假设,而是为一组相互连接的节点进行建模。

近年来,节点分类可能是图数据上最流行的机器学习任务。事实上,许多节点分类方法背后的关键思路是利用相同类别节点之间的同质性,即节点与其在图中的邻居节点具有相似属性的趋势[36]。例如,人们倾向于与拥有相同兴趣或特征的人交朋友。基于趋同性的概念,我们可以建立机器学习模型,尝试将相似的标签分配给图中的邻近节点[37]。除了趋同性之外,还有结构等价等概念[38],即具有相似的局部邻域结构的节点将具有相似的标签。在构建节点分类模型时,我们希望利用这些概念并对节点之间的关系进行建模,而不是简单地将节点视为独立的数据点。

1.3.2 链路预测

根据节点与图中其他节点的关系,节点分类方法有助于推断出未知标签节点的信息。但是如果缺少了这些节点之间的关系信息,例如只知道特定细胞中存在一些蛋白质的相互作用,但想对缺失的相互作用作出预测,是否也可以使用机器学习模型来推断图中节点之间的连边?

答案是肯定的,这个任务有很多名称,比如链路预测、网络重构和关系推理等,取决于特定的应用领域,这里简单地称之为链路预测。与节点分类一样,这也是最流行的机器学习任务之一,通常作为下游任务来测试图算法的性能。同时,链路预测也有大量的实际应用,例如,社交平台通过推荐算法推送内容给用户[39]、预测药物副作用[40]以及推断互联网路由关系[41]等,所有这些任务可以看作是特定情况下的链路预测。

链路预测的标准设定是给定一组节点 V 和包含这些节点之间不完整的连边集合 $E_{\text{train}} \subset E$,来推断缺失的边 $E-E_{\text{train}}$。这项任务的复杂性高度依赖于相关场景的图数据类型。例如,在社会网络中,对于预测个体之间是否是好友关系,有一些基于两个节点共同邻居的简单启发式算法,就可以达到较好的性能[42,43]。在更复杂的多关系图数据集中,例如,存在着数百种不同生物交互的生物知识图谱,可能需要复杂的推理策略[44]。此外,与节点分类一样,链路预测任务也有许多变体,可以在单个图上进行预测[42,43],可以跨多个不相交的图进行预测[45],也可以是某种特定关系的预测[46]等。

1.3.3 社团检测

现实中大多数网络都呈现一定的社团结构[47,48],即网络中拥有相似属性的节点往往会形成社团、集群或模块。图 1-9 展示了蛋白质-蛋白质相互作用网络中的群落结构,节点表示蛋白质,连边表示相互作用。网络中存在 37 个内部紧密连接的蛋白质群落,包含 313 个蛋白质,涉及 1094 个相互作用。有些群落显示一定程度的重叠并连接在一起,如最突出的一个连接贯穿图的中心、包含 17 个链状连接的群落[49]。同样,社团也可以代表科学家之间的合作团队、社会网络中的朋友群以及互联网上主题相似的网站等。

识别网络中存在的社团结构可以帮助我们了解网络是如何从微观到宏观进行组织的,有助于根据节点所属社区的特征对其进行分类。节点分类和链路预测任务是用于推断图数据上的缺失信息,在许多方面这两个任务是图数据上的有监督学习;而网络中的社团检测,也称为网络聚类,则是对图的无监督聚类。图数据被检测算法划分成不同的节点集群,例如根据个体的爱好、所属机构或其他特征属性分成不同的社团。社团检测的难点在于算法的输入只有图结构信息 $G=(V,E)$,且对于复杂的实际图数据来说,单一节点可能属于多个社团[50]。社团检测的现实应用包括在遗传交互网络中发现功能模块[51]和在金融交易网络中

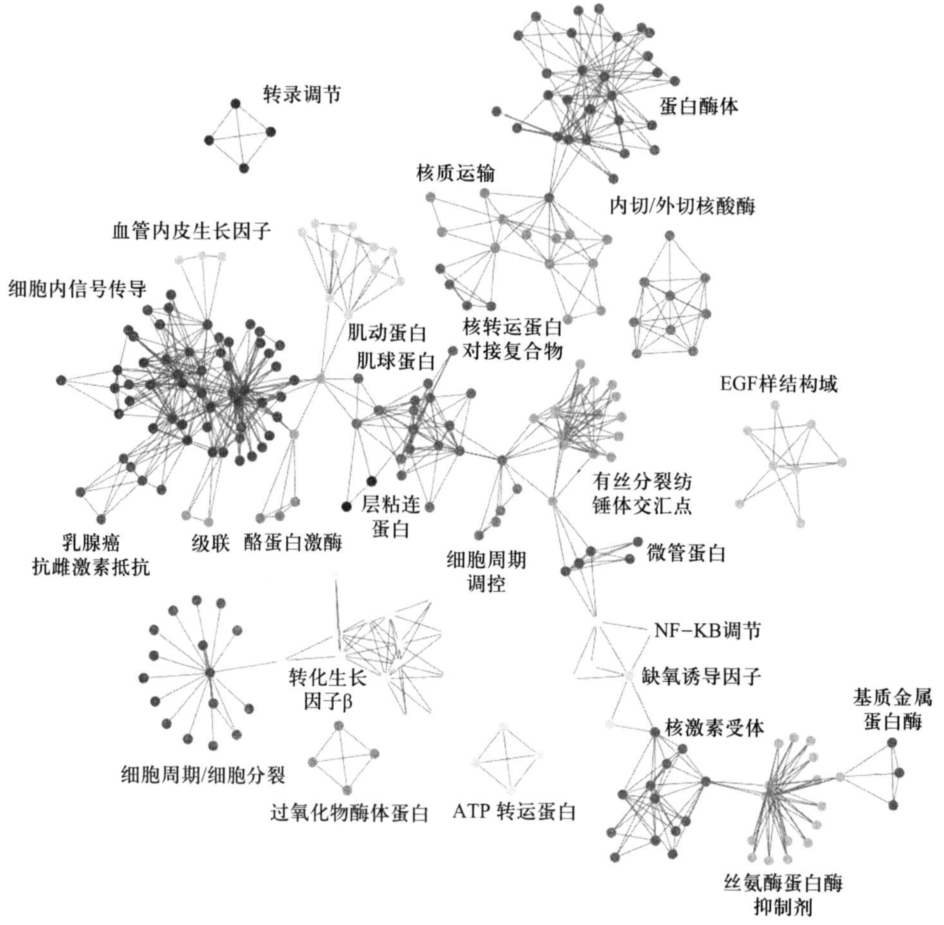

图 1-9　蛋白质-蛋白质相互作用网络中的群落结构(取自文献[49])

发现欺诈用户组[52]等。

1.3.4　图分类

图数据上另一类流行的机器学习应用涉及对整个图的分类或回归问题。在化学信息学的分子图结构中,可以用节点表示原子,连边表示原子对之间的化学键。可以利用分子图结构来预测它们的标签,例如分子的抗癌活性、溶解性或毒性等。在这些图分类(或回归)应用场景中,我们试图从训练集的图数据上学习或统计某些特征,针对每个图作出独立的预测,而不是对单个图的各个组成部分(即节点或连边)进行预测[53]。在所有关于图的机器学习任务中,图分类可能是最接近标准监督学习的设定,每个图都是一个与标签相关联的符合独立同分布的数据点,目标是使用一组带标签的训练数据来学习从数据点(即图数据)到标签的映射(即机器学习模型)。这些图层面任务的难点在于如何定义和设计相应图数据与关联标签之间的有用特征。

图分类也有大量的实际应用场景。例如,给定一个代表分子的图结构,我们可能想要建立一个回归模型来预测分子的毒性或溶解性[54];或者可能想要建立一个分类模型,通过分析语法和数据流,并构建为图结构的形式,来检测计算机程序是否存在恶意行为[55]。在自然语言处理(Natural Language Processing,NLP)领域,也有研究人员根据单词的共现关系构建网络进行文本分类[56]。此外,也有学者将时间序列数据通过可视图(Visibility Graph,VG)[57]技术转换成网络图,如图1-10所示,并采用图分类领域的相关技术来实现时间序列分类。之后提出了一系列改进的可视图技术,在脑电信号分类[58-60]、三相流分类[61]以及信号调制分类[52,62]等领域取得了较好的效果。可视图技术是一个非常重要的研究方向,它建立了时间序列和网络图两类数据之间的桥梁,从而可以将图数据挖掘领域的所有技术用于解决时间序列问题,极大地提升了图机器学习算法的普适性。图分类和回归在原理上较为类似,本书的后续部分将重点关注图分类问题。

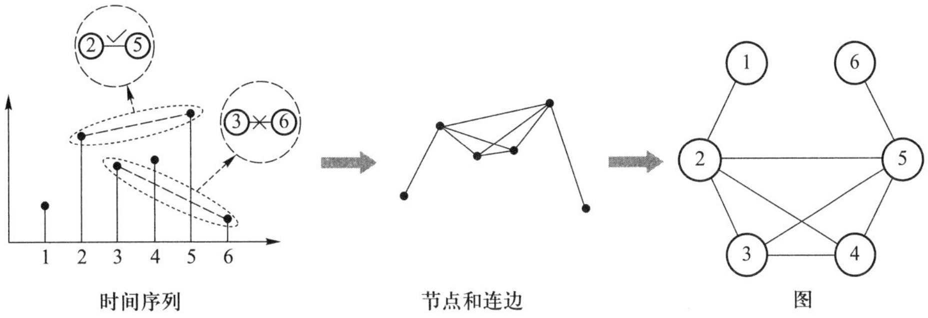

图 1-10 用可视图技术将时间序列映射成网络图(取自文献[53])

1.3.5 对抗攻防

机器学习模型已成功应用于数据挖掘、计算机视觉以及自然语言处理等领域。但是研究表明[63],机器学习容易受到对抗样本的攻击,导致模型产生不正确的输出,进而影响实际应用系统的可靠性和安全性。同样,近期的研究发现,网络数据挖掘领域的各类算法也容易受到对抗样本的攻击,例如,在信用评级应用场景中,对手很容易通过添加与他人的关系连边来伪装自己[64]。因此,引申出了两类研究课题:一类是研究攻击网络数据挖掘算法的策略,另一类是设计更加鲁棒的算法来抵御此类攻击。

鉴于图相关应用的重要性和图神经网络(Graph Neural Network,GNN)在近几年所取得的巨大成功,学术界和工业界对图神经网络的鲁棒性研究表现出了极大的兴趣。在2018年数据挖掘顶级会议KDD上,Zügner等人[65]提出了基于增量计算的攻击算法Nettack,该算法针对节点特征和图结构产生对抗性的扰动,同时通过保留重要的数据特征来确保扰动不易被察觉,获得了本次会议的最佳论文奖。Jin等人[66]提出了Pro-GNN,基本思想是源于对抗性攻击很可能违反真实世界中图数据的一些内在属性,例如许多真实世界的图通常是低秩且稀疏的,同时两个相邻节点的特征往往是相似的,框架Pro-GNN能从中毒的图数据中学习得到符合上述性质的图结构以及鲁棒性的GNN模型参数。

对抗攻防除了应用于节点分类、链路预测、网络聚类、图分类任务之外,在更现实的任务中也有很大的潜力,如基于图的搜索、推荐、广告等。如今,网络图数据经常与复杂的内容相关联,例如时序、图像、文本等,现有的攻击防御模型几乎没有考虑攻击和防御在动态或其他复杂网络系统下的效果,未来仍有很大的研究空间。

1.3.6 数据增强

网络数据挖掘算法的性能取决于数据与模型,因此可以从数据和模型两个层面来入手,本书主要关注数据增强。数据增强的概念源于计算机视觉[67]和自然语言处理[68],深度卷积神经网络在许多任务中表现得非常出色。卷积神经网络的性能严重依赖于大数据,以避免出现过拟合的现象。然而,在许多应用场景下,并没有足够的数据供神经网络进行训练,数据增强是提高图像分类精度的一种有效技术。

网络图数据增强的概念近几年才被提出,相关的研究工作目前较少,这是由于图的复杂、非欧几里得结构限制了可能的操作。计算机视觉和自然语言处理中常用的增强操作并不能直接移植到图数据领域。因此,研究人员根据不同应用场景提出了一些图数据增强策略。Rong等人[69]提出了DropEdge方法,随机从每个训练批次的输入图数据中删除一定数量的边,这类似于数据增强操作,从而有效缓解了图神经网络中的过拟合和过平滑问题。Zhao等人[70]的关键想法是利用图数据中固有的信息来预测哪些不存在的连边可能存在,以及哪些存在的连边在原始图 G 中可能被删除,从而产生修改后的图 G_m 来提高图神经网络模型的性能。Zhou等人[71]则根据图相似性指标对图进行结构变换,提升了图分类的效果。图数据增强还可以通过某种映射实现样本特征扩充从而实现增强,比如 Xuan 等人[72]提出的子图网络扩充特征空间技术，显著提升了图分类算法的性能。图数据上的数据增强研究仍处于起步阶段，有效并且可解释的增强策略需要进一步探索。

1.4 图上的机器学习算法

在详细介绍不同算法之前，有必要给出这些方法的背景。关于机器学习中的传统方法、图表示学习和图神经网络模型，本节将给出一个非常简短的介绍，这些概念和背景将为以后的内容奠定基础。

1.4.1 传统方法

在图数据上进行分类的传统方法遵循了深度学习出现之前流行的标准机器学习范式。我们首先基于启发式方法或领域内的相关知识，提取一些统计信息或特征，然后使用这些特征作为标准机器学习分类器(如逻辑斯谛回归)的输入，如图 1-11 所示。本节将首先介绍一些节点的统计特征，这些特征可用于节点分类；然后介绍用于度量节点邻域之间重合度的各种启发式方法，这些方法是设计链路预测算法的基础；最后讨论如何将节点的统计特征推广到图的特征，这些特征往往在图分类任务中使用。

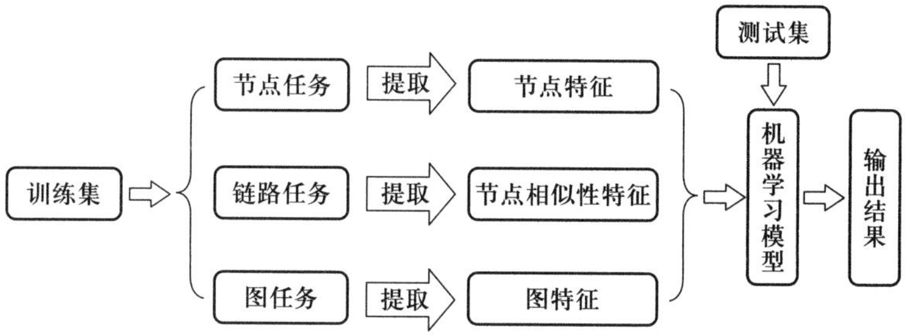

图 1-11　传统提取特征的方法

1. 节点特征

在对现实中的图数据提取特征时，通常需要考虑其实际物理意义。一般来说，节点中心性度量给网络中的每个节点分配一个真实的值，该值表示了节点在网络中重要性的程度。这里将简要介绍两种类型的中心性度量：一是仅基于结构信息就可以获得的结构中心性；二是通过动态过程（如随机游走）和迭代细化方法得到的迭代中心性[73,74]。

（1）结构中心性

一般而言，节点的度中心性是一个需要考虑的基本统计量，常常应用于节点任务的传统机器学习模型中，它往往是信息最丰富的特征之一。度值代表了一个节点在图结构中的局部重要性。但是，节点度值只是表示一个节点有多少邻居，这并不足以衡量一个节点在整个图中的重要性。为了获得更有效的重要性度量，可以考虑节点中心性的各种度量，它可以在各种节点分类任务中形成有用的特征。常用的节点中心性指标有介数中心性、接近中心性、聚类系数、k-核数等[73,74]。

（2）迭代中心性

一个节点的影响不仅取决于其相邻节点的数量，还取决于其相邻节点的影响，即相互增强效应[75]。常见的迭代中心性如特征向量中心性是基于无向网络设计的，而 PageRank 算法[76]、HITs 算法[77]及其变体主要用于有向网络。PageRank 最初用于网页排名，是谷歌搜索引擎的核心算法。为了解决悬空节点问题，PageRank 引入了一个随机跳变因子，它是一个可调参数，其最优值取决于网络结构和目标函数。由于节点在有向网络中可能发挥不同的作用，HITs 算法从两个方面对每个节点进行评估：权威值（Authority）和枢纽值（Hub）。在有向网络中，一个节点的权威值等于指向该节点的所有节点的枢纽值之和，一个节点的枢纽值等于该节点所指向的所有节点的权威值之和。

2. 节点相似性特征

上面介绍了部分单个节点的结构特征，这些统计特征对于节点分类任务有用，但不能量化节点之间的关系。这里将考虑一对节点之间的各种统计度量，这些度量量化了一对节点之间的关联程度，可以用于链路预测相关任务。

（1）局部度量

对于一般网络，两个节点的共同邻居数量越多，那么通常认为这两个节点就越相似，从而更倾向于相互连接。因此，最简单的局部度量就是两个节点的共同邻居数，基于共同邻居数的规范化得到的相似性指标有 Salton 指标、Jaccard 指标、Sϕrenson 指标、大度节点有利指标（Hub Promoted Index）、大度节点不利指标（Hub Depressed Index）和 LHN-I 指标等[42]。考虑到共同邻居的贡献度有所不同，可以赋予每个节点不同的权重来优化指标，例如，Adamic-Adar 指标、资源分配指标（Resource Allocation，RA）等[42]。局部度量是链路预测中非常有效的启发式方法，同时具有良好的可解释性。在有些任务中，即使与最先进的深度学习方法相比,也毫不逊色[78]。

(2) 全局度量

局部度量的局限性在于它们只考虑了节点的局部邻域,两个节点即使没有共同邻居,但在图中仍可能属于同一社区。全局度量则试图考虑全局范围内的信息,如局部路径指标(Local Path,LP)在共同邻居指标的基础上考虑了三阶邻居的贡献;Katz 指标[42]考虑了所有的路径,且越短的路径拥有越大的权重。然而 Katz 指标存在的一个问题是,它有很强的节点度值偏好性,考虑高度值节点时,相似度一般高于低度值节点,因为高度值的节点通常会涉及更多路径。为了解决这一问题,Leicht 等人[79]提出了 LHN-II 指标,该指标考虑了两个节点之间的实际观测路径数与期望路径数的比例。另外,全局相似度量还包括基于随机游走的相似性指标,常见的随机指标有平均通勤时间(Average Commute Time,ACT)、重启的随机游走(Random Walk with Restart,RWR)、SimR 指标和局部随机游走指标(Local Random Walk,LRW)等[42],我们将在第 3 章详细介绍。

3. 图特征

前面讨论了节点的各种统计特征,但是,如果目标是图的学习任务,则需要了解图特征提取方法。

(1) 节点特征聚合

获取图特征最简单的方法是聚合节点层面的统计特征。例如,可以计算图中节点的度值、中心性和聚类系数等网络节点属性的平均值,再将这些特征聚合成一个向量。这些聚合的信息可以用作图的特征。这种方法的缺点是完全基于局部节点的信息,可能会错过图数据中重要的全局属性。

(2) 图核方法

改进基本节点特征聚合方法的一种思路是使用图核方法。图核方法的思想是根据某种策略将节点邻居信息逐层迭代聚合到当前目标节点上。图核方法聚合得到的特征信息往往比以局部节点为中心直接聚合得到的特征信息更加丰富,将这些更丰富的特征映射为图的相似矩阵,可用于解决图的机器学习问题。

根据不同类型的聚合策略,图核方法可以分为基于邻域聚合技术的核方法、基于分配和匹配的核方法、基于子图模式的核方法以及基于游走和路径的核方法等[80]。一种较著名的图核方法是 WL(Weisfeiler-Lehman)核方法[81]。

(3) 子图、模体和图元

图 G 的子图是指由 G 的节点和连边的子集构成的另一个图。模体(Motifs)[82]是指具有一定模式结构并且在图 G 中频繁出现的子图。图元(Graphlets)[83,84]是指连通的异构子图,对于一定节点数的连通子图,通常存在确定数量的异构子图。如图 1-12 所示，节点数为 3 的图元数量为 2。可以用某个图元在一个图中出现的频率度量图局部结构相似性[83]。除此之外，还可以提取原始图中高阶子图的特征属性，以此作为原始图特征的扩充，从而提升图任务的效果[72]。

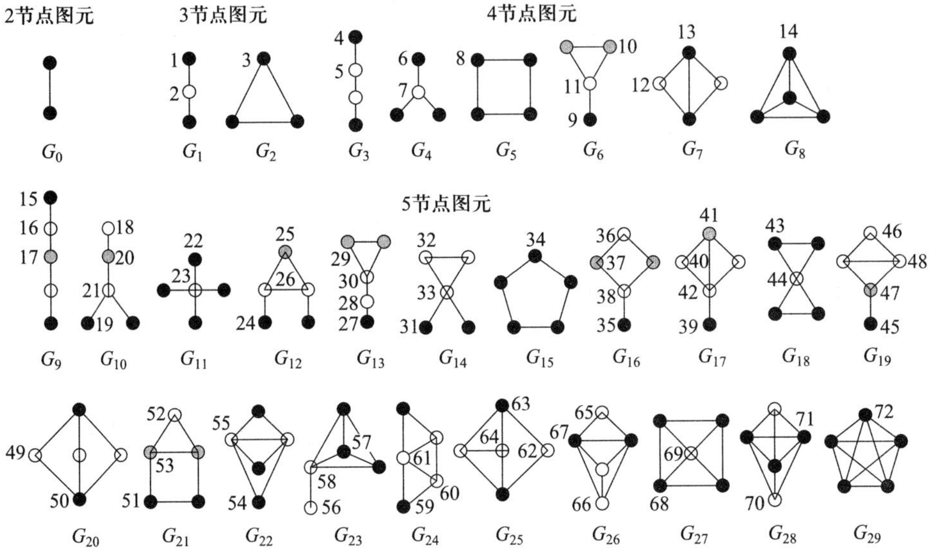

图 1-12　节点数分别为 2,3,4,5 的图元(取自文献[84])

1.4.2 图表示学习

前面介绍了度量指标和核方法如何为图数据任务提取特征信息。传统方法提取特征需要手工设计，需要较强的专业知识，因此存在较大的局限性。鉴于此，本节简要介绍在图上学习的另一种方法：图表示学习[85]。如图 1-13 所示，图表示学习的目标是将节点编码为低维向量，这些低维向量包含了节点在图中的位置以及它们的局部图的结构。换句话说，我们希望将节点投影到一个潜在欧氏空间中，这个潜在空间中的几何关系对应于原始图或网络中的关系。

第一种对节点编码的思想是基于矩阵分解。基于矩阵分解的图嵌入方法以矩阵的形式表示图属性(如节点之间的相似性)，对该矩阵进行分解得到节点嵌入。因此，图表示学习问题可以看作是一个保持结构的降维问题，它假设输入数据是一个低维流形。基于矩阵分解的图嵌入有两种类型：分解图拉普拉斯特征映射[86]和直接分解节点邻接矩阵[87]。

第二种对节点编码的思想是基于随机游走。基于随机游走的图表示方法的

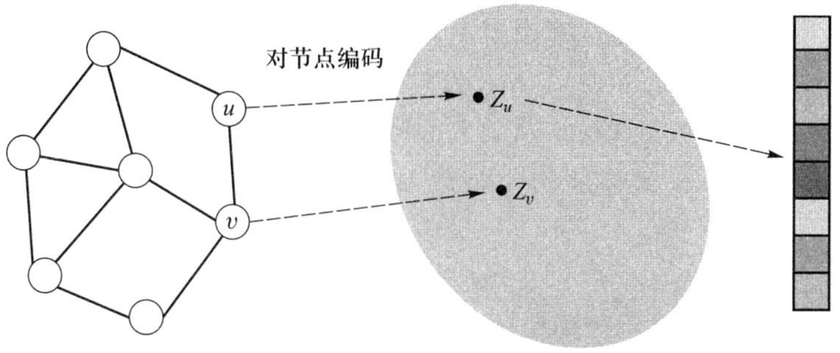

图 1-13　图表示学习

关键是如果两个节点倾向于在短时间的随机游走中同时出现,那么它们具有相似的嵌入。图被表示为从图中采样的一组随机游走路径,然后将深度学习方法应用到采样路径上进行图嵌入,保留路径所携带的图属性。

最著名的基于随机游走的图嵌入方法为 DeepWalk[88] 和 node2vec[89]。DeepWalk 采用自然语言模型 Skip-Gram[90] 进行图嵌入,Skip-Gram 的目的是最大化窗口内出现的单词之间的共现概率。node2vec 则设计了一种有偏的随机游走,包括广度优先搜索(Breadth-First Search,BFS)和深度优先搜索(Depth-First Search,DFS),有效地探索了不同的邻域。详细的图表示学习方法在后续章节中会陆续介绍。

1.4.3　图神经网络模型

图神经网络(Graph Neural Network,GNN)模型兴起的原因主要有两点。一是深度神经网络,特别是卷积神经网络能够提取多尺度局部空间特征并能够将其组合构建,表示能力具有高度表达性,这在几乎所有应用领域都取得了突破,开启了深度学习的新时代[91]。然而,卷积神经网络通常只能对图像(二维网格)、信号(一维序列)等规则的欧几里得数据进行操作,这阻碍了卷积神经网络从欧几里得域到非欧几里得域的转换。二是由于图表示学习的成功[85],通过学习得到低维向量来表示节点、边或子图。将深度神经网络模型扩展到非欧氏领域,通常称为几何深度学习,已经成为一个新兴的研究领域[92]。

图神经网络是通过图节点间的消息传递来捕获图依赖性的神经网络模型[93],其一般设计流程如图 1-14 所示。图神经网络模型主要由传播模块(Propagation Module)、采样模块(Sampling Module)和池化模块(Pooling Module)构成。传播模块用于在节点之间传播信息,这样聚合的信息就可以同时捕获特征和拓扑信息。在传播模块中，卷积操作和递归操作通常用于从邻居中聚合信息，跳跃连接(Skip Connection)操作用于从节点的历史表示中收集信息，以缓解过平滑问题，常用的模型如 GCN[94]、GAT[95]等。当图数据较大时，通常需要使用采样模块，常用的模型如 GraphSAGE[96]、FastGCN[97]等。当需要提取高阶子图或进行图的表示时，需要通过池化模块从节点中提取信息，常用的模型如 DiffPool[98]、SAGPool[99]等。

图 1-14 展示了 GNN 模型的一个典型架构，使用采样操作、卷积和递归操作以及跳跃连接操作在每一层传播信息，池化操作提取高阶信息；构建模型时 GNN 层通常被叠加，以获得更好的节点或图表示；设计不同的损失函数，应对不同的图数据挖掘任务。

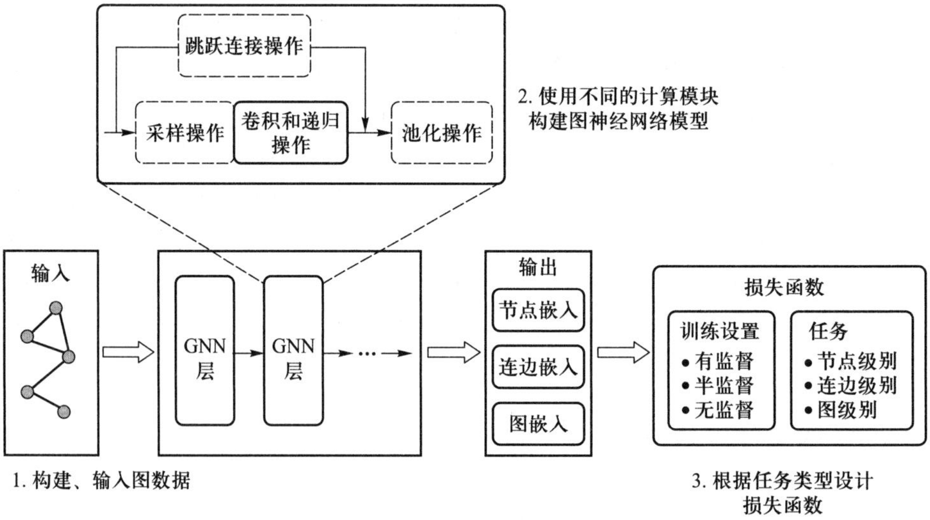

图 1-14　图神经网络模型的一般设计流程

1.5　一些资源

本节将列举一些图数据挖掘的相关资源，供读者参考使用。主要包括图数据集、数据挖掘常用 Python 库和网络可视化工具。

1.5.1 常用网络数据集网站

1. Stanford Network Analysis Project(SNAP)

SNAP(斯坦福网络分析平台)是一个通用的网络分析和图数据挖掘库,由斯坦福大学 Jure Leskovec 教授率领团队开发。

2. Network Repository[100]

Network Repository 是第一个基于网络可视化交互分析平台的图数据仓库。Network Repository 不仅允许用户下载,而且允许用户使用基于 Web 的交互式图形分析平台分析和可视化这些数据。

3. AMiner

AMiner 是清华大学唐杰教授率领团队建立的新一代科技情报分析与挖掘平台,其网站提供了不同类型的数据接口,可下载。

4. Open Graph Benchmark(OGB)[101]

OGB 是一个真实的、大规模的、多样的基准测试数据集,并用于图机器学习。斯坦福大学 Jure Leskovec 教授在 NeurlPS 2019 大会的演讲中介绍了 OGB 并宣布开源,可在其项目网站访问。

5. XBlock

中山大学开发的区块链数据集网站 XBlock 收集了当前主流区块链的链上与链下数据(比特币、以太坊的数据),可为科研人员进行区块链数据分析、反欺诈、智能合约、网络分析、性能分析等方面的研究提供必要的支持。

6. CAIDA

加州大学圣迭戈超级计算机中心应用互联网数据分析中心(Center for Applied Internet Data Analysis,CAIDA)建立的网站 CAIDA 收集了不同地理位置以及拓扑结构的互联网数据,并将这些数据提供给研究社区,同时保护提供数据或访问网络的个人和组织的隐私。

1.5.2 本书所使用的图数据集

本书所使用的图数据见表 1-1 和表 1-2,给出了各图数据的统计特征。

Karate[6]:该数据集描述了美国空手道俱乐部成员间的关系网络,共包含 34 个节点、78 条连边,其中节点表示俱乐部成员,连边表示成员间的好友关系。

Dolphins[102]:该数据集描述了海豚社会网络,共包含 62 个节点、159 条连边,其中节点表示海豚,连边表示两只海豚间具有频繁联系,该关系网络后因为一只海豚的离去而划分成了两个社团。

表 1-1 本书中节点和连边层面任务所使用的图数据集

数据集	节点数	连边数	特征维度	类别数	网络类型
Karate	34	78	—	2	社交
Dolphins	62	159	—	2	社交
Football	115	616	—	12	社交
BlogCatalog	5196	171 743	8189	6	社交
Flickr	7575	239 738	12 047	9	社交
Apache	3129	13 910	—	2	社交
Cora	2708	5429	1433	7	引文
Citeseer	3312	4732	3703	6	引文
PubMed	19 717	44 338	500	3	引文
Network Science (NS)	1461	2742	—	—	科研合作
Geom	6158	11 898	—	—	科研合作
C. elegans	453	2025	—	—	生物
Yeast	1870	2277	—	—	生物
Router	5022	6258	—	—	路由
USAir	332	2126	—	—	航空
Europe	399	5995	—	4	航空
ENZYMES296	125	141	—	2	化学
FIRSTMM DB5	545	1227	5	3	机器人

表 1-2 本书中图层面任务所使用的图数据集

数据集	网络数	正样本数	负样本数	类别数	网络类型
MUTAG	188	125	63	2	化学
PTC-MR	344	152	192	2	化学
PROTEINS	1113	663	450	2	化学
NCI1	4110	2057	2053	2	化学
DHFR	756	461	295	2	化学
BZR	405	86	319	2	化学

续表

数据集	网络数	正样本数	负样本数	类别数	网络类型
KKI	83	46	37	2	大脑
Peking-1	85	36	49	2	大脑
IMDB-B	1000	500	500	2	电影

Football[103]：美国大学橄榄球联赛数据集，该数据集获取自 2000 年秋季常规赛期间，网络中的节点表示球队，连边表示两只球队之间进行了比赛。该赛季共有 115 支球队，隶属于 12 个联盟，进行了 616 场比赛。

BlogCatalog[104]：BlogCatalog 是最大的网络博客之一。该数据集包含 5196 名用户，用户之间存在 171 743 对好友关系，其中每一名用户都具有一个 8189 维的关于博客关键词信息的特征向量。

Flickr[104]：Flickr 是一个照片和视频分享平台，数据集是将用户之间的交流作为节点之间的连边，用户所在的群组作为节点的标签，该数据集抽取了 9 个群组共 7575 名用户，并且确保他们具有唯一的标签，每名用户具有一个 12 047 维的关于照片类别兴趣的特征向量。

Apache：Apache Software Foundation（ASF）是为支持开源软件项目而创办的一个非营利性组织，包含软件项目如 Hadoop、Apache HTTP Server 等。ASF 不仅开放了项目的源代码，而且开源了工作过程中交流用的电子邮件信息。该数据集包含 3129 个用户或开发者，13 910 条用户之间的邮件交互信息。

Cora[105]：该数据集描述了机器学习相关论文的引用关系，入选的论文要求至少引用一篇其他论文或被一篇其他论文所引用，最终筛选得到 2708 篇论文，构建的引文网络节点数为 2708，连边数为 5429，其中节点表示论文，连边表示论文间的引用关系，由引用论文指向被引用论文。该数据集中的所有论文可分为 7 种类型：案例、遗传算法、神经网络、概率方法、强化学习、规则学习以及理论。

Citeseer[105]：该数据集由从 Citeseer 数据论文图书馆中选取的一部分论文组成，同样描述了论文间的引用关系。该引文网络中共包含 3312 个节点、4732 条连边，可依据论文主题分为 6 种类型：智能体、人工智能、数据库、信息检索、机器语言和人机交互。

PubMed[105]：该数据集包括来自 PubMed 数据库的 19 717 篇关于糖尿病的出版物，这些出版物之间共存在 44 338 条连边。数据集中节点的属性由一个以 500 个唯一单词的 TF-IDF 加权词向量来描述。TF-IDF 是一种信息检索的常用统计方法，用于评估一个字词对于一个文件集或一个语料库中一份文件的重要程度。

Network Science (NS)[106]:NS 是网络科学领域科学家合作网络。网络中的节点表示领域内的科学家,连边表示他们曾合作发表文章。该网络由 1461 个节点和 2742 条连边构成。

Geom:Geom 是一个计算几何领域的科研合作网络。网络中的节点表示领域内的科学家,连边表示他们曾合作发表文章,连边上的权重表示两个作者合作的次数。该网络由 6158 个节点和 11 898 条连边构成。

C. elegans[107]:该网络表示的是秀丽线虫的新陈代谢网络,其中节点代表参与新陈代谢的基质,连边代表基质之间的相互作用。该网络为一个无向含权的网络,包含 453 个节点,2025 条无向连边。

Yeast[108]:该网络建模了酵母菌中蛋白质-蛋白质相互作用,节点表示不同的蛋白质,连边表示不同蛋白质之间的代谢相互作用。网络包含 1870 个节点和 2277 条无向连边。

Router[109]:Internet 路由器层次的网络。该网络中的节点表示路由器,如果两个路由器之间通过光缆等方式相连直接交换数据包,则这两个路由器对应的节点之间有一条连边。该网络包含 5022 个节点和 6258 条连边。

USAir:该数据集中的每个节点对应一个机场,如果两个机场之间有直飞航班,那么它们所对应的两个节点之间有一条连边。该网络包含美国 332 个机场以及它们之间的 2126 条航线。

Europe:该数据来源于欧盟统计局(Statistical Office of the European Union-Eurostat)2016 年 1—11 月的航班统计信息。机场表示为节点,机场之间的航班交互信息表示为节点之间的连边,每个节点的标签根据机场航班起落数量进行四等分标注。该数据集中存在 399 个节点和 5995 条连边。

ENZYMES296[110]:ENZYMES 是从酶数据库中获得的 600 个蛋白质三级结构的数据集。ENZYMES296 为 ENZYMES 数据集中的第 296 个网络图。

FIRSTMM DB5[111]:FIRSTMM DB 包含一组对应于 3D 点云数据的图和各种对象的类别,用于语义和基于图的对象类别预测。该数据集共包含 41 个图,FIRSTMM DB5 为该数据集的第 5 个图。

MUTAG[112]:这是一个关于异芳基硝基化合物和诱变芳香族化合物的数据集,包含 188 个网络。每个网络的节点和连边分别代表原子和原子之间的化学键,根据是否对革兰阴性杆菌有诱变作用而被标记不同的标签。

PTC-MR[113]:这是一个致癌分子数据集,包含 344 个网络。每个网络的节点和连边分别代表原子和原子之间的化学键,标签由对大鼠的致癌性决定。

PROTEINS[114]:该数据集是蛋白质数据集,包含 1113 个网络。每个网络的节点表示二级结构元素,连边表示氨基酸序列(或三维空间)中的邻居信息,网络的类别被酶蛋白或非酶蛋白标记为两类。

NCI1[115]:该数据集由 4110 个网络组成,网络的节点和连边分别代表原子和它们之间的化学键。两个数据集分别是非小细胞肺癌和卵巢癌细胞系活性性筛选化合物数据集的两个平衡网络数据子集。根据是否对癌细胞有效来区分阳性样本和阴性样本。

DHFR 和 BZR[116]:DHFR 和 BZR 是计算化学领域的数据集。DHFR 数据集包含 756 种二氢叶酸还原酶抑制剂(DHFR),BZR 数据集包含用于苯二氮草受体(BZR)的 405 个配体。

KKI 和 Peking-1[117]:KKI 和 Peking-1 是由全脑功能磁共振成像图谱构建的脑网络。每个顶点对应一个感兴趣的区域,每个边表示两个感兴趣区域之间的相关性。这些数据集是为注意缺陷多动障碍分类任务而构建的。数据集分别来自 Kennedy Krieger Institute (KKI)和北京大学(Peking University)。

IMDB-B[118]:这是一个从 IMDB 中收集的电影协作网络数据集,包含了 1000 个网络。对于每个网络,节点表示演员,如果他们曾出现在同一部电影中,则节点之间有一条连边。每个网络被归类为动作或爱情中的一个主题。

本书第 2 章节点分类中使用了 Europe、Cora 和 BlogCatalog 三个数据集进行对比实验;第 3 章链路预测中使用了 C. elegans、Yeast、USAir、NS、Cora 和 Citeseer 六个数据集进行对比实验;第 4 章社团检测中使用了 Karate、Dolphins、Football、Cora、Citeseer 和 PubMed 六个数据集进行对比实验;第 5 章图分类中使用了 MUTAG、PROTEINS、NCI1 三个数据集进行对比实验;第 6 章对抗攻击中使用了 Cora 和 Citeseer 进行节点分类攻击实验,使用了 Cora 和 Apche 进行链路预测攻击实验,使用了 Polbooks 进行社区检测攻击实验,使用了 Erdös-Rényi 随机网络模型生成的图数据集进行图分类攻击实验;第 7 章对抗防御中使用了 Cora、Citeseer 和 PolBlogs 三个数据集进行节点分类防御实验,使用了 Dolphins 和 Polbooks 两个数据集进行社团检测防御实验,使用了 MUTAG、DHFR 和 BZR 三个数据集进行图分类任务中对抗样本检测;第 8 章数据增强中使用了 Karate、PolBlogs 和 Polbooks 进行社团检测增强实验,使用了 BlogCatalog、Flickr、Karate、ENZYMES296 和 FIRSTMM DB5 进行节点分类增强实验,使用了 Router 和 C. elegans 进行链路预测增强实验,使用了 C. elegans、NS 和 Geom 进行链路权重预测增强实验,使用了 MUTAG、PTC-MR、KKI、Peking-1、NCI1 和 IMDB-B 进行图分类增强实验。

1.5.3 图数据挖掘常用库

1. NetworkX

NetworkX 是一个 Python 库，这个库提供了图形对象的类，创建标准图形的生成器，读取数据集的 I/O 操作，分析网络的基本算法和一些基本的绘图工具。

2. igraph

igraph 是一个用于创建和操作图形以及分析网络的库集合，包含 C、Python、R 和 Mathematica 四种语言接口。

3. OpenNE

OpenNE 由清华大学自然语言处理实验室开发，这个库提供了一个标准的图表示学习训练和测试框架。在这个框架中，统一了不同图表示学习模型的输入和输出接口，并为每种模型提供了可扩展的选项。

4. Deep Graph Library(DGL)[119]

DGL 由亚马逊开发，这是一个 Python 库，易于使用、高性能、可伸缩，利用其数据集可快速构建、训练和评估图神经网络模型。此外，DGL 可以建立在不同的深度学习框架之上，如 PyTorch、Apache MXNet 或 TensorFlow。

5. PyTorch Geometric

PyTorch Geometric 是一个基于 PyTorch 的几何深度学习扩展库。

6. tf_geometric

tf_geometric 是一个高效且友好的图神经网络库，同时支持 TensorFlow 1.x 和 2.x。该库同时提供面向对象接口(OOP API)和函数式接口(Functional API)，可以用来构建有趣的模型。

1.5.4 网络可视化工具

1. Gephi[120]

Gephi 是一个可视化软件，可用于各种图形和网络的可视化。同时，Gephi 是开源和免费的，可以运行在 Windows、Mac OS X 和 Linux 等不同操作系统上。

2. Graphviz

Graphviz 是由 AT&T 开发的一个开源图形可视化软件，在网络、生物信息学、软件工程、数据库、网页设计、机器学习以及其他技术领域的可视化方面有着重要的应用。

3. Cytoscape

Cytoscape 是一个开源软件平台，最初是为生物研究设计的，现在是一个复杂网络分析和可视化的通用平台。Cytoscape core distribution 提供了一组用于数据集成、分析和可视化的基本工具。

4. Apache ECharts

Apache ECharts 是一个基于 JavaScript 的开源可视化图表库,它提供了丰富的可视化类型,包括用于图数据的可视化。

5. Data-Driven Documents(D3)

D3 即数据操作文档,其中 D3. js 是一个基于数据操作文档的 JavaScript 库,用于在 Web 浏览器中生成动态的、交互式的数据可视化,它使用了可缩放矢量图形(Scalable Vector Graphics,SVG)、HTML5 和 CSS 标准。

参考文献

[1] Mostafavi S, Gaiteri C, Sullivan S E, et al. A molecular network of the aging human brain provides insights into the pathology and cognitive decline of Alzheimer's disease[J]. Nature Neuroscience, 2018, 21(6): 811-819.

[2] Mozgova I, Hennig L. The polycomb group protein regulatory network[J]. Annual Review of Plant Biology, 2015, 66: 269-296.

[3] Yan G, Vértes P E, Towlson E K, et al. Network control principles predict neuron function in the *Caenorhabditis elegans* connectome[J]. Nature, 2017, 550(7677): 519-523.

[4] Farine D R, Whitehead H. Constructing, conducting and interpreting animal social network analysis[J]. Journal of Animal Ecology, 2015, 84(5): 1144-1163.

[5] Erhardt G D, Roy S, Cooper D, et al. Do transportation network companies decrease or increase congestion?[J]. Science Advances, 2019, 5(5): eaau2670.

[6] Zachary W W. An information flow model for conflict and fission in small groups[J]. Journal of Anthropological Research, 1977, 33(4): 452-473.

[7] Ibata R A, Lewis G F. The cosmic web in our own backyard[J]. Science, 2008, 319(5859): 50-52.

[8] Wang S C. Artificial neural network[M]// Wang S C. Interdisciplinary Computing in Java Programming. Boston, MA: Springer, 2003: 81-100.

[9] Pun G P P, Batra R, Ramprasad R, et al. Physically informed artificial neural networks for atomistic modeling of materials[J]. Nature Communications, 2019,

10(1):1-10.

[10] Barberá P, Jost J T, Nagler J, et al. Tweeting from left to right: Is online political communication more than an echo chamber? [J]. Psychological Science, 2015, 26(10): 1531-1542.

[11] Donnet B, Friedman T. Internet topology discovery: A survey [J]. IEEE Communications Surveys & Tutorials, 2007, 9(4): 56-69.

[12] Böhme R, Christin N, Edelman B, et al. Bitcoin: Economics, technology, and governance[J]. Journal of Economic Perspectives, 2015, 29(2): 213-238.

[13] Grinberg N, Joseph K, Friedland L, et al. Fake news on Twitter during the 2016 US presidential election[J]. Science, 2019, 363(6425): 374-378.

[14] Erdös P, Rényi A. On the evolution of random graphs[J]. Publ. Math. Inst. Hung. Acad. Sci, 1960, 5(1): 17-60.

[15] Exoo G, Jajcay R. Dynamic cage survey [J]. The Electronic Journal of Combinatorics, 2012: DS16: July 26-2013.

[16] Xuan Q, Li Y, Wu T J. Optimal symmetric networks in terms of minimizing average shortest path length and their sub-optimal growth model[J]. Physica A: Statistical Mechanics and its Applications, 2009, 388(7): 1257-1267.

[17] Watts D J, Strogatz S H. Collective dynamics of 'small-world' networks[J]. Nature, 1998, 393(6684): 440-442.

[18] Barabási A L, Albert R. Emergence of scaling in random networks [J]. Science, 1999, 286(5439): 509-512.

[19] Zhang Z K, Liu C, Zhan X X, et al. Dynamics of information diffusion and its applications on complex networks[J]. Physics Reports, 2016, 651: 1-34.

[20] You J, Leskovec J, He K, et al. Graph structure of neural networks [C]// International Conference on Machine Learning, Virtual Event, 2020: 10881-10891.

[21] Brockmann D, Hufnagel L, Geisel T. The scaling laws of human travel[J]. Nature, 2006, 439(7075): 462-465.

[22] Brockmann D. Following the money[J]. Physics World, 2010, 23(02): 31.

[23] Wang S, Ouyang L, Yuan Y, et al. Blockchain-enabled smart contracts: Architecture, applications, and future trends [J]. IEEE Transactions on Systems, Man, and Cybernetics: Systems, 2019, 49(11): 2266-2277.

[24] Yu S, Jin J, Xie Y, et al. Ponzi scheme detection in ethereum transaction network[J/OL]. arXiv preprint arXiv: 2104.08456, 2021.

[25] Wu J, Yuan Q, Lin D, et al. Who are the phishers? phishing scam detection on ethereum via network embedding[J]. IEEE Transactions on Systems, Man, and Cybernetics: Systems, 2022, 52(2): 1156-1166.

[26] Latora V, Nicosia V, Russo G. Complex Networks: Principles, Methods and Applications[M]. Cambridge: Cambridge University Press, 2017.

[27] Beveridge A, Shan J. Network of thrones[J]. Math Horizons, 2016, 23(4): 18-22.

[28] Yin L, Chen Z, Xuan Q, et al. Sustainability forecasting for Apache incubator projects[C]// Proceedings of the 29th ACM Joint Meeting on European Software Engineering Conference and Symposium on the Foundations of Software Engineering, Athens, 2021: 1056-1067.

[29] Motamedi R, Rejaie R, Willinger W. A survey of techniques for Internet topology discovery[J]. IEEE Communications Surveys & Tutorials, 2014, 17(2): 1044-1065.

[30] caida官方网站.

[31] Al-Musawi B, Branch P, Armitage G. BGP anomaly detection techniques: A survey[J]. IEEE Communications Surveys & Tutorials, 2016, 19(1): 377-396.

[32] Jin Z, Shi X, Yang Y, et al. TopoScope: Recover AS relationships from fragmentary observations[C]//Proceedings of the ACM Internet Measurement Conference, Pittsburgh, 2020: 266-280.

[33] Shi C, Li Y, Zhang J, et al. A survey of heterogeneous information network analysis[J]. IEEE Transactions on Knowledge and Data Engineering, 2016, 29(1): 17-37.

[34] Boccaletti S, Bianconi G, Criado R, et al. The structure and dynamics of multilayer networks[J]. Physics Reports, 2014, 544(1): 1-122.

[35] Shao C, Ciampaglia G L, Varol O, et al. The spread of low-credibility content by social bots[J]. Nature Communications, 2018, 9(1): 1-9.

[36] McPherson M, Smith-Lovin L, Cook J M. Birds of a feather: Homophily in social networks[J]. Annual Review of Sociology, 2001, 27(1): 415-444.

[37] Zhou D, Bousquet O, Lal T N, et al. Learning with local and global consistency[C]//Advances in Neural Information Processing Systems, Vancouver, 2004: 321-328.

[38] Donnat C, Zitnik M, Hallac D, et al. Learning structural node embeddings via

diffusion wavelets[C]//Proceedings of the 24th ACM SIGKDD International Conference on Knowledge Discovery & Data Mining, London, 2018: 1320-1329.

[39] Ying R, He R, Chen K, et al. Graph convolutional neural networks for web-scale recommender systems [C]//Proceedings of the 24th ACM SIGKDD International Conference on Knowledge Discovery & Data Mining, London, 2018:974-983.

[40] Zitnik M, Agrawal M, Leskovec J. Modeling polypharmacy side effects with graph convolutional networks[J]. Bioinformatics, 2018, 34(13):457-466.

[41] Jin Y, Scott C, Dhamdhere A, et al. Stable and practical AS relationship inference with ProbLink[C]//Proceedings of the 16th USENIX Symposium on Networked Systems Design and Implementation, Boston, 2019:581-598.

[42] Lü L, Zhou T. Link prediction in complex networks: A survey[J]. Physica A: Statistical Mechanics and its Applications, 2011, 390(6):1150-1170.

[43] Fu C, Zhao M, Fan L, et al. Link weight prediction using supervised learning methods and its application to yelp layered network[J]. IEEE Transactions on Knowledge and Data Engineering, 2018, 30(8):1507-1518.

[44] Nickel M, Murphy K, Tresp V, et al. A review of relational machine learning for knowledge graphs[J]. Proceedings of the IEEE, 2015, 104(1):11-33.

[45] Teru K, Denis E, Hamilton W. Inductive relation prediction by subgraph reasoning[C]//International Conference on Machine Learning, Virtual Event, 2020:9448-9457.

[46] Bogaert M, Ballings M, Van den Poel D. Evaluating the importance of different communication types in romantic tie prediction on social media[J]. Annals of Operations Research, 2018, 263(1):501-527.

[47] Fortunato S, Hric D. Community detection in networks: A user guide [J]. Physics Reports, 2016, 659:1-44.

[48] Fortunato S. Community detection in graphs[J]. Physics Reports, 2010, 486(3-5):75-174.

[49] Jonsson P F, Cavanna T, Zicha D, et al. Cluster analysis of networks generated through homology: Automatic identification of important protein communities involved in cancer metastasis[J]. BMC Bioinformatics, 2006, 7(1):1-13.

[50] Xie J, Kelley S, Szymanski B K. Overlapping community detection in networks: The state-of-the-art and comparative study [J]. ACM Computing

Surveys,2013,45(4):1-35.

[51] Agrawal M,Zitnik M,Leskovec J. Large-scale analysis of disease pathways in the human interactome[C]//Proceedings of the Pacific Symposium,Hawaii, 2018:111-122.

[52] Pandit S,Chau D H,Wang S,et al. Netprobe:A fast and scalable system for fraud detection in online auction networks[C]//Proceedings of the 16th International conference on World Wide Web,Banff Alberta,2007:201-210.

[53] Xuan Q,Qiu K,Zhou J,et al. Adaptive visibility graph neural network and its application in modulation classification[J/OL]. arXiv preprint arXiv: 2106.08564.

[54] Gilmer J, Schoenholz S S, Riley P F, et al. Neural message passing for quantum chemistry[C]//International Conference on Machine Learning, Sydney,2017:1263-1272.

[55] Li Y, Gu C, Dullien T, et al. Graph matching networks for learning the similarity of graph structured objects[C]//International Conference on Machine Learning,Long Beach,2019:3835-3845.

[56] Yao L, Mao C, Luo Y. Graph convolutional networks for text classification [C]//Proceedings of the AAAI Conference on Artificial Intelligence,Hawaii, 2019,33(01):7370-7377.

[57] Lacasa L,Luque B,Ballesteros F,et al. From time series to complex networks: The visibility graph[J]. Proceedings of the National Academy of Sciences, 2008,105(13):4972-4975.

[58] Luque B, Lacasa L, Ballesteros F, et al. Horizontal visibility graphs: Exact results for random time series[J]. Physical Review E,2009,80(4):046103.

[59] Wang J, Yang C, Wang R, et al. Functional brain networks in Alzheimer's disease:EEG analysis based on limited penetrable visibility graph and phase space method[J]. Physica A: Statistical Mechanics and its Applications, 2016,460:174-187.

[60] Supriya S, Siuly S, Wang H, et al. Weighted visibility graph with complex network features in the detection of epilepsy[J]. IEEE Access, 2016, 4: 6554-6566.

[61] Zhou T T, Jin N D, Gao Z K, et al. Limited penetrable visibility graph for establishing complex network from time series[J]. Acta Physica Sinica,2012, 61(3):030506.

[62] Xuan Q, Zhou J, Qiu K, et al. CLPVG: Circular limited penetrable visibility graph as a new network model for time series[J/OL]. arXiv preprint arXiv: 2104.13772, 2021.

[63] Szegedy C, Zaremba W, Sutskever I, et al. Intriguing properties of neural networks[C]//Proceedings of the 2nd International Conference on Learning Representations, Banff, 2014.

[64] Dai H, Li H, Tian T, et al. Adversarial attack on graph structured data[C]// International Conference on Machine Learning, Stockholm, 2018: 1115-1124.

[65] Zügner D, Akbarnejad A, Günnemann S. Adversarial attacks on neural networks for graph data [C]//Proceedings of the 24th ACM SIGKDD International Conference on Knowledge Discovery & Data Mining, London, 2018: 2847-2856.

[66] Jin W, Ma Y, Liu X, et al. Graph structure learning for robust graph neural networks[C]//Proceedings of the 26th ACM SIGKDD International Conference on Knowledge Discovery & Data Mining, Virtual Event, 2020: 66-74.

[67] Shorten C, Khoshgoftaar T M. A survey on image data augmentation for deep learning[J]. Journal of Big Data, 2019, 6(1): 1-48.

[68] Fadaee M, Bisazza A, Monz C. Data augmentation for low-resource neural machine translation [C]//Proceedings of the 55th Annual Meeting of the Association for Computational Linguistics, Vancouver, 2017, 2: 567-573.

[69] Rong Y, Huang W, Xu T, et al. DropEdge: Towards deep graph convolutional networks on node classification [C]//Proceedings of the 7th International Conference on Learning Representations, New Orleans, 2019.

[70] Zhao T, Liu Y, Neves L, et al. Data augmentation for graph neural networks [C]//Proceedings of the AAAI Conference on Artificial Intelligence, Virtual Event, 2021, 35(12): 11015-11023.

[71] Zhou J, Shen J, Yu S, et al. M-evolve: Structural-mapping-based data augmentation for graph classification [J]. IEEE Transactions on Network Science and Engineering, 2020, 8(1): 190-200.

[72] Xuan Q, Wang J, Zhao M, et al. Subgraph networks with application to structural feature space expansion[J]. IEEE Transactions on Knowledge and Data Engineering, 2021, 33(6): 2776-2789.

[73] Lü L, Chen D, Ren X L, et al. Vital nodes identification in complex networks [J]. Physics Reports, 2016, 650: 1-63.

[74] Newman M E J. Networks: An Introduction [M]. Oxford: Oxford University Press, 2018.
[75] Wittenbaum G M, Hubbell A P, Zuckerman C. Mutual enhancement: Toward an understanding of the collective preference for shared information [J]. Journal of Personality and Social Psychology, 1999, 77(5): 967.
[76] Brin S, Page L. The anatomy of a large-scale hypertextual web search engine [J]. Computer Networks and ISDN Systems, 1998, 30(1-7): 107-117.
[77] Kleinberg J M. Authoritative sources in a hyperlinked environment [C]// Proceedings of the 9th Annual ACM-SIAM Symposium on Discrete Algorithms, San Francisco, 1998: 668-677.
[78] Leicht E A, Holme P, Newman M E J. Vertex similarity in networks [J]. Physical Review E, 2006, 73(2): 026120.
[79] Zhang M, Chen Y. Link prediction based on graph neural networks [C]// Advances in Neural Information Processing Systems, Montreal, 2018, 31: 5165-5175.
[80] Kriege N M, Johansson F D, Morris C. A survey on graph kernels [J]. Applied Network Science, 2020, 5(1): 1-42.
[81] Shervashidze N, Schweitzer P, Van Leeuwen E J, et al. Weisfeiler-lehman graph kernels [J]. Journal of Machine Learning Research, 2011, 12(3): 2539-2561.
[82] Milo R, Shen-Orr S, Itzkovitz S, et al. Network motifs: Simple building blocks of complex networks [J]. Science, 2002, 298(5594): 824-827.
[83] Pržulj N, Corneil D G, Jurisica I. Modeling interactome: Scale-free or geometric? [J]. Bioinformatics, 2004, 20(18): 3508-3515.
[84] Pržulj N. Biological network comparison using graphlet degree distribution [J]. Bioinformatics, 2007, 23(2): e177-e183.
[85] Cai H, Zheng V W, Chang K C C. A comprehensive survey of graph embedding: Problems, techniques, and applications [J]. IEEE Transactions on Knowledge and Data Engineering, 2018, 30(9): 1616-1637.
[86] Jr Anderson W N, Morley T D. Eigenvalues of the Laplacian of a graph [J]. Linear and Multilinear Algebra, 1985, 18(2): 141-145.
[87] Ou M, Cui P, Pei J, et al. Asymmetric transitivity preserving graph embedding [C]//Proceedings of the 22nd ACM SIGKDD International Conference on Knowledge Discovery and Data Mining, San Francisco, 2016: 1105-1114.
[88] Perozzi B, Al-Rfou R, Skiena S. Deepwalk: Online learning of social

representations[C]//Proceedings of the 20th ACM SIGKDD International Conference on Knowledge Discovery and Data Mining, New York, 2014: 701-710.

[89] Grover A, Leskovec J. node2vec: Scalable feature learning for networks[C]// Proceedings of the 22nd ACM SIGKDD International Conference on Knowledge Discovery and Data Mining, San Francisco, 2016: 855-864.

[90] Mikolov T, Chen K, Corrado G, et al. Efficient estimation of word representations in vector space[C]//Proceedings of the 1st International Conference on Learning Representations, Scottsdale, 2013.

[91] LeCun Y, Bengio Y, Hinton G. Deep learning[J]. Nature, 2015, 521(7553): 436-444.

[92] Bronstein M M, Bruna J, LeCun Y, et al. Geometric deep learning: Going beyond euclidean data[J]. IEEE Signal Processing Magazine, 2017, 34(4): 18-42.

[93] Zhou J, Cui G, Hu S, et al. Graph neural networks: A review of methods and applications[J]. AI Open, 2020, 1: 57-81.

[94] Kipf T N, Welling M. Semi-supervised classification with graph convolutional networks[C]//Proceedings of the 5th International Conference on Learning Representations, Toulon, 2017.

[95] Veličković P, Cucurull G, Casanova A, et al. Graph attention networks[C]// Proceedings of the 6th International Conference on Learning Representations, Vancouver, 2018.

[96] Hamilton W L, Ying R, Leskovec J. Inductive representation learning on large graphs[C]//Proceedings of the 31st International Conference on Neural Information Processing Systems, Long Beach, 2017: 1025-1035.

[97] Chen J, Ma T, Xiao C. FastGCN: Fast learning with graph convolutional networks via importance sampling[C]//Proceedings of the 6th International Conference on Learning Representations, Vancouver, 2018.

[98] Ying R, You J, Morris C, et al. Hierarchical graph representation learning with differentiable pooling[C]//Proceedings of the 32nd International Conference on Neural Information Processing Systems, Montreal, 2018: 4805-4815.

[99] Lee J, Lee I, Kang J. Self-attention graph pooling[C]//International Conference on Machine Learning, Long Beach, 2019: 3734-3743.

[100] Rossi R A, Ahmed N K. The network data repository with interactive graph

analytics and visualization[C]//Proceedings of the 29th AAAI Conference on Artificial Intelligence, Austin, 2015: 4292-4293.

[101] Hu W, Fey M, Zitnik M, et al. Open graph benchmark: Datasets for machine learning on graphs [C]//Advances in Neural Information Processing Systems, Vancouver, 2020: 22118—22133.

[102] Connor R C, Heithaus M R, Barre L M. Superalliance of bottlenose dolphins [J]. Nature, 1999, 397(6720): 571-572.

[103] Girvan M, Newman M E J. Community structure in social and biological networks[J]. Proceedings of the National Academy of Sciences, 2002, 99(12): 7821-7826.

[104] Li J, Hu X, Tang J, et al. Unsupervised streaming feature selection in social media[C]//Proceedings of the 24th ACM International on Conference on Information and Knowledge Management, Melbourne, 2015: 1041-1050.

[105] Sen P, Namata G, Bilgic M, et al. Collective classification in network data [J]. AI Magazine, 2008, 29(3): 93.

[106] Newman M E J. Finding community structure in networks using the eigenvectors of matrices[J]. Physical Review E, 2006, 74(3): 036104.

[107] Duch J, Arenas A. Community detection in complex networks using extremal optimization[J]. Physical Review E, 2005, 72(2): 027104.

[108] Coulomb S, Bauer M, Bernard D, et al. Gene essentiality and the topology of protein interaction networks [J]. Proceedings of the Royal Society B: Biological Sciences, 2005, 272(1573): 721-1725

[109] Spring N, Mahajan R, Wetherall D. Measuring ISP topologies with rocketfuel [J]. ACM SIGCOMM Computer Communication Review, 2002, 32(4): 133-145.

[110] Feragen A, Kasenburg N, Petersen J, et al. Scalable kernels for graphs with continuous attributes [C]//Advances in Neural Information Processing Systems, Lake Tahoe, 2013: 216-224.

[111] Neumann M, Moreno P, Antanas L, et al. Graph kernels for object category prediction in task-dependent robot grasping[C]//Online Proceedings of the 11th Workshop on Mining and Learning with Graphs, Chicago, 2013: 1-6.

[112] Debnath A K, De Compadre R L, Debnath G, et al. Structure-activity relationship of mutagenic aromatic and heteroaromatic nitro compounds. correlation with molecular orbital energies and hydrophobicity[J]. Journal of

Medicinal Chemistry,1991,34(2):786-797.

[113] Toivonen H, Srinivasan A, King R D, et al. Statistical evaluation of the predictive toxicology challenge 2000—2001 [J]. Bioinformatics, 2003, 19 (10):1183-1193.

[114] Borgwardt K M,Ong C S,Schönauer S,et al. Protein function prediction via graph kernels[J]. Bioinformatics,2005,21(suppl_1):i47-i56.

[115] Wale N,Watson I A,Karypis G. Comparison of descriptor spaces for chemical compound retrieval and classification [J]. Knowledge and Information Systems,2008,14(3):347-375.

[116] Sutherland J J, O' brien L A, Weaver D F. Spline-fitting with a genetic algorithm: A method for developing classification structure-activity relationships[J]. Journal of Chemical Information and Computer Sciences, 2003,43(6):1906-1915.

[117] Pan S,Wu J,Zhu X,et al. Task sensitive feature exploration and learning for multitask graph classification[J]. IEEE Transactions on Cybernetics,2016, 47(3):744-758.

[118] Yanardag P,Vishwanathan S V N.Deep graph kernels[C]//Proceedings of the 21th ACM SIGKDD International Conference on Knowledge Discovery and Data Mining,Sydney,2015:1365-1374.

[119] Wang M,Zheng D,Ye Z,et al. Deep graph library:A graph-centric,highly-performant package for graph neural networks[J/OL]. arXiv preprint arXiv: 1909.01315,2019.

[120] Bastian M, Heymann S, Jacomy M. Gephi: An open source software for exploring and manipulating networks[C]//Proceedings of the International AAAI Conference on Web and Social Media, San Jose, 2009, 3 (1): 361-362.

第 2 章　节点分类

节点分类[1]是网络数据挖掘领域的重要研究内容之一，它要解决的问题是给节点标记标签。节点分类技术能够应用于任何可以将实体及其关系抽象成网络形式的系统中。在社交网络[1,2]，如新浪微博平台，通过对机器人用户进行预测可以避免其干扰正常用户的社交活动；在生物学网络，如蛋白质交互网络[3]，节点分类可以用于预测蛋白质的性质；在论文引用网络，如 Cora 引文网络[4]，节点分类可以用于预测论文所属的类别。本章将介绍节点分类的基本概念以及几种具有代表性的算法，并将算法应用于实际的节点分类问题中。

2.1 节点分类的基本概念

2.1.1 问题描述

节点分类指的是从节点信息以及网络的结构信息预测网络中未知节点的标签。从机器学习的角度来看，节点分类是一个分类问题。一般将网络中带有标签的节点集合 V 分为两部分：训练集 V^T 和测试集 V^P，训练集 V^T 中的节点称作已知标签的节点，测试集 V^P 中的节点称作未知标签的节点。图 2-1 给出了一个网络节点分类示例，其中①和②分别表示节点的两类标签，⊙表示标签待预测的节点。每个节点用一个向量表示，通过网络结构信息和已知标签节点信息可以推断出待预测节点的标签。正确预测未知标签的节点数量越多，表示算法的预测精度越高，性能越好。本章介绍的算法主要针对无向网络，也可应用在有向网络中。

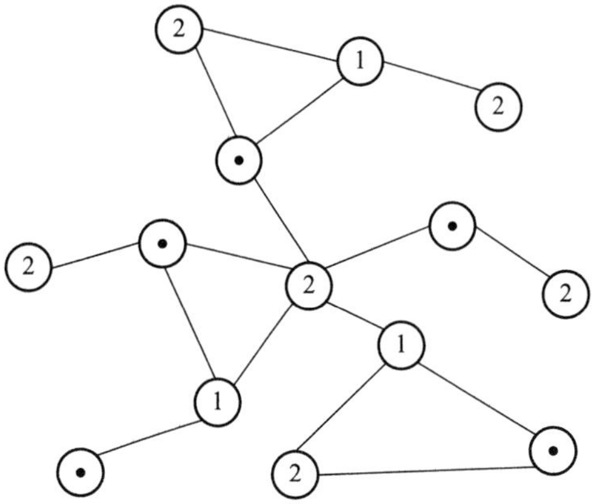

图 2-1　网络节点分类示例

2.1.2 评价指标

对于节点的二分类问题，根据节点的真实类别和预测类别，预测结果可分为以下 4 种：

- 真正例(True Positive,TP):真实类别为正例,预测类别为正例。
- 假正例(False Positive,FP):真实类别为负例,预测类别为正例。
- 假负例(False Negative,FN):真实类别为正例,预测类别为负例。
- 真负例(True Negative,TN):真实类别为负例,预测类别为负例。

精确率和召回率是节点分类中两个较为重要的指标,下面简单介绍它们的定义[5-7]。

精确率(precision)表示预测类别为正例的样本中有多少是真正的正例样本,其定义为

$$precision = \frac{TP}{TP + FP}. \tag{2-1}$$

召回率(recall)表示样本中的正例有多少被预测正确,其定义为

$$recall = \frac{TP}{TP + FN}. \tag{2-2}$$

在理想情况下,这两个指标越高表示分类结果越好。但在大规模数据中这两个指标往往是相互制约的,在很多情况下需要综合权衡。本章采用 F_1 度量指标[5-7]综合考虑召回率和准确率,其定义为

$$F_1\text{-}Score = 2\frac{recall \times precision}{recall + precision}. \tag{2-3}$$

F_1 度量指标又可以分为微观 F_1(Micro-F_1)和宏观 F_1(Macro-F_1),这两个 F_1 度量指标都是用于多分类任务的评价指标。

Micro-F_1 的计算公式表示如下:

$$precision_{\text{Micro}} = \frac{\sum_{i=1}^{C} TP_i}{\sum_{i=1}^{C}(TP_i + FP_i)}, \tag{2-4}$$

$$recall_{\text{Micro}} = \frac{\sum_{i=1}^{C} TP_i}{\sum_{i=1}^{C}(TP_i + FN_i)}, \tag{2-5}$$

$$\text{Micro-}F_1 = 2\frac{recal_{\text{Micro}} \times precision_{\text{Micro}}}{recall_{\text{Micro}} + precision_{\text{Micro}}}. \tag{2-6}$$

其中 C 是节点的类别数量。Micro-F_1 在计算中考虑到数据的每个类别,所以适用于数据分布不平衡的情况。但在数据极度不平衡的情况下,数量较多的类别会较大地影响到 Micro-F_1。

Macro-F_1 的计算公式表示如下:

$$precision_{\mathrm{Macro}} = \frac{1}{C}\sum_{i=1}^{C}\frac{TP_i}{(TP_i + FP_i)}, \tag{2-7}$$

$$recall_{\mathrm{Macro}} = \frac{1}{C}\sum_{i=1}^{C}\frac{TP_i}{(TP_i + FN_i)}, \tag{2-8}$$

$$\text{Macro-}F_1 = 2\frac{recall_{\mathrm{Macro}} \times precision_{\mathrm{Macro}}}{recall_{\mathrm{Macro}} + precision_{\mathrm{Macro}}}. \tag{2-9}$$

Macro-F_1 分别计算所有类别的准确率和召回率并求均值，然后计算 F_1 值。当不考虑数据的非均匀性即平等地看待每一类别时，可以采用 Macro-F_1 作为节点分类的评价指标，此时具有高召回率和高准确率的类别对 Macro-F_1 影响较大。

2.2 基于手动特征的节点分类

基于手动特征的节点分类主要步骤如下：首先根据网络中节点的邻域信息和网络统计信息生成节点特征，然后使用传统的机器学习分类器预测未知节点的标签，如使用逻辑斯谛回归（Logistic Regression，LR）、k 近邻（k-Nearest Neighbors，KNN）及支持向量机（Support Vector Machine，SVM）等传统机器学习分类器进行节点分类任务。基于手动特征的节点分类步骤和基于嵌入的节点分类步骤基本一致，区别仅在于节点特征提取的方式，但使用简单的手动特征进行节点分类，其分类效果往往欠佳。

从网络结构角度来看，网络的许多其他拓扑性质的计算依赖于网络的连通性，下面将介绍近年来网络科学研究关注较多的网络基本指标。

- 聚类系数（Clustering Coefficient）

聚类系数的定义分为节点和网络两个层次。节点层次的聚类系数为该节点的邻居节点之间实际存在的连边数占邻居节点之间可能形成的最大连边数的比例。由此可见，节点的聚类系数可以用来定量刻画邻居节点间形成连边的概率。节点聚类系数的定义为

$$C_i = \frac{2E_i}{i(i-1)}, \tag{2-10}$$

其中，E_i 是节点 v_i 与邻居节点之间实际存在的连边数。

- 度中心性（Degree Centrality，DC）

度中心性常用来衡量节点在网络中的重要性，即一个节点的度中心性越大

则意味着这个节点越重要。在一个包含 N 个节点的网络中,节点最大可能的度值为 $N-1$,度值为 k_i 的节点的归一化度中心性定义为

$$DC_i = \frac{k_i}{N-1}. \tag{2-11}$$

- 接近中心性(Closeness Centrality,CC)

接近中心性的概念由 Bavelas 于 1950 年首次提出,表示为节点到其他所有节点距离的平均值的倒数,用于度量网络中一个节点到其他节点的平均最短距离。节点的接近中心性越大,表示该节点距离其他所有节点越近,处于中心位置。接近中心性的定义为

$$CC_i = \frac{N}{\sum_{j=1}^{N} d_{ij}}, \tag{2-12}$$

其中,d_{ij}表示节点 v_i 到节点 v_j 的距离。

- 介数中心性(Betweenness Centrality,BC)

介数中心性为网络中所有节点对之间的最短路径中,经过某节点的最短路径的数量占所有最短路径数量的比例。介数中心性的定义为

$$BC_i = \sum_{s \neq i \neq t} \frac{n_{st}^i}{g_{st}}, \tag{2-13}$$

其中,g_{st}表示节点 s 和 t 之间最短路径的数目,n_{st}^i表示节点 s 和 t 的 g_{st}条最短路径中经过节点 i 的最短路径的数目。

- 特征向量中心性(Eigenvector Centrality,EC)

特征向量中心性是用来衡量网络中节点影响力的一种度量指标,该特征认为网络中节点的重要性既取决于其邻居节点的数量,也取决于其邻居节点的重要性。记 x_i 为节点 v_i 的重要性度量值,特征向量中心性的定义为

$$EC_i = x_i = \alpha \sum_{j=1}^{N} a_{ij} x_j, \tag{2-14}$$

其中,α 是可调参数,a_{ij}表示节点 v_i 和 v_j 之间连边的权重。$\boldsymbol{x} = [x_1, x_2, \cdots, x_N]^{\mathrm{T}}$ 称作网络的特征向量中心性。值得注意的是,特征向量中心性在数学上等价于邻接矩阵的主特征向量。

- PageRank 指标(PR)

PageRank 最初是 Google 用来衡量网页重要性的算法。它潜在假设如果某个网页被越多的其他网页所指向,则该页面越重要。PageRank 的迭代计算公式为

$$PR_i(t) = c \sum_{j=1}^{N} \bar{a}_{ji} PR_j(t-1) + \frac{1-c}{N}, \tag{2-15}$$

其中,c 是一个介于 0 到 1 之间的可调参数,N 表示网络中节点的数量,$\bar{a}_{ji}$表示为

$$\bar{a}_{ji}=\begin{cases}\dfrac{1}{k_j^{out}}, & k_j^{out}>0,(v_j,v_i)\in E,\\ 0, & k_j^{out}>0,(v_j,v_i)\notin E,\\ \dfrac{1}{N}, & k_j^{out}=0.\end{cases} \tag{2-16}$$

- HITS 指标

HITS 指标用于刻画网页的重要性,分为权威值(HIST-A)和枢纽值(HIST-H)两类。权威值是指所有导入链接所在的页面中枢纽值之和,枢纽值是指页面上所有导出链接指向页面的权威值之和。

权威值 $x_i(k)$的迭代公式为

$$x_i'(k)=\sum_{j=1}^{N}a_{ji}y_j(k-1),\quad x_i(k)=\frac{x_i'(k)}{\|x'(k)\|}, \tag{2-17}$$

枢纽值 $y_i(k)$的迭代公式为

$$y_i'(k)=\sum_{j=1}^{N}a_{ij}x_j'(k),\quad y_i(k)=\frac{y_i'(k)}{\|y'(k)\|}, \tag{2-18}$$

其中,a_{ij}表示节点 v_i 和 v_j 之间连边的权重。

- 核数(Coreness)

k 核为所有度值至少等于 k 的节点所组成的最大连通子图,如果某一节点属于 k 核,但不属于 k+1 核,则该节点的核数为 k。

2.3　基于图嵌入的节点分类

有别于传统的欧氏空间,真实的图(网络)往往是一个高维抽象的空间,较难与机器学习方法相结合。20 世纪初研究人员提出了多维标度法[8,9],这是一种基于研究对象之间的相似性,将研究对象在低维空间(通常为二维或三维的欧氏空间)进行表示的多元数据分析技术。进一步地,研究人员提出了图嵌入算法[10,11],这是一种从网络空间到欧氏空间的映射技术,其主要思想是根据实际问题构造一个低维向量空间,将网络中的节点映射到低维向量空间中,并保持原始网络中相近的节点在低维向量空间中彼此靠近。将上述图嵌入思想具体化,即对于给定原始网络 $G=(V,E)$,将原始网络中的每一个节点 $v\in V$ 映射到低维嵌

入向量空间中,得到一个包含所有节点的嵌入向量矩阵 $\mathbf{Z}\in\mathbb{R}^{N\times F}$,$F\ll N$,其中 N 表示网络节点数,F 表示嵌入向量的维数。在此基础上,可以直接使用节点的嵌入向量进行链路预测、节点分类及社团检测等应用。

本章主要研究图嵌入算法在节点分类上的应用,通过各种图嵌入算法得到每个节点的嵌入向量,将已知标签的节点嵌入向量集合使用分类器进行训练,经过训练后的分类器可以预测未知节点的标签。过去 10 年,图嵌入领域取得了大量研究成果,大体上可以将这些图嵌入算法分为三大类:基于随机游走的方法、基于矩阵分解的方法以及其他方法。本节将详细介绍这三类方法中较为典型的算法,并在第 2.5 节给出在真实网络上的应用。

2.3.1 DeepWalk

DeepWalk[12]是 2014 年提出的基于随机游走的图嵌入算法,也是最早提出的基于 Word2Vec 的图嵌入算法,实现了将图嵌入问题转化为词嵌入问题。在自然语言处理中,Word2Vec 是一种常用的词嵌入算法,通过语料库中的句子序列来描述词语与词语的共现关系,进而将词语嵌入到一个向量空间中,用低维向量表示每个词语,使得语义相关的词语在低维向量空间中距离更近,这解决了传统方法存在的高维度和数据稀疏等问题。基于 Word2Vec[13-15]中 Skip-Gram[16]模型的 DeepWalk 算法,通过学习网络中节点与节点的共现关系来得到网络中节点的嵌入向量,从而可以将网络的结构信息和机器学习相结合来刻画和分析网络图。

使用随机游走具有两个优点。① 并行化:对于一个大规模网络,可以同时在不同的节点开始进行一定长度的随机游走,并且多个随机游走过程可以同时进行,这一机制大大缩短了网络中所有节点进行随机游走的时间。② 适应性:可以适应网络的局部变化。网络的局部变化通常是少量的节点和连边发生变化,只对部分随机游走的路径产生影响,因此在网络的变化过程中不需要每一次都对网络中的所有节点重新执行随机游走。

DeepWalk 算法的具体过程如下:给定一个起始节点 $v_i\in V$,从其邻居节点构成的集合中进行均匀采样,将采样得到的节点作为下一个游走节点,并将此节点加入游走序列 $N_s(v_i)$;重复此过程,直到游走序列 $N_s(v_i)$ 达到预设长度 l。网络中的每个节点都有 γ 次作为起始节点游走的机会。对网络中的每个节点都执行随机游走,可以得到 $N\cdot\gamma$ 个长度为 l 的游走序列。生成游走序列后,DeepWalk 使用 Word2Vec 算法中的 Skip-Gram 模型对游走序列进行处理,从而得到网络中每个节点的嵌入向量,并采用哈夫曼树或负采样算法[13-17]对 Skip-Gram 模型进行优化以降低计算代价。

DeepWalk 算法见算法 2-1。算法在循环外指定了每个节点随机游走的次数 γ,每次迭代时先生成一个随机序列来遍历所有的节点。在循环内部,对每个节点执行随机游走,随后将生成的随机游走序列送入 Skip-Gram 模型中,更新节点的嵌入向量矩阵。Skip-Gram 模型根据相应的目标函数,采用梯度下降的方法更新节点的嵌入向量矩阵,见算法 2-2。

算法 2-1 DeepWalk 算法

输入:	图 $G=(V,E)$;窗口大小 ω;嵌入维度 F;游走次数 γ;游走长度 l;
输出:	节点的嵌入向量矩阵 $\mathbf{Z}\in\mathbb{R}^{N\times F}$;

初始化:随机生成节点的嵌入向量矩阵 $\mathbf{Z}$
for $i=1$ to γ do
　打乱节点列表 $\mathcal{O}=Shuffle(V)$
　for each $v_i\in\mathcal{O}$ do
　　获取游走序列 $N_s(v_i)=RandomWalk(G,v_i,l)$
　　学习节点嵌入 Skip-Gram$(\mathbf{Z},N_s(v_i),\omega)$并更新 $\mathbf{Z}$
　　end
end
返回节点的嵌入向量矩阵 $\mathbf{Z}$

算法 2-2 Skip-Gram 计算过程

输入:	节点的嵌入向量矩阵 $\mathbf{Z}\in\mathbb{R}^{N\times F}$;游走序列 $N_s(v_i)$;窗口大小 ω;
输出:	节点的嵌入向量矩阵 $\mathbf{Z}\in\mathbb{R}^{N\times F}$;

for $v_j\in N_s(v_i)$ do
　for each $u_k\in\mathcal{W}_{v_i}[j-\omega:j+\omega]$ do
　　计算嵌入损失 $\mathcal{L}(\mathbf{Z})=-\log Pr(u_k\mid\mathbf{Z}_{v_j})$
　　计算梯度并更新 $\mathbf{Z}=\mathbf{Z}-\alpha\cdot\frac{\partial\mathcal{L}}{\partial\mathbf{Z}}$
　　end
　end

由起始节点 $u \in V$ 通过采样策略 s 进行游走，得到长度为 l 的随机游走序列 $N_s(u)=\{u,u_1,u_2,\cdots,u_{l-1}\}$，假定中心节点为节点 u，Skip-Gram 模型的活动窗口大小 $\omega=2$，那么 u 的邻居节点为 $\{u_1,u_2\}$，将中心节点与其邻居节点构成的节点对 $\{(u,u_1),(u,u_2)\}$ 称为正样本，将中心节点与其非邻居节点构成的节点对 $\{(u,u_3),(u,u_4),\cdots\}$ 称为负样本。Skip-Gram 模型的核心思想是根据中心节点预测其邻居节点，即在给定中心节点 u 的条件下，在游走序列 $N_s(u)$ 中使节点 u 的邻居节点出现的概率最大，同时最小化非邻居节点出现的概率，对上述概率取对数，可以得到目标函数

$$\max_{Z}\sum_{u\in V}\log Pr(N_s(u)\mid u). \tag{2-19}$$

这里使用 Skip-Gram 模型的目的是计算得到 $\boldsymbol{Z}_u$，即节点 u 在低维向量空间中的嵌入向量，并使得该节点与其邻居节点之间在低维向量空间中具有相似的嵌入向量。此时目标函数(2-19)可以近似为

$$\max_{z}\sum_{u\in V}\log Pr(N_s(u)\mid \boldsymbol{Z}_u). \tag{2-20}$$

为了使上述最优化问题可解，node2vec[18] 提出了两个假设。

(1) 条件独立性假设：网络中的每个节点都是相互独立的，因此计算游走序列中所有节点的概率只需要将每个节点的概率相乘即可，此时有

$$Pr(N_s(u)\mid \boldsymbol{Z}_u)=\prod_{n_i\in N_s(u)}Pr(n_i\mid \boldsymbol{Z}_u). \tag{2-21}$$

(2) 特征空间对称性假设：一个节点可以同时作为中心节点和其他节点的邻居节点。node2vec 采用内积的形式来表示中心节点和其他节点嵌入向量的相似性，则有

$$Pr(n_i\mid \boldsymbol{Z}_u)=\frac{\exp(\boldsymbol{Z}_{n_i}\cdot \boldsymbol{Z}_u)}{\sum_{v\in V}\exp(\boldsymbol{Z}_v\cdot \boldsymbol{Z}_u)}. \tag{2-22}$$

如果节点 n_i 是节点 u 的邻居节点，则概率 $Pr(n_i\mid \boldsymbol{Z}_u)$ 的值较大，反之则较小。上述概率最大化了邻居节点对嵌入向量的相似性，最小化了非邻居节点对嵌入向量的相似性，即邻居节点对在低维向量空间中有着相似的嵌入向量。

将上述两个假设结合起来，目标函数(2-20)可以表示为

$$\max_{Z}\sum_{u\in V}\left[-\log\sum_{v\in V}\exp(\boldsymbol{Z}_v\cdot \boldsymbol{Z}_u)+\sum_{n_i\in N_s(u)}\boldsymbol{Z}_{n_i}\cdot \boldsymbol{Z}_u\right]. \tag{2-23}$$

可以采用随机梯度的方法寻优，以找到最大化目标函数的嵌入向量矩阵 $\boldsymbol{Z}$。

通常来说负样本的数量远多于正样本的数量，导致目标函数的计算代价过高。针对这一问题，Word2Vec 提出了负采样[15] 与哈夫曼树等加速算法。DeepWalk 采用 Hierarchical Softmax 方法来近似 $Pr(n_i\mid \boldsymbol{Z}_u)$，其中涉及利用二叉

树结构加速计算；node2vec 则使用负采样的方法，通过减少负样本的数量来降低计算复杂度。上述内容涉及自然语言处理的知识，感兴趣的读者可以查阅有关资料[14-17]。

2.3.2 node2vec

node2vec 和 DeepWalk 都是基于随机游走的图嵌入算法中较为经典的算法。node2vec 通过引入有偏的随机游走过程，改进了 DeepWalk 算法。DeepWalk 算法中生成游走序列的过程是均匀地从邻居节点中选取下一个节点，而 node2vec 将宽度优先搜索（BFS）和深度优先搜索（DFS）[18]融合到随机游走的过程中，构建了一个二阶随机游走策略，通过定义两个超参数 p 和 q 平衡 BFS 和 DFS 两种搜索策略。因此，node2vec 不仅同时考虑到了微观和宏观的网络信息，并且还具有很高的适应性。图 2-2 为宽度优先搜索和深度优先搜索的示意图。下面将详细介绍 node2vec 的二阶随机游走策略。

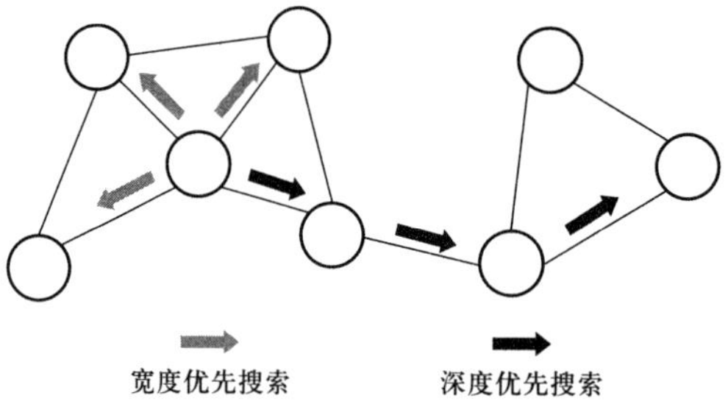

图 2-2　宽度优先搜索和深度优先搜索的示意图（取自文献[19]）

假设当前游走从节点 t 到达节点 v，并且根据转移概率 π_{vu} 确定节点 v 的下一个游走节点 u。设 $\pi_{vu}=\alpha_{pq}(t,u)\cdot a_{vu}$，则有

$$\alpha_{pq}(t,u)=\begin{cases}\dfrac{1}{p}, & d_{tu}=0,\\ 1, & d_{tu}=1,\\ \dfrac{1}{q}, & d_{tu}=2.\end{cases} \tag{2-24}$$

其中，d_{tu} 表示节点 t 和 u 之间的最短距离，且必须在 $\{0,1,2\}$ 之内；a_{vu} 表示节点 v 和 u 之间连边的权重。图 2-3 举例说明了 node2vec 的随机游走过程。

p 和 q 分别作为调节参数调节随机游走的参数，分别取名为返回参数和出入参数。返回参数 p 控制随机游走过程中节点返回刚刚访问过的节点 t 的概率，p

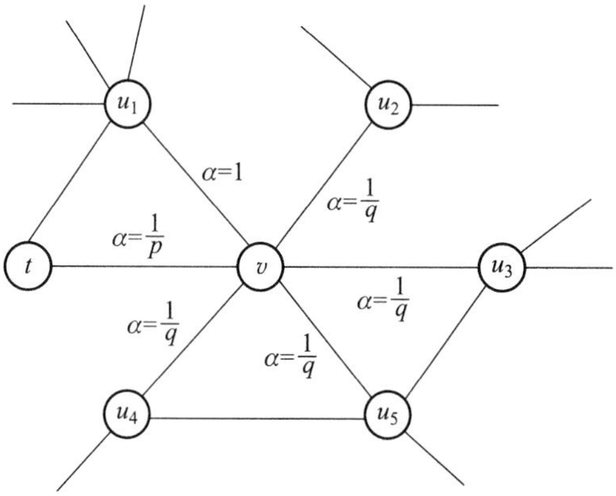

图 2-3 node2vec 随机游走过程的说明(取自文献[18])

值较高时,下一次游走经过刚刚访问过的节点 t 的概率会变低,反之则变高。出入参数 q 控制游走方向是向外还是向内(即 BFS 还是 DFS),决定下一个节点是否与刚刚访问过的节点有连接。若 $q>1$,随机游走倾向于访问和节点 t 接近的节点(近似于 BFS 行为);若 $q<1$,则倾向于访问远离节点 t 的节点(近似于 DFS 行为);当 $p=1, q=1$ 时,node2vec 的游走方式就等同于 DeepWalk 中均匀采样的游走方式。

根据上述策略可以得到随机游走序列,node2vec 算法采用和 DeepWalk 算法相同的方式生成节点嵌入向量,即采用 Word2Vec 算法中的 Skip-Gram 模型对上述游走序列进行学习,从而得到网络中所有节点的嵌入向量。不同的是,node2vec 算法使用了 Word2Vec 算法中负采样的方法来降低计算复杂度,而 DeepWalk 则是采用了哈夫曼树来降低计算复杂度。

node2vec 算法见算法 2-3。每次随机游走过程的起始节点不同,导致游走过程中存在一个隐式偏差。通过 node2vec 算法可以得到所有节点的嵌入向量,因此每个节点进行固定长度为 l 的 γ 次随机游走可以抵消上述偏差。在每个节点的随机游走过程中,采样节点根据转移概率 π 进行采样。由于转移概率 π 可以预先计算,在随机游走过程中,则可以使用采样方法在 $O(1)$ 时间内有效地进行节点采样。node2vec 算法的三个阶段即计算转移概率、随机游走过程和梯度下降优化需要依次进行,但是每个阶段都可以并行和异步执行,这有助于降低 node2vec 算法的时间复杂度。

算法 2-3　node2vec 算法

输入：	图 $G=(V,E,W)$；嵌入维度 F；游走次数 γ；游走长度 l；窗口大小 ω；返回参数 p；出入参数 q；
输出：	节点的嵌入矩阵 $\mathbf{Z}\in\mathbb{R}^{N\times F}$；

1	$\pi=\mathrm{PreprocessModifiedWeights}(G,p,q)$
2	$G'=(V,E,\pi)$
3	初始化游走序列列表 N_s 为空列表
4	for $iter=1$ to γ do
5	for all nodes $u\in V$ do
6	获取游走序列 $walk=\mathrm{node2vecWalk}(G',u,l)$（见算法 2-4）
7	将游走序列 $walk$ 存入 N_s
8	end
9	end
10	返回 $\mathbf{Z}=\mathrm{StochasticGradientDescent}(\omega,F,N_s)$

算法 2-4　node2vecWalk

输入：	图 $G'=(V,E,\pi)$；游走长度 l；起始节点 u；
输出：	游走序列 $walk$；

1	初始化游走序列 $walk$ 为 $[u]$
2	for $walk_{iter}=1$ to l do
3	确定当前位置 $curr=walk[-1]$
4	获取当前位置的所有邻接节点 $V_{curr}=\mathrm{GetNeighbors}(curr,G')$
5	根据转移概率选择游走节点 $s=\mathrm{AliasSample}(V_{curr},\pi)$
6	将节点 s 加入游走序列
7	end
8	返回游走序列 $walk$

2.3.3 LINE

LINE 是图嵌入算法中的一种经典算法，不同于随机游走方法，LINE 在图上定义了两种相似性——一阶相似性和二阶相似性，并在此基础上分别提出了目标函数，通过对目标函数优化得到网络中节点的嵌入向量。LINE 算法提出的一阶和二阶相似性目标函数，分别保留了一阶和二阶相似性，能够呈现局部和全局两种网络结构信息。LINE 在优化目标函数的过程中使用了高效的优化技巧，即边采样和负采样的方法，使得 LINE 算法可以轻易拓展到具有百万个节点的大规模网络并具有较低的计算复杂度。一阶相似性和二阶相似性简要介绍如下。

一阶相似性是指两个节点的局部相似性。如果节点 v_i 和 v_j 之间存在连边 (v_i, v_j)，则该边的权重 a_{ij} 表示节点 v_i 和 v_j 之间的一阶相似性；如果它们之间没有连边，则其一阶相似性为 0。

二阶相似性是指两个节点其邻域网络结构的相似性。令 $p_i = (a_{i1}, \cdots, a_{iN})$ 表示节点 u 与网络中所有其他节点的一阶相似性，节点 v_i 和 v_j 之间的二阶相似性则由 p_i 和 p_j 之间的相似性确定。如果节点 v_i 和 v_j 之间不存在相同的邻居节点，则其二阶相似性为 0。

在介绍了一阶相似性和二阶相似性的概念后，下一步将介绍对应的两个目标函数，以及如何对目标函数进行优化从而得到节点的嵌入向量。

首先对一阶相似性进行建模。对于无向边 (v_i, v_j)，LINE 定义节点 v_i 和 v_j 之间的联合概率分布为

$$p_1(v_i, v_j) = \frac{1}{1 + \exp(-\boldsymbol{z}_i^{\mathrm{T}} \cdot \boldsymbol{z}_j)}, \tag{2-25}$$

其中，$\boldsymbol{z}_i, \boldsymbol{z}_j \in \mathbb{R}^F$ 分别表示节点 v_i 和 v_j 的低维嵌入向量，$p_1(v_i, v_j)$ 表示节点 v_i 和 v_j 的联合概率分布。这可以看作是一个内积模型，通过计算两个节点嵌入向量之间的相似程度来表示两个节点在低维向量空间中的相似性。节点 v_i 和 v_j 的经验概率分布定义为 $\hat{p}_1(v_i, v_j) = \frac{a_{ij}}{W}$，该分布表示节点 v_i 和 v_j 在原始网络中的一阶相似性，其中 a_{ij} 表示连边 (v_i, v_j) 的权重，$W = \sum_{(v_i, v_j) \in E} a_{ij}$ 表示网络中所有连边的权重之和。为了保持原始网络中相近的节点在低维向量空间中靠近，目标函数就是最小化联合概率分布与经验概率分布之间的距离，LINE 选择用 KL 散度衡量两个分布之间的距离，并将其简化为交叉熵形式：

$$\mathcal{L}_1 = -\sum_{(v_i, v_j) \in E} a_{ij} \log p_1(v_i, v_j). \tag{2-26}$$

需要注意的是，一阶相似性只能用于无向网络中。通过寻找能够使目标函数

(2-26)最小化的低维嵌入向量$\{z_i\}_{i=1,\cdots,N}$,保证两个节点嵌入向量的相似度尽可能与原始网络中两个节点的一阶相似度保持一致,从而可以在低维空间中表示原始网络中的每个节点。

接下来,将介绍如何对二阶相似性进行建模。二阶相似性可以应用于无向网络和有向网络中。在网络中,每个节点都扮演两个角色:节点本身和其他节点的"上下文"节点。对于有向边(v_i,v_j),由节点v_i生成其上下文节点v_j的概率为

$$p_2(v_j \mid v_i)=\frac{\exp(\boldsymbol{z}_j'^{\mathrm{T}}\cdot \boldsymbol{z}_i)}{\sum_{k=1}^{|V|}\exp(\boldsymbol{z}_j'^{\mathrm{T}}\cdot \boldsymbol{z}_i)}, \tag{2-27}$$

其中$\boldsymbol{z}_i$表示节点v_i自身的嵌入向量,$\boldsymbol{z}_j'$表示节点v_j作为其他节点的上下文节点时的嵌入向量,$p_2(v_j \mid v_i)$表示节点v_i和v_j的联合概率分布。为了保持二阶相似性,应使节点v_i上下文的联合概率分布$p_2(\cdot \mid v_i)$接近其经验概率分布$\hat{p}_2(\cdot \mid v_i)$,则最小化以下目标函数:

$$\mathcal{L}_2=\sum_{v_i\in V}\boldsymbol{\lambda}_i d(\hat{p}_2(\cdot \mid v_i),p_2(\cdot \mid v_i)), \tag{2-28}$$

其中$d(\cdot,\cdot)$表示两种分布的距离,$\boldsymbol{\lambda}_i$表示节点v_i的重要性,可以通过节点的度值衡量或通过 PageRank 算法估计。

在 LINE 算法中,对于节点v_i设置$\boldsymbol{\lambda}_i=k_i^{out}$,即用节点$v_i$的出度表示$\boldsymbol{\lambda}_i$,则节点$v_i$和$v_j$的经验概率分布可以定义为$\hat{p}_2(v_j \mid v_i)=\frac{a_{ij}}{k_i^{out}}$,其中$a_{ij}$表示连边$(v_i,v_j)$的权重,$k_i^{out}$表示节点$v_i$的所有出度之和,即$k_i^{out}=\sum_{j\in N(v_i)}a_{ij}$,其中$N(v_i)$是从节点$v_i$出发的邻居节点集合。LINE 采用 KL 散度替代分布距离函数$d(\cdot,\cdot)$,并忽略常数项约束,得到以下目标函数:

$$\mathcal{L}_2=-\sum_{(v_i,v_j)\in E}a_{ij}\log p_2(v_j \mid v_i). \tag{2-29}$$

通过梯度下降法得到使上述目标函数最小化的$\{\boldsymbol{z}_i\}$和$\{\boldsymbol{z}_j'\}$,一般用$\boldsymbol{z}_i$表示节点v_i的低维嵌入向量。

不难发现 LINE 算法中二阶相似性的目标函数与 node2vec 中需要优化的目标函数具有一定的相似性,优化 LINE 算法中的二阶相似性的目标函数同样具有很大的计算代价,因此 LINE 采取了负采样[20]的方法来近似原始的目标函数以达到降低计算复杂度的目的。除此之外,使用梯度下降法[21]优化目标函数时,若网络中某些连边的权重过大或过小,不适合的学习率会造成梯度爆炸和梯度消失等问题。为了解决上述问题,LINE 提出了边采样[20]的方法,从原始的带权重

的连边集合中进行采样,每条连边被采样的概率正比于原始网络中连边的权重,这样既解决了学习率选择的问题,也可以在连边较多的情况下减少目标函数优化时间。

2.3.4 SDNE

SDNE[22]是一种结构化的深度网络嵌入方法,是 LINE 的一种扩展方法,定义了与 LINE 相同的一阶相似性和二阶相似性,区别于 LINE 算法分别优化节点间的一阶相似性和二阶相似性,SDNE 同时优化一阶相似性和二阶相似性,且具有多层非线性函数,能够捕获高度非线性的网络结构。图 2-4 为 SDNE 半监督深度模型框架示意图,分为无监督部分和有监督部分。

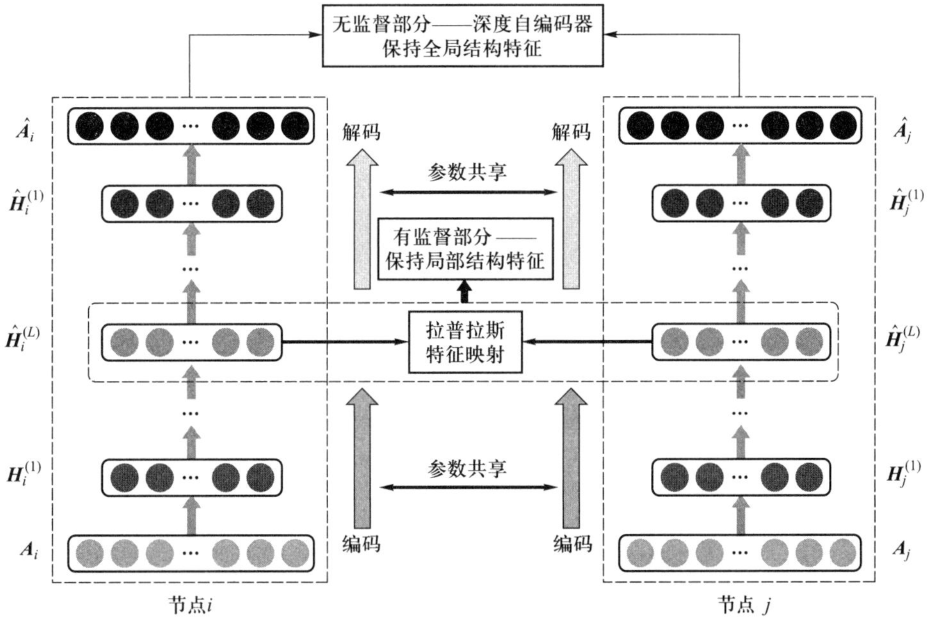

图 2-4 SDNE 半监督深度模型的框架(取自文献[22])

SDNE 中的无监督部分是一个带有非线性环节的深度自编码器。自编码器由编码器和解码器构成,其中编码器用于将输入数据压缩成低维嵌入向量,解码器则是将低维嵌入向量重构到输入数据的维度,其最终目的是使输入数据和输出数据尽可能地接近。图中自编码器的输入 $\boldsymbol{A}_i$ 是节点 v_i 的邻接信息,即邻接矩阵中对应节点 v_i 的行/列向量,$\boldsymbol{H}_i^{(\ell)}$($l\in\{1,2,\cdots,L\}$)表示经过 ℓ 层编码后的向量,$\hat{\boldsymbol{H}}_i^{(L-\ell)}$($\ell\in\{1,2,\cdots,L-1\}$)表示经过 ℓ 层解码后的低维嵌入向量。

为了使编码后的向量 $\boldsymbol{H}_i^{(L)}$ 具有一定的意义,SDNE 在编码器的训练过程中加入一些监督信息进行约束。一阶相似性指标可以作为节点嵌入向量之间相似性的监督信息,同时引入拉普拉斯映射(Laplacian Eigenmap,LE)[23]的概念,即如果节点 v_i 和 v_j 在原始网络中有连边,那么它们在嵌入空间中的距离应相当接近。因此 SDNE 设计了基于一阶相似性的目标函数:

$$\mathcal{L}_{1st} = \sum_{i,j=1}^{N} a_{ij} \| \boldsymbol{H}_i^{(L)} - \boldsymbol{H}_j^{(L)} \|_2^2 = \sum_{i,j=1}^{N} a_{ij} \| \boldsymbol{H}_i - \boldsymbol{H}_j \|_2^2. \tag{2-30}$$

如果节点 v_i 与 v_j 之间存在连边,即 $a_{ij}>0$,则须最小化两个节点嵌入向量 $\boldsymbol{H}_i$ 和 $\boldsymbol{H}_j$ 之间的相似性,也就是两个向量之间的距离。

通过监督部分,SDNE 保留了原网络中基于节点的一阶相似性的网络局部结构特征,同时无监督部分通过自编码器保留了基于二阶相似性的网络全局结构特征,使得邻居结构相似的节点具有相似的嵌入向量。在大多数情况下,邻接矩阵是一个极其稀疏的矩阵,通过自编码器输出的重构向量包含许多 0 元素也能取得较好的优化效果。为了解决上述问题,SDNE 在二阶相似性的目标函数定义中引入偏置权重 $\boldsymbol{B}$,如下式所示:

$$\mathcal{L}_{2nd} = \sum_{i=1}^{N} \| (\hat{\boldsymbol{A}}_i - \boldsymbol{A}_i) \odot \boldsymbol{B}_i \|_2^2 = \| (\hat{\boldsymbol{A}} - \boldsymbol{A}) \odot \boldsymbol{B} \|^2, \tag{2-31}$$

其中,$\hat{\boldsymbol{A}}$ 为解码器重构后得到的邻接矩阵,$\odot$ 为逐元素积。当邻接矩阵中对应位置为 0 即 $a_{ij}=0$ 时,有 $\boldsymbol{B}_{ij}=1$,否则 $\boldsymbol{B}_{ij}=\beta>1$。这一机制使重构非零位置的重要性得到提升。

结合一阶和二阶相似性的损失函数,可以得到最终的目标优化函数,自编码器最小化以下损失函数即可:

$$\begin{aligned} \mathcal{L}_{mix} &= \mathcal{L}_{2nd} + \varepsilon \mathcal{L}_{1st} + \eta \mathcal{L}_{reg} \\ &= \| (\hat{\boldsymbol{A}} - \boldsymbol{A}) \odot \boldsymbol{B} \|_2^2 + \varepsilon \sum_{i,j=1}^{N} a_{ij} \| \boldsymbol{H}_i - \boldsymbol{H}_j \|_2^2 + \eta \mathcal{L}_{reg}, \end{aligned} \tag{2-32}$$

其中,$\mathcal{L}_{reg}$表示 L_2 范数的正则化项,通过限制编码和解码过程中的参数,防止过大的参数使模型过于复杂从而导致过拟合、鲁棒性差等问题。如果参数过大,数据发生细微的偏移也会对结果产生较大的影响。同时该损失函数中包含两个超参数 $\boldsymbol{\varepsilon}$ 和 $\boldsymbol{\eta}$,分别用于调整一阶相似性损失函数和正则化项在优化过程中的重要性。算法 2-5 为 SDNE 算法半监督框架的伪代码。深度自编码器的引入使模型获得更高效的学习能力,只需要提供必要的输入数据,就能通过神经网络的反向传播快速迭代更新参数。

算法 2-5	SDNE 算法(半监督框架)
输入:	图 $G=(V,E)$及其邻接矩阵 $\boldsymbol{A}$;超参数 ε 和 η;
输出:	图嵌入矩阵 $\boldsymbol{H}$;深度自编码器参数 θ;
1	通过深度置信网络对模型进行预训练以获得初始化参数 $\theta=\{\theta^{(1)},\cdots,\theta^{(L)}\}$
2	重复以下步骤,直到损失函数收敛:
3	基于 $\boldsymbol{A}$ 与参数 θ,获取自编码器重构结果 $\hat{\boldsymbol{A}}$ 和嵌入结果 $\boldsymbol{H}^L$
4	通过损失函数公式(2-32)计算$\dfrac{\partial\mathcal{L}_{mix}}{\partial\theta}$,通过整个网络反向传播更新参数 θ
5	获得最终所有节点的嵌入向量矩阵 $\boldsymbol{Z}=\boldsymbol{H}^L$

2.3.5 Graph Factorization

Graph Factorization(GF)[24]是经典的基于矩阵分解的图嵌入算法,它通过分布式计算[25]达到较低的时间复杂度,是第一个在 $O(|E|)$的时间复杂度上完成向量化的算法,并且适用于大规模的无向网络。

GF 算法的目的是找到一个矩阵 $\boldsymbol{Z}\in\mathbb{R}^{N\times F}(F\ll N)$即嵌入矩阵,使得 $\boldsymbol{Z}\boldsymbol{Z}^{\mathrm{T}}$ 与邻接矩阵 $\boldsymbol{A}$ 相接近。GF 算法采用一个简单的内积模型$\langle\boldsymbol{Z}_i,\boldsymbol{Z}_j\rangle$来捕获节点 v_i 和 v_j 之间的信息,并且引入正则化处理,以确保即使没有充足的数据也能使用该算法。GF 采用简单的正则化高斯矩阵,并最小化以下损失函数来重构矩阵 $\boldsymbol{Z}$:

$$\mathcal{L}=\frac{1}{2}\sum_{(v_i,v_j)\in E}(a_{ij}-\langle\boldsymbol{Z}_i,\boldsymbol{Z}_j\rangle)^2+\frac{\lambda}{2}\sum_i\|\boldsymbol{Z}_i\|^2. \tag{2-33}$$

使用随机梯度的方法对上述损失函数寻取最优解,即可得到网络中所有节点的嵌入向量矩阵 $\boldsymbol{Z}$,其中矩阵 $\boldsymbol{Z}$ 的第 i 行表示节点 v_i 的嵌入向量。损失函数 $\mathcal{L}$ 相对于矩阵 $\boldsymbol{Z}$ 第 i 行的梯度可以表示为

$$\frac{\partial\mathcal{L}}{\partial\boldsymbol{Z}_i}=-\sum_{v_j\in\mathcal{N}(v_i)}(a_{ij}-\langle\boldsymbol{Z}_i,\boldsymbol{Z}_j\rangle)\boldsymbol{Z}_j+\lambda\boldsymbol{Z}_i, \tag{2-34}$$

其中,$\mathcal{N}(v_i)$表示节点 v_i 的邻居节点,即$\{v_i\in V\mid(v_i,v_j)\in E\}$。

2.3.6 GraRep

与 LINE、SDNE 等仅考虑二阶相似性的算法不同,GraRep[26]考虑了更多层级的网络连接关系,该算法认为节点之间的 m 阶关系对把握网络的全局特征非常重要,越高阶的关系(也就是 m 越大)被考虑进来,得到的网络表示结果会越好。

所谓 m 阶关系是指两个节点可以通过 m 个节点连接的关系。基于 Skip-Gram 模型的 DeepWalk 和 node2vec 算法,实际上是将节点之间的 m 阶关系投影到一个平凡子空间,即节点的 1 至 m 阶关系全都综合反映到节点的嵌入向量中。GraRep 则是将 m 阶关系投影到独立的子空间中,即将 m 种关系分别形成 m 个嵌入向量,最后将 m 个向量结合起来作为节点的最终嵌入向量。

GraRep 算法有两个核心问题,分别是如何刻画任意两个节点之间的关联程度以及如何构建节点共现关联矩阵。该算法的目的是得到节点嵌入向量,因此只需解决上述问题,求得节点共现关联矩阵并对其进行矩阵分解即可。下面将分别介绍如何刻画任意两个节点的关联程度以及如何构建节点共现关联矩阵。

假设从节点 w 出发,经过 m 步到达节点 c 的概率为 $p_m(c \mid w)$(其中 m 步包括节点 w 和节点 c),GraRep 将这个概率称作 m 阶转移概率,用以描绘两个节点之间的关联程度。对网络中所有节点对计算上述概率,可以得到 m 阶转移矩阵:$\boldsymbol{S}^m=[\boldsymbol{S},\cdots,\boldsymbol{S}]$($m$ 个),则有 $p_m(c \mid w)=\boldsymbol{S}^m_{wc}$,其中 $\boldsymbol{S}^m_{wc}$ 表示矩阵 $\boldsymbol{S}^m$ 中第 w 行第 c 列的元素。对于一个确定的 m,可以通过采样得到若干 m 步的路径,将其中从起点 w 到终点 c 的 m 步路径记作 (w,c)。GraRep 算法有以下优化目标:对于任意的 (w,c) 组合,最大化属于 (w,c) 的路径出现的概率,最小化 (w,c) 之外其他路径的出现概率。这里将属于 (w,c) 的路径称作正样本,(w,c) 之外的其他路径称作负样本。该算法使用 NCE(Noise Contrastive Estimation)损失函数来反映这种特性,损失函数定义为

$$\mathcal{L}_m=\sum_{w\in V}\mathcal{L}_m(w,c), \tag{2-35}$$

其中,

$$\mathcal{L}_m(w,c)=\Big(\sum_{c\in V}p_m(c \mid w)\log\sigma(\boldsymbol{w}\cdot\boldsymbol{c})\Big) + \lambda\,\mathbb{E}_{c'\sim p_m(V)}[\log\sigma(-\boldsymbol{w}\cdot\boldsymbol{c}')], \tag{2-36}$$

这里,$\boldsymbol{w},\boldsymbol{c}$ 分别为节点 w,c 的向量表示,$p_m(c \mid w)$ 表示节点 w 和 c 之间的 k 阶转移概率,$\sigma(\cdot)$ 是 Sigmoid 函数,λ 是一个代表负样本的超参数,$p_m(V)$ 是网络中节点的概率分布,$\mathbb{E}_{c'\sim p_m(V)}$ 表示节点 c' 服从 $p_m(V)$ 分布时 (w,c') 的期望。从损失函数(2-36)可以看出,公式右侧第一项表示 (w,c) 路径出现的概率,第二项表示除 (w,c) 外其他路径出现的概率。$\mathbb{E}_{c'\sim p_m(V)}[\cdot]$ 可以表示为

$$\begin{aligned}&\mathbb{E}_{c'\sim p_m(V)}[\log\sigma(-\boldsymbol{w}\cdot\boldsymbol{c}')]\\&=p_k(c)\cdot\log\sigma(-\boldsymbol{w}\cdot\boldsymbol{c}')+\sum_{c'\in V\setminus\{c\}}p_k(c')\cdot\log\sigma(-\boldsymbol{w}\cdot\boldsymbol{c}').\end{aligned} \tag{2-37}$$

随着 m 的增长,节点 w 经过 m 步到达节点 c 的概率会逐渐收敛到一个固定值。因此任意节点经过 m 步到达节点 c 的概率是所有 m 步可以到达 c 的路径的概率之和,即

$$p_m(c)=\sum_{w'}q(w')p_m(c\mid w')=\frac{1}{N}\sum_{w'}\boldsymbol{S}_{w'c}^{m},\tag{2-38}$$

其中,$q(w')=\frac{1}{N}$表示任意选择一个起始节点 w'的概率,N 是节点数,将 $q(w')$代入原始损失函数,可得

$$\mathcal{L}_m(w,c)=\boldsymbol{S}_{wc}^{m}\cdot\log\sigma(\boldsymbol{w}\cdot\boldsymbol{c})+\frac{\lambda}{N}\sum_{w'}\boldsymbol{S}_{w'c}^{m}\cdot\log\sigma(-\boldsymbol{w}\cdot\boldsymbol{c}').\tag{2-39}$$

最大化上述损失函数,令 $e=\boldsymbol{w}\cdot\boldsymbol{c}$,对 $\mathcal{L}_m(w,c)$求偏导并令偏导数为 0,即令$\frac{\partial\mathcal{L}_m}{\partial e}=0$,得到表征网络的节点关联矩阵

$$\boldsymbol{M}_{ij}^{m}=\boldsymbol{W}_{i}^{m}\cdot\boldsymbol{C}_{j}^{m}=\log\left(\frac{\boldsymbol{S}_{ij}^{m}}{\sum_{t}\boldsymbol{S}_{tj}^{m}}\right)-\log\beta,\tag{2-40}$$

其中$\beta=\frac{\lambda}{N}$。为了给矩阵 $\boldsymbol{M}$ 找到一个合适的分解方法并最小化分解误差,GraRep 将矩阵 $\boldsymbol{M}$ 中的负值全部替换为 0,从而形成一个新的矩阵 $\boldsymbol{X}$,$\boldsymbol{X}_{ij}^{m}=\max(\boldsymbol{M}_{ij}^{m},0)$。接下来将矩阵分解:$\boldsymbol{X}^m=\boldsymbol{U}^m\boldsymbol{\Sigma}^m(\boldsymbol{V}^m)^{\mathrm{T}}$。因为最终的网络表示要求是 F 维,进一步将矩阵 $\boldsymbol{X}$ 分解:$\boldsymbol{X}^m\approx\boldsymbol{X}_F^m=\boldsymbol{U}_F^m\boldsymbol{\Sigma}_F^m(\boldsymbol{V}_F^m)^{\mathrm{T}}$。通过将矩阵 $\boldsymbol{X}$ 分解为 $\boldsymbol{X}^m\approx\boldsymbol{X}_F^m=\boldsymbol{Z}^m\boldsymbol{C}^m$ 的形式,可得 $\boldsymbol{Z}^m=\boldsymbol{U}_F^m(\boldsymbol{\Sigma}_F^m)^{\frac{1}{2}}$,$\boldsymbol{C}^m=(\boldsymbol{\Sigma}_F^m)^{\frac{1}{2}}(\boldsymbol{V}_F^m)^{\mathrm{T}}$,其中矩阵 $\boldsymbol{Z}^m$ 表示网络中所有节点嵌入向量构成的矩阵。

GraRep 算法如算法 2-6 所示,算法分为三步:第一步给定图 G,通过度矩阵 $\boldsymbol{D}$ 的逆与邻接矩阵 $\boldsymbol{A}$ 的乘积来计算 m 阶转移概率矩阵 $\boldsymbol{S}^m$;第二步对每一个 m 计算节点的嵌入向量矩阵 $\boldsymbol{Z}^m$,具体的计算步骤为:先计算 $\boldsymbol{X}^m$,然后将矩阵中的负值替换为 0,接着用 SVD 分解的方法分解矩阵得到网络节点表示矩阵 $\boldsymbol{Z}^m$;第三步将不同的 $\boldsymbol{Z}^m$ 结合起来作为最终的嵌入向量矩阵。

算法 2-6 GraRep 算法

输入:	邻接矩阵 $\boldsymbol{A}$;最大的转移步数 M;Log β;嵌入向量维度 F;
输出:	嵌入向量矩阵 $\boldsymbol{Z}\in\mathbb{R}^{N\times F}$;
第一步 计算 m 阶转移概率矩阵 $\boldsymbol{S}^m$	
1	计算一阶概率转移矩阵 $\boldsymbol{S}=\boldsymbol{D}^{-1}\boldsymbol{A}$
2	计算各阶转移概率矩阵 $\boldsymbol{S}^1,\boldsymbol{S}^2,\cdots,\boldsymbol{S}^M$

第二步 得到嵌入向量矩阵 $\boldsymbol{Z}^m$

for $m=1$ to M do

  计算 $\Gamma_1^m, \Gamma_2^m, \cdots, \Gamma_N^m\left(\Gamma_j^m = \sum_p \boldsymbol{S}_{pj}^m\right)$

  计算节点关联矩阵 $\boldsymbol{X}_{ij}^m = \log\left(\dfrac{\boldsymbol{S}_{ij}^m}{\Gamma_j^m}\right) - \log(\beta)$

  将矩阵 $\boldsymbol{X}^m$ 所有的负项都重置为 0

  进行奇异值分解 $[\boldsymbol{U}^m \boldsymbol{\Sigma}^m (\boldsymbol{V}^m)^{\mathrm{T}}] = \mathrm{SVD}(\boldsymbol{X}^m)$

  计算 $\boldsymbol{Z}^m = \boldsymbol{U}_F^m (\boldsymbol{\Sigma}_F^m)^{\frac{1}{2}}$

end

第三步 将不同的 $\boldsymbol{Z}^m$ 拼接起来作为最终的嵌入向量矩阵 $\boldsymbol{Z}$

$\boldsymbol{Z} = [\boldsymbol{Z}^1, \boldsymbol{Z}^2, \cdots, \boldsymbol{Z}^M]$

2.3.7 HOPE

传递性是无向图和有向图的共有特征，在计算节点相似性、重要性等图推理分析任务中起着关键作用。无向图的传递性是对称的，即如果节点 u 和 w、节点 w 和 v 之间都存在连边，则节点 u 和 v 之间也可能存在连边。有向图中的传递性是非对称的，如果节点 u 到 w、节点 w 到 v 之间都存在有向边，那么可能存在由节点 u 指向节点 v 的有向边。许多现有的图嵌入算法都是基于保持无向图中的对称传递性来生成节点的嵌入向量，而在向量空间中保持有向图的非对称传递性是一个极具挑战性的问题。为了解决这一问题，HOPE 算法将研究目标转向如下一些能够表达有向图中非对称传递性的指标[27]，详细介绍将在第 3 章给出。

(1) Katz Index[28]

Katz Index 指标通过统计节点对之间不同长度的路径数量，并赋予不同的权重来区分邻居节点的影响力。权重取决于路径长度，短路径赋予较大的权重，长路径赋予较小的权重，通过节点对之间路径的长度和数量来反映节点对之间的传递性。

(2) Rooted PageRank(RPR)

RPR 指标用于衡量一个节点随机游走最终停留在另一个节点的概率。一个节点游走到另一个节点的概率越高，则这两个节点之间的传递性越强。该指标的定义为

$$S^{RPR}=\lambda\cdot S^{RPR}\cdot P+(1-\lambda)\cdot I\Rightarrow S^{RPR}=(1-\lambda)\cdot(I-\lambda P)^{-1},\qquad(2-41)$$

其中，P 表示游走转移概率矩阵，$\lambda\in[0,1)$ 表示随机向外游走的概率，$(1-\lambda)\cdot I$ 表示返回起始节点的概率。

(3) Common Neighbors(CN)[29]

CN 相似度表示两个节点共同邻居的数量，具体公式参见第 3 章式(3-3)。

(4) Adamic-Adar(AA)[29,30]

AA 是 CN 的一种变体，AA 为共同邻居分配了其度值倒数的权重，意味着共同邻居节点的度值越大，则该节点对目标节点对之间的相似度指标的影响作用越小。

上述相似度指标可以分为全局和局部两种类型。Katz Index 和 Rooted PageRank 由递归公式推导得出，它们可以保持全局非对称传递性。CN 和 AA 指标不存在递归结构，只在局部结构中保持非对称传递性，所以称为局部非对称传递性。

HOPE 算法的核心思想就是通过上述相似性指标，将网络的邻接矩阵 A 转化为高阶相似度矩阵 S，其中 S_{ij} 表示节点 v_i 和 v_j 之间的高阶相似度。对高阶相似度矩阵 S 进行奇异值分解，可以得到网络中所有节点的嵌入向量矩阵。高阶相似度矩阵 S 表示为

$$S=M_g^{-1}\cdot M_l,\qquad(2-42)$$

其中 M_g 和 M_l 都是矩阵多项式，分别对应相似性指标中的全局和局部两部分。高阶相似度指标的一般公式见表 2-1。

表 2-1 高阶相似度指标的一般公式

相似度指标	M_g	M_l
Katz Index	$1-\beta\cdot A$	$\beta\cdot A$
Rooted PageRank	$I-\lambda P$	$(1-\lambda)\cdot I$
Common Neighbors	I	A^2
Adamic-Adar	I	$A\cdot D\cdot A$

考虑到在有向图中每个节点都扮演两个角色即源节点和尾节点，因此每个节点都存在两个嵌入向量。HOPE 算法的目的是获得节点的嵌入向量矩阵 $U=[U^s,U^t]$，其中 $U^s,U^t\in\mathcal{R}^{N\times F}$ 分别表示每个节点对应的 F 维源向量和尾向量。为了捕获与非对称传递性相关的高阶相似度矩阵 S，可以通过源节点的源向量与尾

节点的尾向量之间的向量点积来拟合两个节点之间的相似度,如下所示:

$$\min \| \boldsymbol{S} - \boldsymbol{U}^{s} \cdot (\boldsymbol{U}^{t})^{\mathrm{T}} \|^{2}. \tag{2-43}$$

HOPE 算法示意图如图 2-5 所示。图 2-5(a)表示输入的有向图,图 2-5(b)表示对应的嵌入向量空间。在图 2-5(a)中,实线箭头表示观察到的有向边,数字表示连边的权重;虚线箭头旁边的数字表示两个节点之间的 Katz 相似度,它与非对称传递性高度相关。根据非对称传递性,如果存在 $v_1 \to v_3 \to v_6$ 和 $v_1 \to v_4 \to v_6$ 两条路径,则存在 $v_1 \to v_6$ 路径的可能性较大,因此节点 v_1 和 v_6 的 Katz 相似度也相对较高。对于 $v_6 \to v_1$,由于 $v_1 \to v_3 \to v_6$ 和 $v_1 \to v_4 \to v_6$ 路径存在,且没有其他从 v_6 指向 v_1 的路径,因此节点 v_6 和 v_1 的 Katz 相似度相对较低。在图 2-5(b)中,箭头代表节点的嵌入向量,上标 s,t 分别表示源向量与尾向量,其中 $\boldsymbol{u}_1^t, \boldsymbol{u}_2^t, \boldsymbol{u}_5^s, \boldsymbol{u}_6^s$ 都是零向量。观察右侧的嵌入结果,发现原始网络中 Katz 相似度接近的节点在嵌入向量空间中的相似度较大。例如,源向量 $\boldsymbol{u}_1^s$ 与尾向量 $\boldsymbol{u}_6^t$ 之间的向量点积大于与 $\boldsymbol{u}_5^t$ 之间的向量点积,这与图 2-5(a)显示的 Katz 相似度的大小关系相对应。

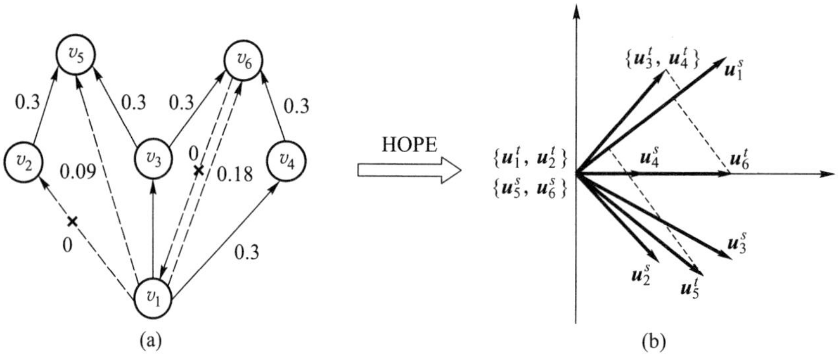

图 2-5　HOPE 算法示意图(取自文献[27])

对相似度矩阵 $\boldsymbol{S}$ 进行奇异值分解,并将获得的奇异值进行降序排序,取前 F 个奇异值及其相对应的奇异向量构建原始网络的最佳嵌入向量矩阵。当 F 越大时,奇异值分解误差越小:

$$\boldsymbol{S} = \sum_{i=1}^{N} \sigma_i \boldsymbol{v}_i^s \boldsymbol{v}_i^t \Rightarrow \begin{matrix} \boldsymbol{U}^s = [\sqrt{\sigma_1} \cdot \boldsymbol{v}_1^s, \cdots, \sqrt{\sigma_F} \cdot \boldsymbol{v}_F^s] \\ \boldsymbol{U}^t = [\sqrt{\sigma_1} \cdot \boldsymbol{v}_1^t, \cdots, \sqrt{\sigma_F} \cdot \boldsymbol{v}_F^t] \end{matrix}, \tag{2-44}$$

其中,$\sigma_i, \boldsymbol{v}_i$ 分别表示奇异值及相对应的奇异向量,$\boldsymbol{U} = [\boldsymbol{U}^s, \boldsymbol{U}^t]$ 将作为最终的节点嵌入向量矩阵。由于直接对相似度矩阵 $\boldsymbol{S}$ 进行奇异值分解的计算代价较大,HOPE 采用了一种有偏广义的奇异值分解算法(JDGSVD)[31],此处不再展开。算法 2-7 为 HOPE 算法通过分解高阶相似度矩阵获取节点嵌入向量的伪代码,其中矩阵运算与矩阵分解的计算代价较大。

算法 2-7 HOPE 高阶相似度嵌入算法

输入:	邻接矩阵 $\boldsymbol{A}$;嵌入向量维度 F;Log β;
输出:	源向量与尾向量的嵌入矩阵 $\boldsymbol{U}^s,\boldsymbol{U}^t\in\mathbb{R}^{N\times F}$;
1	计算高阶相似度指标中的 $\boldsymbol{M}_g$ 和 $\boldsymbol{M}_l$
2	通过 JDGSVD 对 $\boldsymbol{M}_g$ 和 $\boldsymbol{M}_l$ 进行矩阵分解,获得两个广义奇异值 $\{\sigma_1^g,\cdots,\sigma_F^g\}$ 和 $\{\sigma_1^l,\cdots,\sigma_F^l\}$,以及对应的奇异向量 $\{\boldsymbol{v}_1^s,\cdots,\boldsymbol{v}_F^s\}$ 和 $\{\boldsymbol{v}_1^t,\cdots,\boldsymbol{v}_F^t\}$
3	通过 $\{\sigma_1^g,\cdots,\sigma_F^g\}$ 和 $\{\sigma_1^l,\cdots,\sigma_F^l\}$ 计算实际奇异值 $\{\sigma_1,\cdots,\sigma_F\}$
4	通过公式(2-44)计算所需要的嵌入向量矩阵 $\boldsymbol{U}^s,\boldsymbol{U}^t$

2.4 基于深度学习的节点分类

深度学习在图像处理、自然语言处理等诸多领域都取得了较大的进展。由于网络图数据的独特性,在其上应用深度模型并非易事。将深度学习体系结构应用于图数据主要存在以下挑战。

(1) 不规则:与图像、音频和文本等数据具有清晰的网格结构不同,图数据具有不规则的结构,因此很难将一些基本的数学运算在图上进行推广。例如,卷积和池化是卷积神经网络(CNN)中的基本运算,在图像数据中这一运算较为容易实现,但是由于图数据的不规则结构,传统的卷积运算并不能直接应用于图数据。

(2) 异质性:图数据具有不同的类型和属性。例如,图可以是异构的或同质的、加权的或无权的、有符号的或无符号的。此外,基于图的下游任务多种多样,例如,节点层面的问题(如节点分类和链路预测)和以图为中心的问题(如图的分类和生成),因此解决不同类型的问题需要设计不同的深度体系结构和模型。

(3) 大数据:在电子商务这样具有数以万计节点的大规模网络中,需要设计可伸缩模型,使其具有与网络的大小呈线性关系的时间复杂度。

(4) 跨学科:不同的图数据通常具有特定的学科领域,如生物学、化学或社会科学等。跨学科提供了机遇和挑战,相关领域知识可以用来解决特定的问题,但整合领域知识可能会使深度模型设计复杂化。例如，在生成分子图的过程中，目标函数和化学约束往往是不可微的，因此基于梯度的训练方法不易应用。

近年来，随着图神经网络(GNN)的面世，陆续出现了多种基于空域、频域图卷积的神经网络模型及其变体，增强了深度学习对于各种图数据的处理能力，也为各种图机器学习任务奠定了坚实的基础。如图2-6为基于深度模型的节点分类框架示意图，主要流程包括：① 从给定的网络中提取网络的结构信息——邻接矩阵及节点的属性特征——特征矩阵；② 确定训练集节点和测试节点(或者是需要预测的节点)，它们都在同一个网络中，在常见的全图训练的深度模型中训练，需要过滤掉无标签节点，这是为了进行准确的损失计算和反向传播更新参数；③ 通过网络结构、节点特征和训练集对模型进行训练，使其尽可能正确分类这些有标签的训练集节点；④ 完成模型的训练后，使用测试集检验模型的性能和泛化能力。相比较手工特征和图嵌入方法，深度模型更依赖节点的属性特征，这类特征通常是节点的独立属性特征，与网络的拓扑信息无关，例如引文网络中节点的属性特征是文章中的关键词汇，它们只与文章本身内容有关。

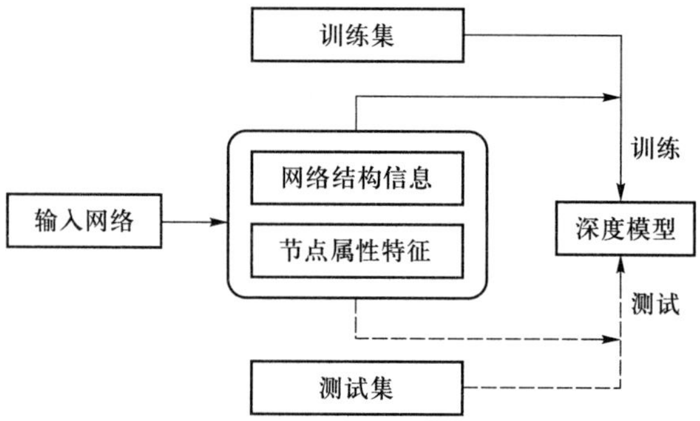

图2-6　基于深度模型的节点分类框架

2.4.1　GCN

卷积神经网络中的卷积是一种离散卷积，本质就是一种加权求和，利用一个共享参数的过滤器(卷积核)，通过计算中心点以及相邻点的加权和来实现对空间特征的提取，加权系数即卷积核的权重系数 $\boldsymbol{W}$。卷积神经网络的运算过程如图2-7所示，运算对象是欧氏空间的数据。欧氏数据最显著的特征是它们具有规则的空间结构，比如图片是规则的矩形，语音是规则的一维序列等，这些数据都可以用一维或二维矩阵来表示。而图数据属于非欧氏数据，比如推荐系统、电子交易、分子结构等抽象出来的网络，这些网络中的每个节点具有不同的连边数量,因此对于这些不规则的图数据对象,不能直接进行卷积运算。

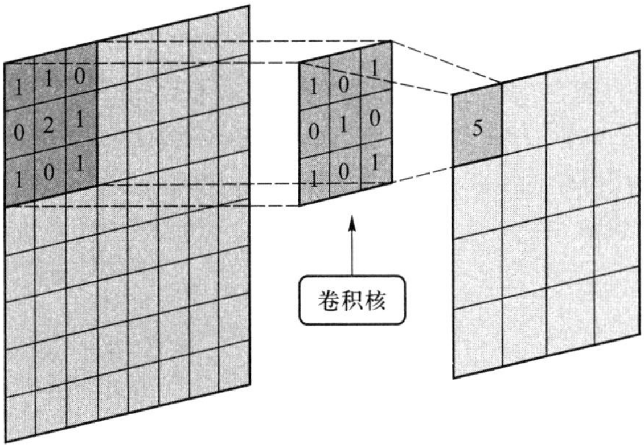

图 2-7 卷积神经网络运算过程

为了解决这一问题,研究人员开发了各种针对图数据的卷积神经网络的变体,SCCN[32]是最早提出的一种基于频域卷积方法的图卷积神经网络,其思路是将图和卷积运算通过傅里叶变换拓展到频域中,并将其转换为图信号处理问题。下面介绍一些基本的概念,感兴趣的读者可进一步查阅资料[32]。

(1) 卷积的数学定义

$$(f*g)(t)=\int_{-\infty}^{+\infty}f(x)g(t-x)\mathrm{d}x. \tag{2-45}$$

上式称为函数 f 与 g(皆为可积函数)的卷积,其中函数 g 也称为作用在 f 上的核(kernel)或者滤波器(filter)。

(2) 傅里叶变换[33]

$$\mathcal{F}(\omega)=\mathcal{F}[f(t)]=\int_{-\infty}^{+\infty}f(t)\mathrm{e}^{-\mathrm{i}\omega t}\mathrm{d}t, \tag{2-46}$$

$$f(t)=\mathcal{F}^{-1}[\mathcal{F}(\omega)]=\frac{1}{2\pi}\int_{-\infty}^{\infty}F(\omega)\mathrm{e}^{\mathrm{i}\omega t}\mathrm{d}\omega. \tag{2-47}$$

公式(2-46)和公式(2-47)分别为傅里叶变换与傅里叶逆变换,它们将周期函数 $f(t)$ 在时域与频域进行转换。

(3) 拉普拉斯矩阵

拉普拉斯矩阵是研究图结构性质的核心对象,其定义为

$$\boldsymbol{L}=\boldsymbol{D}-\boldsymbol{A}, \tag{2-48}$$

其中 $\boldsymbol{D}$ 是一个对角度矩阵,$\boldsymbol{D}_{ii}=\sum_j a_{ij}$ 表示节点 v_i 的度值。

由于图数据的不规则结构,无法直接进行传统的卷积运算,但是可以通过傅

里叶变换将时域空间的图转换至频域空间中，在频域中对于信号的卷积、滤波等操作已有坚实的理论基础。实现这一操作需要一个傅里叶变换的基，如式(2-46)中传统傅里叶变换的基为 $e^{-i\omega t}$。定义拉普拉斯矩阵的目的就是为了找到图的傅里叶变换的基，拉普拉斯矩阵的特征向量 $\boldsymbol{U}=[\boldsymbol{u}_1,\cdots,\boldsymbol{u}_n]$ 就能够作为图的傅里叶变换的基（由于 $\boldsymbol{D}$ 和 $\boldsymbol{A}$ 都是实对称矩阵，所以 $\boldsymbol{L}$ 也是实对称矩阵，对 $\boldsymbol{L}$ 进行正交分解：$\boldsymbol{L}=\boldsymbol{U}\boldsymbol{\Lambda}\boldsymbol{U}^{\mathrm{T}}$，其中 $\boldsymbol{\Lambda}$ 是特征值组成的对角矩阵，$\boldsymbol{U}$ 是特征向量矩阵），因此图的傅里叶变换与逆变换分别为

$$\tilde{x}=\boldsymbol{U}^{\mathrm{T}}\boldsymbol{x};\boldsymbol{x}=\boldsymbol{U}\tilde{\boldsymbol{x}}, \tag{2-49}$$

其中 $\boldsymbol{x}\in\mathbb{R}^N$ 为图上任意一个信号。

上述过程将图通过傅里叶变换转换到频域进行处理，接下来只需要考虑卷积如何在频域实现。首先定义 h 是函数 f 和 g 的卷积，即

$$h(t)=\int_{-\infty}^{+\infty}f(x)g(t-x)\mathrm{d}x. \tag{2-50}$$

然后将 $h(t)$ 进行傅里叶变换：

$$\begin{aligned}\mathcal{F}[h(t)]&=\int_{-\infty}^{+\infty}f(t)\mathrm{e}^{-i\omega t}\mathrm{d}t\\&=\int_{-\infty}^{+\infty}f(x)\left(\int_{-\infty}^{+\infty}g(t-x)\mathrm{e}^{-i\omega t}\mathrm{d}t\right)\mathrm{d}x.\end{aligned} \tag{2-51}$$

令 $y=t-x$，$\mathrm{d}y=\mathrm{d}t$，有

$$\begin{aligned}&\int_{-\infty}^{+\infty}f(x)\left(\int_{-\infty}^{+\infty}g(t-x)\mathrm{e}^{-i\omega t}\mathrm{d}t\right)\mathrm{d}x\\=&\int_{-\infty}^{+\infty}f(x)\mathrm{e}^{-i\omega x}\mathrm{d}x\int_{-\infty}^{+\infty}g(t)\mathrm{e}^{-i\omega y}\mathrm{d}y.\end{aligned} \tag{2-52}$$

由此可得卷积运算的傅里叶变换 $\mathcal{F}[h(t)]=\mathcal{F}[f(t)]*\mathcal{F}[g(t)]$。

结合上述图和卷积运算的傅里叶变换，可以定义图的频域卷积公式为

$$g*\boldsymbol{X}=\boldsymbol{U}(\boldsymbol{U}^{\mathrm{T}}g\cdot\boldsymbol{U}^{\mathrm{T}}\boldsymbol{X}). \tag{2-53}$$

上式可以理解为将图滤波器 g 与图信号 $\boldsymbol{X}$（特征矩阵）通过傅里叶变换到频域进行运算，再通过傅里叶逆变换回到时域空间。在此基础上，SCCN 用一个参数对角矩阵 $g_\theta(\boldsymbol{\Lambda})$ 代替 $\boldsymbol{U}^{\mathrm{T}}g$，可得

$$\boldsymbol{X}'=\boldsymbol{U}g_\theta(\boldsymbol{\Lambda})\boldsymbol{U}^{\mathrm{T}}\boldsymbol{X}=\boldsymbol{U}\begin{bmatrix}\theta_1&&\\&\ddots&\\&&\theta_N\end{bmatrix}\boldsymbol{U}^{\mathrm{T}}\boldsymbol{X}. \tag{2-54}$$

该算法在计算大规模图的数据时具有较高的时间复杂度，因为它需要训练的参数量和节点数 N 一致，且不具有局部性质。此外，在实际图数据中，节点的特征矩阵 $\boldsymbol{X}$ 也就是图信号通常是低秩的[34,35]，N 自由度的图滤波器并不必要，反

而可能导致过拟合。尽管有这些局限性，但这仍然是一个开创性的算法，ChebNet[36]为了减少参数量，将 $\boldsymbol{U}g_\theta(\boldsymbol{\Lambda})\boldsymbol{U}^{\mathrm{T}}$ 用切比雪夫多项式进行 K 阶近似，可得

$$\boldsymbol{X}' \approx \sum_{k=0}^{K} \theta_k T_k(\tilde{\boldsymbol{L}})\boldsymbol{X}, \tag{2-55}$$

其中，$T_k(\cdot)$ 为 k 阶的切比雪夫多项式，第一类切比雪夫多项式的解析式形式为 $T_k(x)=\cos(k\cdot\arccos(x))$，$\theta_k$ 为权重参数，$\tilde{\boldsymbol{L}}=\boldsymbol{U}\tilde{\boldsymbol{\Lambda}}\boldsymbol{U}^{\mathrm{T}}$ 且 $\tilde{\boldsymbol{\Lambda}}=2\boldsymbol{\Lambda}/\lambda_{\max}-\boldsymbol{I}$，进行这些变换的原因是切比雪夫多项式中存在 $\arccos(\cdot)$，所以输入值要在 $[-1,1]$ 之间。这个方法的自由度 K 可控且一般远小于 N，在减小计算复杂度的同时也规避了过拟合风险。

最后，GCN[37]令 $K=1$，$\lambda_{\max}=2$，$\theta_0=\theta_1=\theta$，进一步简化了 ChebNet：

$$\boldsymbol{X}' \approx \theta(\boldsymbol{I}_N+\boldsymbol{L})\boldsymbol{X}, \tag{2-56}$$

其中，θ 是一个标量，用来对 $(\boldsymbol{I}_N+\boldsymbol{L})$ 进行一个尺度变换，通常可以被归一化操作替代，因此可以设置为 1，得到固定的图滤波器。同时为了保证训练时的数值稳定性，防止梯度消失和爆炸等问题，GCN 参照正则拉普拉斯矩阵对 $\boldsymbol{I}_N+\boldsymbol{L}$ 进行了归一化处理：

$$\boldsymbol{I}_N+\boldsymbol{L}=\boldsymbol{I}_N+\boldsymbol{D}^{-\frac{1}{2}}\boldsymbol{A}\boldsymbol{D}^{-\frac{1}{2}} \rightarrow \tilde{\boldsymbol{D}}^{-\frac{1}{2}}\tilde{\boldsymbol{A}}\tilde{\boldsymbol{D}}^{-\frac{1}{2}}, \tag{2-57}$$

其中 $\tilde{\boldsymbol{A}}=\boldsymbol{A}+\boldsymbol{I}_N$ 为所有节点增加了自环（连接节点自身的边），$\tilde{\boldsymbol{D}}_{ii}=\sum_j \tilde{a}_{ij}$ 表示 $\tilde{\boldsymbol{A}}$ 的对角度矩阵。最后添加一个用来对特征向量进行降维的权重参数矩阵，可以得到单层 GCN 运算公式：

$$\boldsymbol{Z}=\tilde{\boldsymbol{D}}^{-\frac{1}{2}}\tilde{\boldsymbol{A}}\tilde{\boldsymbol{D}}^{-\frac{1}{2}}\boldsymbol{X}\boldsymbol{W}, \tag{2-58}$$

其中 $\boldsymbol{W}$ 是参数矩阵，$\boldsymbol{Z}$ 是经过卷积后输出的信号（特征）矩阵。由公式(2-57)可以进一步获得多层 GCN 的前向传递函数：

$$\boldsymbol{H}^{(l+1)}=\sigma(\tilde{\boldsymbol{D}}^{-\frac{1}{2}}\tilde{\boldsymbol{A}}\tilde{\boldsymbol{D}}^{-\frac{1}{2}}\boldsymbol{H}^{(\ell)}\boldsymbol{W}^{(\ell)}), \tag{2-59}$$

其中，$\boldsymbol{H}^{(\ell)}$，$\boldsymbol{H}^{(\ell+1)}$ 分别为第 ℓ 层 GCN 的输入与输出，$\boldsymbol{H}^{(1)}=\boldsymbol{X}$，即第一层输入的节点特征矩阵为原始节点特征矩阵，$\sigma$ 为激活函数。

由于不需要进行矩阵分解运算，GCN 最终回归到了空域卷积运算，可以在一些大规模图上进行应用。如算法 2-8 为多层 GCN 节点分类算法的伪代码，其中每一个 GCN 层可以理解为每个节点聚合一阶邻域的节点特征向量后进行一次共享权重参数的降维运算，获得的节点特征向量再作为下一层的卷积输入。虽然 GCN 层的图滤波器经过了大量近似推导，但是通过堆叠多层仍可以在某种程度上达到高阶多项式形式的滤波器的性能。但是，堆叠多层操作并非越多越好，

当 GCN 层堆叠过多时会出现邻域差异小从而导致特征平滑的情况，使模型精度出现下降，所以层数需要根据特定任务与数据集具体分析确定。

算法 2-8　多层 GCN 节点分类算法

输入：	图邻接矩阵 $\boldsymbol{A}$；节点特征矩阵 $\boldsymbol{X}$；
输出：	节点分类结果 $\boldsymbol{Z}$；

初始化神经网络所有参数 $\theta=\{\boldsymbol{W}^{(1)},\cdots,\boldsymbol{W}^{(L)}\}$；$\boldsymbol{H}^{(1)}=\boldsymbol{X}$

for *epoch* in *epochs* do

　for $\ell=1$ to L do

　　计算当前层的卷积结果 $\boldsymbol{H}^{(\ell+1)}=\sigma(\widetilde{\boldsymbol{D}}^{-\frac{1}{2}}\widetilde{\boldsymbol{A}}\widetilde{\boldsymbol{D}}^{-\frac{1}{2}}\boldsymbol{H}^{(\ell)}\boldsymbol{W}^{(\ell)})$

　end

　通过交叉熵损失函数求反向传播更新参数 θ

end

获得所有节点的标签预测结果 $\boldsymbol{Z}=\boldsymbol{H}^{(L+1)}$

2.4.2　GAT

GCN 极大地简化了频域卷积在图数据上的运算，但仍然存在一个问题：它并没有关注节点对之间的连边重要性，虽然在 $\widetilde{\boldsymbol{D}}^{-\frac{1}{2}}\widetilde{\boldsymbol{A}}\widetilde{\boldsymbol{D}}^{-\frac{1}{2}}$ 归一化操作中，每条边都根据它所连接的两个节点的度值进行了处理，使得一个节点对其邻居节点的关注度和邻居节点的度值成反比，然而在实际情况中，该度量方式并不完全合理。因为节点间连边的重要性的影响因素并不仅仅与节点的度值有关，还需要考虑节点间特征向量的相关性；同时在大规模的图中，邻域节点通常存在较为复杂的特征噪声，GCN 式的特征聚合方式无法避免这些特征噪声对预测结果的影响，导致模型的性能不佳。那么怎样才能帮助 GCN 模型使目标节点关注到邻域中更为重要的节点呢？Graph Attention Network（GAT）[38]将近年来备受关注的注意力（Attention）机制引入图卷积神经网络，巧妙地缓解了上述问题。

注意力机制最早是在计算机视觉领域中被提出并应用的，随后在自然语言处理（NLP）领域被采纳并受到广泛关注[39]。注意力机制模仿了生物观察行为的过程，是一种将内部经验和外部感觉对齐从而增加部分区域观察精细度的机制。例如，人看一张图片时，会快速扫描全局图像，获得需要重点关注的目标区域，也就是注意力焦点，然后对某一区域投入更多的注意力资源，以获得更多需要关注的目标的细节信息,并抑制其他无用信息。将注意力机制加入 GNN 模型中,能够更巧妙地利用网络中节点之间的相互联系,并对联系进行层级分化,增强任务中所需有效信息的关注度。

GAT 中的注意力机制体现在通过计算节点间特征向量的相关性从而衡量节点间连边的重要性,使得模型的容量(自由度)大幅增加,同时提升可解释性。但是一般节点的特征具有高维性与稀疏性,会阻碍运算与分析过程,所以需要对所有节点的特征进行降维。为了能让特征更具表达能力,GAT 采用了线性变换对原始特征降维:

$$\boldsymbol{X}=\{\boldsymbol{X}_1,\boldsymbol{X}_2,\cdots,\boldsymbol{X}_N\}\Rightarrow\boldsymbol{h}_i=\boldsymbol{X}_i\boldsymbol{W}\Rightarrow\boldsymbol{H}=\{\boldsymbol{h}_1,\boldsymbol{h}_2,\cdots,\boldsymbol{h}_N\}. \qquad (2-60)$$

降维处理后的特征能够更加方便地计算节点之间的相互关注度。假设节点 v_i 作为中心节点,节点 v_j 为节点 v_i 的邻居节点,它们之间的注意力权重系数为

$$\mathrm{LeakyReLU}(\boldsymbol{\alpha}^{\mathrm{T}}[\boldsymbol{h}_i \,\|\, \boldsymbol{h}_j]), \qquad (2-61)$$

其中,$\|$ 表示拼接操作,$\boldsymbol{\alpha}$ 可以理解为一个参数向量,通过与拼接后的向量 $\boldsymbol{h}_i \,\|\, \boldsymbol{h}_j$ 进行内积来计算节点 v_i 与 v_j 的相关性。可以通过 Softmax 运算来归一化所有邻居节点的注意力系数:

$$\alpha_{ij}=\frac{\exp(\mathrm{LeakyReLU}(\boldsymbol{\alpha}^{\mathrm{T}}[\boldsymbol{h}_i \,\|\, \boldsymbol{h}_j]))}{\sum\limits_{k\in\mathcal{N}_i}\exp(\mathrm{LeakyReLU}(\boldsymbol{\alpha}^{\mathrm{T}}[\boldsymbol{h}_i \,\|\, \boldsymbol{h}_j]))}. \qquad (2-62)$$

图 2-8(a)形象地描绘了注意力系数的计算过程。在为所有节点计算其与邻居节点的注意力系数后,系数矩阵 $\boldsymbol{\alpha}\in\mathbb{R}^{N\times N}$ 可以代替 GCN 中的 $\tilde{\boldsymbol{D}}^{-\frac{1}{2}}\tilde{\boldsymbol{A}}\tilde{\boldsymbol{D}}^{-\frac{1}{2}}$ 进行节点特征聚合:

$$\boldsymbol{H}'=\boldsymbol{\alpha}\boldsymbol{H}=\begin{bmatrix}\alpha_{11} & \cdots & \alpha_{1n}\\ \vdots & & \vdots\\ \alpha_{n1} & \cdots & \alpha_{nn}\end{bmatrix}\boldsymbol{H}, \qquad (2-63)$$

其中,$\boldsymbol{H}$ 为聚合前的特征矩阵,$\boldsymbol{H}'$ 为聚合后的特征矩阵。

为了进一步提高注意力层的表达能力,可以使用多头注意力机制。多个注意力独立地工作,多次计算节点间的注意力系数,产生多个 $\boldsymbol{\alpha}$ 矩阵进行邻域特征聚合,最后再将各注意力的聚合结果 $\boldsymbol{H}'$ 拼接在一个向量中。这一机制能够提升模型的灵活性,避免过拟合。图 2-8(b)表示以多个不同注意力层聚合节点邻域特征信息的过程,节点 v_i 经过多头注意力系数矩阵聚合、拼接,获得嵌入向量的计算方式如下所示:

$$\boldsymbol{h}_i'=\mathop{\Big\|}_{q=1}^{Q}\sigma\Big(\sum_{j\in\mathcal{N}_i}\alpha_{ij}^{q}\boldsymbol{h}_j^{q}\Big), \qquad (2-64)$$

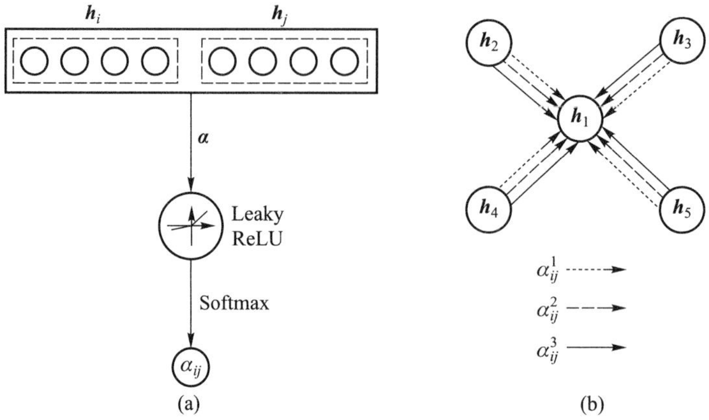

图 2-8　GAT 计算过程示意图(取自文献[38])

其中,$\boldsymbol{h}_i'$为拼接后的节点 v_i 的特征向量,$\mathcal{Q}$ 为注意力的数量,α_{ij}^q为第 q 个注意力中节点 v_i 与节点 v_j 间的注意力系数,$\boldsymbol{h}_j^q$ 为第 q 个注意力中节点 v_j 聚合前的特征,$\mathcal{N}_i$ 为节点 v_i 的邻居节点集合。

GAT 层的实质是计算一个注意力系数矩阵,用来替代 GCN 层中的 $\tilde{\boldsymbol{D}}^{-\frac{1}{2}}\tilde{\boldsymbol{A}}\tilde{\boldsymbol{D}}^{-\frac{1}{2}}$,因此 GAT 层也可以像 GCN 层一样多个堆叠。算法 2-9 为多层 GAT 节点分类算法的伪代码,在最后一个 GAT 层,为了减少节点输出特征向量的维度,可以采用各注意力层系数求平均的方式进行处理:

$$\boldsymbol{h}_i' = \sigma\left(\frac{1}{\mathcal{Q}}\sum_{q=1}^{\mathcal{Q}}\sum_{j\in\mathcal{N}_i}\alpha_{ij}^q\boldsymbol{h}_j^q\right), \tag{2-65}$$

其中 σ 为非线性激活函数。

对于图的注意力机制,所有连边都可以并行计算,所有节点输出特征向量的运算也可以并行进行,因此 GAT 模型的计算十分高效。

算法 2-9　多层 GAT 节点分类算法

输入:	图邻接矩阵 $\boldsymbol{A}$;节点特征矩阵 $\boldsymbol{X}$;注意力数量 $\mathcal{Q}$;注意力层数 L;
输出:	节点分类结果 $\boldsymbol{Z}$;
1	初始化神经网络所有参数 $\boldsymbol{W}=\{\boldsymbol{W}^1,\cdots,\boldsymbol{W}^L\}$,$\boldsymbol{\alpha}=\{\boldsymbol{\alpha}^1,\cdots,\boldsymbol{\alpha}^{\mathcal{Q}}\}$ 初始特征矩阵输入 $\boldsymbol{H}^1=\boldsymbol{X}$
2	for *epoch* in *epochs* do

for $\ell=1$ to L do

  for $q=1$ to Q do

  将所有节点特征向量降维 $\boldsymbol{H}_q^{\ell}=\boldsymbol{H}^{\ell}\boldsymbol{W}_q^{\ell},\boldsymbol{W}_q^{\ell}\in\boldsymbol{W}^{\ell}$

  通过公式(2-62)与参数 $\boldsymbol{\alpha}_q^{\ell},\boldsymbol{\alpha}_q^{\ell}\in\boldsymbol{\alpha}^{\ell}$ 计算注意力系数矩阵 $\boldsymbol{\alpha}_q$

  聚合特征 $\boldsymbol{H}_q^{\ell+1}=\sigma(\boldsymbol{\alpha}_q\boldsymbol{H}_q^{\ell})$

  end

  计算该层的输出结果：

$$\boldsymbol{H}^{\ell+1}=\mathop{\Big\|}_{q=1}^{Q}\boldsymbol{H}_q^{\ell+1}\ \text{如果}\ \ell\neq L,\text{否则}\ \boldsymbol{H}^{\ell+1}=\left(\sum_{1}^{Q}\boldsymbol{H}_q^{\ell+1}\right)/Q$$

 end

 通过交叉熵损失函数求反向传播更新参数 $\boldsymbol{W}$

end

获得所有节点的标签预测结果 $\boldsymbol{Z}=\boldsymbol{H}^{L+1}$

2.4.3 GraphSAGE 模型

GCN 的卷积运算是基于已知的图数据进行的，一旦图中新增一个节点，某些节点的邻域聚合向量出现了变化，而针对该向量的参数矩阵 $\boldsymbol{W}$ 并没有适应改变，那么整个模型就需要重新训练。另外，之前介绍的 GCN 和 GAT 模型的训练方式都是全图训练，每轮迭代只计算一次所有训练节点的交叉熵损失，这种训练方式十分低效，尤其是大规模图数据，十分依赖计算资源。

为了解决上述问题，GraphSAGE [40] 通过邻域采样实现了归纳学习和小批次训练。不同于直接计算分类结果的方法，GraphSAGE 的核心是学习生成节点嵌入向量的映射函数，将 GCN 扩展成归纳学习任务，具有更强的可扩展性，并对未知节点起到泛化作用，当新的节点出现时，只需要通过已经学习好的映射函数计算该节点的嵌入向量即可。GraphSAGE 通过采样节点邻域来获得训练样本，因此为每个节点提取的子图都是独立的训练样本，这样就能够避免进行全图训练，为实现在大规模图上的分布式训练提供了可能。下面将简单介绍 GraphSAGE 的两个核心概念。

1. 采样邻居

回顾前文中提到的 GCN 层前向传递函数，每个 GCN 层为每个节点聚合其一阶邻域的节点特征向量，m 层 GCN 就可以为每个节点聚合到 m 阶邻居的特征向量。因此，m 层 GCN 聚合特征向量可以转化为通过提取节点的 m 阶子图聚合特征向量,使每个节点都有一个独立 m 阶子图,自成样本。

首先,考虑到子图的节点数通常随着邻域阶数 k 的增长呈指数式增长,假设某一个节点的度值为 k,则该节点的 m 阶子图中的节点数为 $N^{(m)} \approx 1+k+\cdots+k^{m}$,这将导致较高的计算复杂度;其次,真实网络中节点的度通常呈现幂律分布,其中会存在一些度极大的超级节点,这不仅影响计算效率,而且影响模型训练效果。

上述问题可以通过对邻居进行采样来控制子图节点数量的增长速度,同时还需要保证一个条件:每个节点的采样子图结构相同。类比图像分类的训练过程,每张图片的结构(长度和宽度)都相同,才能保证后续的权重和偏置参数形状相同,这也是实现分布式训练的必要条件。因此为了计算的高效性同时保证所有节点的采样结构都一致,为每个节点采样固定数量的各阶邻居节点,例如某个节点 v_i 的一阶邻居采样 5 个节点,二阶邻居采样 3 个节点,那么该节点二阶子图中的节点数为 $N^{(2)}=1+5+5\times3=21$。如果需要采样的邻居节点数大于实际存在的邻居节点数,例如需要的邻居节点数即采样数为 S,实际邻居节点数小于 S,则采用有放回的抽样方法,直到采样出 S 个节点。若邻居节点数大于 S,则采用无放回的抽样。采样处理不仅减小了提取子图的时间、存储代价和模型训练代价,同时也能避免节点过度聚合后导致的节点特征平滑、难以区分等问题。

2. 聚合邻居

图中节点的邻居排列是无序的,所以需要聚合算子是对称的,即对输入的各种节点排列,算子的输出结果不变,使模型具有更鲁棒的表达能力。GraphSAGE 提供了以下几种具有对称特征的聚合算子,举例表达了对节点 v_i 的邻居节点特征向量的聚合。

(1) 平均聚合算子:对邻居节点的特征向量的每个维度求均值,将得到的向量再进行一次非线性变换:

$$Agg^{mean} = \sigma(\mathrm{MEAN}\{\boldsymbol{W}\boldsymbol{h}_j + \boldsymbol{b}, \forall v_j \in \mathcal{N}_i\}), \tag{2-66}$$

其中,$\boldsymbol{h}_j$ 为节点 v_j 的特征向量,$\mathcal{N}_i$ 为节点 v_i 的邻域,$\boldsymbol{W}$ 和 $\boldsymbol{b}$ 分别为可训练权重参数与偏置值,$\sigma(\cdot)$ 为激活函数。

(2) GCN 聚合算子:即图卷积算子 $\boldsymbol{PXW}$,其中 $\boldsymbol{W}$ 为权重参数矩阵,$\boldsymbol{P}$ 为该子图的对称归一化邻接矩阵,$\boldsymbol{X}$ 为节点特征矩阵。有

$$Agg^{GCN} = \sigma(\boldsymbol{PXW}). \tag{2-67}$$

(3) 池化聚合算子:先对目标节点的各邻居节点的嵌入向量进行一次非线性变换,再进行一次池化操作(最大池化或平均池化),以下为最大池化聚合算子计算公式:

$$Agg^{Pool} = \max\{\sigma(\boldsymbol{W}\boldsymbol{h}_j + \boldsymbol{b}), \forall v_j \in \mathcal{N}_i\}. \tag{2-68}$$

上述聚合算子聚合的都是目标节点的邻居节点的特征向量,聚合后得到的向量与目标节点的特征向量进行拼接,再经过一次非线性变换得到目标节点的新特征向量。

举例一个二阶邻域聚合的 GraphSAGE 模型,聚合过程如图 2-9 所示。首先,对图中目标节点进行邻域采样;其次,根据采样子图和设计好的聚合算子(函数)由远及近聚合各阶的邻居节点的特征向量。

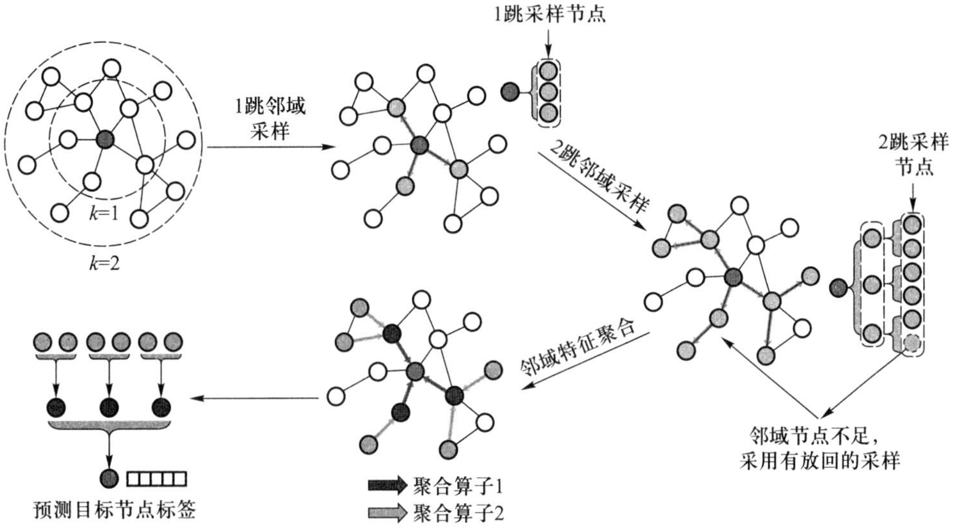

图 2-9 GraphSAGE 的聚合过程

算法 2-10 是 GraphSAGE 聚合过程的伪代码,在节点的子图采样完成后进行。每次迭代时,从采样到的最远邻居开始聚合特征信息。L 是模型的层数,同时也表示每个节点能够聚合的最远邻域,ℓ 每增大一个值,聚合过程可以聚合更远一层的邻居节点信息;$\boldsymbol{x}_v$ 表示节点 v 的特征向量;$\{\boldsymbol{h}_u^{\ell-1}, \forall u \in N(v)\}$ 表示在 $\ell-1$ 层中节点 v 的采样邻居节点的嵌入向量集合;$\boldsymbol{h}_{\mathcal{N}(v)}^{\ell}$ 表示在第 ℓ 层节点 v 的采样邻居节点的特征表示;$\boldsymbol{h}_v^{\ell}, \forall v \in V$ 表示在第 ℓ 层节点 v 的嵌入向量。

在选择了合适的聚合函数之后,GraphSAGE 提供无监督学习和监督学习两种方式,节点分类任务属于监督学习,只需在模型中后接全连接层便可进行节点的标签预测,损失函数可使用交叉熵损失函数。

算法 2-10 GraphSAGE 聚合过程算法

输入：图 $G=(V,E)$；输入特征 $\{\boldsymbol{x}_v, \forall v \in V\}$；子图阶数 L；
权重参数矩阵 $\boldsymbol{W}^{\ell}, \forall \ell \in \{1,\cdots,L\}$；非线性激活函数 σ；
聚合算子 $\text{AGGREGATE}_{\ell}, \forall \ell \in \{1,\cdots,L\}$；采样获得的邻居 $\mathcal{N}^{\ell}(v), \forall v \in V$；

输出：聚合后的特征向量 $z_v, \forall v \in V$；

初始化所有节点的特征向量 $\boldsymbol{h}_v^0 \leftarrow \boldsymbol{x}_v, \forall v \in V$
for $m=1,\cdots,L$ do
  for $v \in V$ do
    聚合采样获得的邻居节点特征向量 $\boldsymbol{h}_{N^{\ell}(v)}^{\ell} \leftarrow \text{AGGREGATE}_{\ell}(\{\boldsymbol{h}_u^{\ell-1}, \forall u \in \mathcal{N}^{\ell}(v)\})$
    拼接回当前目标节点的特征向量 $\boldsymbol{h}_v^{\ell} \leftarrow \boldsymbol{W}^{\ell} \cdot \text{CONCAT}(\boldsymbol{h}_v^{\ell-1}, \boldsymbol{h}_{N^{\ell}(v)}^{\ell})$
  end
  特征向量归一化 $\boldsymbol{h}_v^{\ell} \leftarrow \boldsymbol{h}_v^{\ell} / \|\boldsymbol{h}_v^{\ell}\|_2, \forall v \in V$
end
得到最终的嵌入向量 $z_v \leftarrow \boldsymbol{h}_v^L, \forall v \in V$

2.5 节点分类应用

本节将比较基于手动特征的方法、图嵌入算法和深度模型在真实网络上的节点分类性能。实验中仅考虑无权无向网络。在基于手动特征方法的实验中，MF 表示将第 2.2 节介绍的所有特征采取拼接的方式合并成一个向量作为节点的特征。对于图嵌入算法实验，节点的嵌入向量作为节点特征，其中节点嵌入向量的维度为 128。基于手动特征的方法和图嵌入算法使用基于 LIBLINEAR 库的逻辑斯谛回归(LR)作为分类器。对于端到端的深度模型，其输出层前一层的维度设为 128。对于每个数据集，训练集和测试集的划分比例为 8 : 2，即测试集包含 20%未知标签的节点。每个算法的节点分类实验重复 5 次并取平均值，由 F_1 度量指标衡量预测精度。

表 2-2 为各类算法在真实网络上节点分类的预测性能比较，其中使用 Macro-F_1 和 Micro-F_1 衡量各算法节点分类的结果，发现存在一定的差异，说明这三个网络中不同类别的节点数量并不均衡，即存在某几类别的节点数量特别多的情况。在手动特征的实验中，观察较小的航班网络的分类结果，可以看出核数 CO 的表现结果较好，说明在航班网络中具有相同标签的节点都具有相近的度值，验证了航班网络类别划分的依据。此外，度中心性也表现出了较好的分类效果，这也与核数 CO 的分类结果相对应。观察规模较大的引文网络和社交网络的节点分类结果，发现大部分手动特征的分类结果相近，说明在大规模网络上仅凭单一的网络拓扑特征不具有很好的分类性能。一般情况下，包含的特征越多，其节点分类结果越好，但在本实验中对于较小的网络，MF 方法并未达到最优的分类性能，这可能是由于 MF 中包含过多的特征，其中某些特征并不具有可区分性，导致节点分类精度下降；而对于较大的两个网络，MF 方法表现出了最优的性能，表明对于规模较大的网络，从多方面对节点进行描述有助于节点分类。

表 2-2　各类算法在真实网络上节点分类的预测性能比较

算法类别		Europe		Cora		BlogCatalog	
		Macro-F_1	Micro-F_1	Macro-F_1	Micro-F_1	Macro-F_1	Micro-F_1
基于手动特征的方法	Cluster	0.1887	0.2725	0.0653	0.2967	0.1509	0.2277
	DC	0.2279	0.3225	0.0653	0.2967	0.0721	0.1885
	CC	0.2510	0.3450	0.0653	0.2967	0.1486	0.2379
	BC	0.0891	0.2050	0.0653	0.2967	0.0493	0.1737
	EC	0.2080	0.2900	0.0666	0.2974	0.0931	0.1998
	PR	0.0837	0.2025	0.0653	0.2967	0.0493	0.1737
	HITS_H	0.0837	0.2025	0.0653	0.2967	0.0493	0.1737
	HITS_A	0.0837	0.2025	0.0653	0.2967	0.0493	0.1737
	CO	0.2837	0.3675	0.0657	0.2937	0.1483	0.2162
	MF	0.2804	0.3575	0.1083	0.3229	0.2653	0.2854

续表

算法类别		Europe		Cora		BlogCatalog	
		Macro-F_1	Micro-F_1	Macro-F_1	Micro-F_1	Macro-F_1	Micro-F_1
图嵌入算法	DeepWalk	0.2731	0.2775	0.8450	0.8546	0.6754	0.6821
	node2vec	0.3081	0.3175	0.8310	0.8395	0.6828	0.6900
	LINE	0.3068	0.3175	0.7069	0.7258	0.6239	0.6287
	SDNE	0.3046	0.3100	0.6110	0.6290	0.5440	0.5430
	GF	0.3122	0.3525	0.5678	0.5834	0.5734	0.5835
	GraRep	**0.3734**	**0.3900**	0.7959	0.8077	0.7394	0.7431
	HOPE	0.3403	0.3450	0.6402	0.6598	0.7583	0.7619
深度模型	GCN	0.3262	0.3556	**0.8740**	**0.8740**	0.6360	0.6530
	GAT	0.2885	0.3074	0.8720	0.8710	0.3780	0.3990
	GraphSAGE	0.1385	0.2574	0.8420	0.8430	**0.9100**	**0.9110**

对比图嵌入算法的实验结果，发现图嵌入算法在大多数情况下都优于基于手动特征的方法，这说明简单的网络拓扑特征并不具有很强的区分性，而结合了网络的局部信息和全局信息的自动提取节点特征的图嵌入算法则具有优秀的预测性能，在规模更大的 Cora 引文网络和 BlogCatalog 社交网络上的效果更为明显。将图嵌入算法与深度模型进行比较，可以看出在航班网络上，图嵌入模型的节点分类性能基本优于深度模型，因为航班网络只有纯粹的网络结构，不具有节点本身自带的属性特征，所以这些基于网络结构信息的图嵌入算法比依赖节点属性特征的深度模型表现更佳。在 Cora 网络和 BlogCatalog 网络中，由于这些网络中的节点带有属性信息可供深度模型使用，所以深度模型的节点分类结果远好于图嵌入算法。

2.6 本章小结

节点分类作为网络数据挖掘分析的一种方式，在计算机领域已有深入的研究，其研究思路和方法主要基于网络的结构信息和节点的属性信息。相关复杂网络的综述文章介绍了许多刻画网络结构的一系列拓扑特征,具有相同标签的节点往往具有相似的网络拓扑特征,在大部分情况下,仅仅使用度中心性、接近中心性以及介数中心性等网络基本拓扑特征即能表现出较好的节点分类效果。然而,网络基本拓扑特征大多数都是反映节点的局部结构且较少关注网络的全局结构信息,并且需要对网络中的所有节点进行手动提取特征,这对于大规模的网络具有非常高的计算代价。相较而言,自动提取特征的节点分类方法具有更强的普适性,能够应用于更多的场合。其中,图嵌入算法通过自动提取网络的特征并与机器学习相结合以进行节点分类。例如,基于网络结构信息的 DeepWalk,通过学习网络中节点与节点的共现关系来得到节点的向量表示,并利用传统的机器学习分类器来预测未知节点的标签。LINE 能够同时保留局部和全局两种网络结构信息,并且可以应用到具有数百万个节点的大规模网络上。

网络中的节点都具有一定的属性信息,例如在社交网络中,用户的性别、年龄等信息可以作为节点的属性信息。大多数深度模型都可以结合网络的结构信息和节点的属性信息。例如,GCN 深度模型被应用于引文网络,对数以万计未标记标签的论文进行预测,该方法不仅用到了引文网络的结构信息,还有文章内容等节点的属性信息。应用节点属性信息的节点分类方法还有很多,例如,GAT 将注意力机制加入图卷积神经网络并结合节点的属性来进行预测;GraphSAGE 利用节点的属性信息和网络的拓扑结构信息来进行节点标签预测。虽然结合节点的属性信息能够获得较好的预测效果,但在大多数情况下获取这些信息是相对比较困难的,比如许多社交网络上的用户信息涉及个人隐私。而且,即使获得了节点的属性信息也不能确保信息的可靠性,因为这些信息不一定能反映节点的真实情况,例如在线社交网络中一些用户的注册信息可能包含虚假内容。更进一步,在得到节点的属性信息后,如何判断哪些节点属性信息对网络的节点分类有效也是一个重要的问题。但在大多数情况下,结合节点属性信息的算法往往比仅依靠网络结构的算法有着更好的节点分类效果。

参考文献

[1] Bhagat S, Cormode G, Muthukrishnan S. Node classification in social networks [M]//Aggarwal C C. Social Network Data Analytics, Boston: Springer, 2011: 115-148.

[2] 周方. 社交网络节点分类技术研究[D]. 辽宁大学,2015.

[3] Cusick M E, Yu H, Smolyar A, et al. Literature-curated protein interaction datasets[J]. Nature Methods, 2009, 6(1): 39-46.

[4] Sen P, Namata G, Bilgic M, et al. Collective classification in network data[J]. AI Magazine, 2008, 29(3):93-93.

[5] Euzenat J. Semantic precision and recall for ontology alignment evaluation [C]// Proceedings of the 20th International Joint Conference on Artificial Intelligence, Hyderabad, 2007:348-353.

[6] Powers D. Evaluation: from precision, recall and f-measure to ROC, informedness, markedness and correlation[J]. Journal of Machine Learning Technologies, 2011, 2(1):37-63.

[7] Goutte C, Gaussier E. A probabilistic interpretation of precision, recall and f-score, with implication for evaluation[C] //European conference on information retrieval, Berlin: Springer, 2005:345-359.

[8] Schiffman S S, Reynolds M L, Young F W. Introduction to Multidimensional Scaling[M]. New York: Academic Press, 1981.

[9] Kruskal J B. Multidimensional Scaling[M]. Los Angeles: Sage, 1978.

[10] Cai H, Zheng V W, Chang K C C. A comprehensive survey of graph embedding: Problems, techniques, and applications[J]. IEEE Transactions on Knowledge and Data Engineering, 2018, 30(9):1616-1637.

[11] Goyal P, Ferrara E. Graph embedding techniques, applications, and performance: A survey[J]. Knowledge-based Systems, 2018, 151:78-94.

[12] Perozzi B, Al-Rfou R, Skiena S. DeepWalk: Online learning of social representations[C]// International Conference on Knowledge Discovery and Data Mining, New York, 2014:701-710.

[13] Mikolov T, Chen K, Corrado G, et al. Efficient estimation of word representations in vector space[J]. Computer Science, 2013.

[14] Rong X. Word2vec parameter learning explained[J/OL]. Computer Science, 2014, arXiv:1411.2738.

[15] Goldberg Y, Levy O. Word2vec Explained: deriving Mikolov et al.' s negative-sampling word-embedding method[J/OL]. arXiv:1402.3722, 2014.

[16] McCormick C. Word2vec tutorial-the skip-gram model[EB/OL]. [2016-04].

[17] Mohammed A A, Umaashankar V. Effectiveness of hierarchical softmax in large scale classification tasks [C]// Proceedings of 2018 International Conference on Advances in Computing, Communications and Informatics. Bangalore, 2018:1090-1094.

[18] Kozen D C. Depth-first and breadth-first search[M]//Kozen D C. The Design

and Analysis of Algorithms, New York: Springer, 1992: 19-24.

[19] Grover A, Leskovec J. Node2vec: Scalable feature learning for networks[C]// Proceedings of the 22nd ACM SIGKDD International Conference on Knowledge Discovery and Fata Mining, San Francisco, 2016: 855-864.

[20] Tang J, Qu M, Wang M, et al. LINE: Large-scale information network embedding [C]//Proceedings of the 24th International Conference on World Wide Web, Florence, 2015: 1067-1077.

[21] Ruder S. An overview of gradient descent optimization algorithms[J/OL]. arXiv preprint arXiv: 1609.04747, 2016.

[22] Wang D, Cui P, Zhu W. Structural deep network embedding[C]//Proceedings of the 22nd ACM SIGKDD International Conference on Knowledge Discovery and Data Mining, San Francisco, 2016: 1225-1234.

[23] Belkin M, Niyogi P. Laplacian eigenmaps for dimensionality reduction and data representation[J]. Neural Computation, 2003, 15(6): 1373-1396.

[24] Ahmed A, Shervashidze N, Narayanamurthy S, et al. Distributed large-scale natural graph factorization[C]// Proceedings of the 22nd International World Wide Web Conference, Rio de Janeiro, 2013: 37-48.

[25] Bertsekas D, Tsitsiklis J. Parallel and Distributed Computation: Numerical Methods[M]. Boston: Athena Scientific, 2015.

[26] Cao S, Lu W, Xu Q. GraRep: Learning graph representations with global structural information[C]//Proceedings of the 24th ACM International on Conference on Information and Knowledge Management, Melbourne, 2015: 891-900.

[27] Ou M, Cui P, Pei J, et al. Asymmetric transitivity preserving graph embedding [C]//Proceedings of the 22nd ACM SIGKDD International Conference on Knowledge Discovery and Data Mining, San Francisco, 2016: 1105-1114.

[28] Katz L. A new status index derived from sociometric analysis [J]. Psychometrika, 1953, 18(1): 39-43.

[29] Lü L, Zhou T. Link prediction in complex networks: A survey[J]. Physica A: Statistical Mechanics and its Applications, 2011, 390(6): 1150-1170.

[30] Adamic L A, Adar E. Friends and neighbors on the Web[J]. Social Networks, 2003, 25(3): 211-230.

[31] Hochstenbach M E. A Jacobi-Davidson type method for the generalized singular value problem[J]. Linear Algebra and its Applications, 2009, 431(3-

4):471-487.

[32] Bruna J, Zaremba W, SzlamA, et al. Spectral networks and locally connected networks on graphs[C]// Proceedings of the 2nd International Conference on Learning Representations. Banff, 2014.

[33] Bracewell R. The Fourier Transform and its Applications[M]. New York: McGraw Hill, 1986.

[34] Yang C, Liu Z, Zhao D, et al. Network representation learning with rich text information [C]//Proceedings of the Twenty-Fourth International Joint Conference on Artificial Intelligence, Buenos Aires, 2015:2111-2117.

[35] Nar K, Ocal O, Sastry S S, et al. Cross-entropy loss and low-rank features have responsibility for adversarial examples[J/OL]. arXiv preprint arXiv: 1901.08360, 2019.

[36] Defferrard M, Bresson X, Vandergheynst P. Convolutional neural networks on graphs with fast localized spectral filtering [C]//Advances in Neural Information Processing Systems, Barcelona, 2016:3844-3852.

[37] Kipf TN, Welling M. Semi-supervised classification with graph convolutional networks[C]// Proceedings of the 5th International Conference on Learning Representations, Toulon, 2017.

[38] Veličković P, Cucurull G, Casanova A, et al. Graph attention networks[C]// Proceedings of the 6th International Conference on Learning Representations, Vancouver, 2018.

[39] Devlin J, Chang M W, Lee K, et al. BERT: Pre-training of deep bidirectional transformers for language understanding [C]// Proceedings of the 2019 Conference of the North American Chapter of the Association for Computational Linguistics: Human Language Technologies, Minneapolis, 2019: 4171-4186.

[40] Hamilton W, Ying Z, Leskovec J. Inductive representation learning on large graphs [C]//Advances in Neural Information Processing Systems, Long Beach, 2017:1024-1034.

第3章 链路预测

链路预测，顾名思义就是预测两个节点之间是否存在连边关系，是网络科学中的一类典型任务。在现实世界的网络中，除了已知的连边，还存在由于数据缺失等原因造成的未知连边以及随着时间演化未来可能出现的连边。链路预测就是利用已有的网络结构信息甚至是属性信息预测未知连边的一类问题。例如，微博和 Facebook 等在线社交网络通过推断用户之间是否可能建立联系，实现好友的精准推荐；在研究蛋白质-蛋白质相互作用的实验中，链路预测方法可以筛选出最有可能产生相互作用的蛋白质分子。本章将介绍链路预测的基本概念以及具有代表性的算法，并将这些算法应用于实际链路预测问题中。

3.1　链路预测的基本概念

3.1.1　问题描述

链路预测用于预测网络中缺失的或者可能产生的连边。从机器学习的角度来看，链路预测可以视作一个二分类问题（即判断连边存在或者不存在）或者排序问题（即对连边存在概率进行降序排序，取前 m 条连边），本章主要从二分类模型视角介绍多种链路预测方法。一般地，一个无向无权网络可表示为 $G=(V, E)$，其中 V 表示网络中的节点集合，E 表示网络中的连边集合。给定一对节点 (u,v)，链路预测给出连边存在的概率 p_{uv}。当 p_{uv} 大于给定阈值 p_θ 时，u 和 v 之间存在连边；反之，则不存在连边。

3.1.2　评价指标

链路预测被建模为一个二分类问题时，有如下两项评价指标可以用于衡量算法精度。

（1）AUC（Area Under the ROC Curve）

AUC 定义为 ROC 曲线（Receiver Operating Characteristic Curve）与坐标轴围成的面积。AUC 的取值范围在 0 到 1 之间，其值越大，表明链路预测算法效果越好。AUC 值可以认为是随机挑选的存在的连边比不存在的连边获得更高分数的概率，其数学定义由公式(3-1)给出，表示在 n 次独立的比较中，存在的连边比不存在的连边获得更高分数有 n' 次，不存在的连边比存在的连边获得更高分数有 n'' 次。若模型无法对链路的存在性进行有效判断，即模型输出的结果对不同的节点对都是任意的，则 $AUC=0.5$。

$$AUC = \frac{n' + 0.5n''}{n}. \tag{3-1}$$

（2）AP（Average Precision）

一些基于相似度指标的链路预测方法仅能给出连边存在的概率，而无法给出一个确定的阈值来判断连边是否存在。AP 通过阶梯式划定阈值，计算在不同阈值的精准度（Precision）并求均值，其定义为

$$AP = \sum_{n} (R_n - R_{n-1}) p_n, \tag{3-2}$$

其中，R_n 和 p_n 分别为在第 n 个阈值下分类器的召回值和精度值。

3.2 启发式链路预测方法

在日常生活中，我们常常有这样一种直觉：两个关系要好的朋友往往会有许多共同的好友，QQ、微博等在线社交平台会根据类似的规则来给用户推荐好友。启发式链路预测方法，就是用网络中的统计性指标来衡量两个节点之间的相似度，从而实现链路预测。这类统计性指标主要分为局部结构相似性指标、全局结构相似性指标和类局部结构相似性指标。

3.2.1 局部结构相似性指标

大部分局部结构相似性指标都和节点周围的一阶邻居、二阶邻居相关。以共同邻居（Common Neighbors，CN）为基础，结合节点本身的结构特征，衍生出了具有不同性质的节点相似性指标。

（1）Common Neighbors（CN）[1,2]

CN 假设两个节点之间拥有的共同邻居数量越多，则越可能形成连边，其定义为

$$s_{uv}^{CN} = |\mathcal{N}_u \cap \mathcal{N}_v|. \tag{3-3}$$

其中，$\mathcal{N}_u$ 表示节点 u 的一阶邻居的集合。

（2）Salton Index（SA）[3]

CN 仅根据节点之间的共同邻居数量来衡量节点之间的相似度，这就容易导致一对度值较大的节点比一对度值较小的节点更容易被认为是相似的，尽管后者的共同邻居数量可能占据了它们所有邻居节点数量的大部分。因此，在衡量节点相似性的同时，不仅需要考虑共同邻居的数量，也要考虑目标节点对本身的邻居数量。SA 在考虑共同邻居数量的基础上，也考虑了节点本身的度值，其定义为

$$s_{uv}^{SA} = \frac{|\mathcal{N}_u \cap \mathcal{N}_v|}{\sqrt{k_u \times k_v}}. \tag{3-4}$$

其中，k_u 表示节点 u 的度值。由于形式相似，SA 在一些文献中也被称为余弦相

似度。

(3) Jaccard Index (JAC)[4]

JAC 也可以视为是基于 CN 的节点相似性指标。与 SA 不同,JAC 将节点 u 和 v 的所有邻居数作为基数与共同邻居数进行比较,其定义为

$$s_{uv}^{JAC}=\frac{|\mathcal{N}_u\cap\mathcal{N}_v|}{|\mathcal{N}_u\cup\mathcal{N}_v|}.\tag{3-5}$$

(4) Sϕrensen Index (SI)[5]

SI 将节点 u 和 v 度值的均值作为基数与共同邻居数进行比较,常用于生态学社区数据。其定义为

$$s_{uv}^{SI}=\frac{2|\mathcal{N}_u\cap\mathcal{N}_v|}{k_u+k_v}.\tag{3-6}$$

(5) Hub Promoted Index(HPI)[6]

HPI 将节点 u 和 v 中较小的度值作为基数,使得与中心节点相连的连边更容易获得更高的分数。其定义为

$$s_{uv}^{HPI}=\frac{|\mathcal{N}_u\cap\mathcal{N}_v|}{\min\{k_u,k_v\}}.\tag{3-7}$$

(6) Hub Depressed Index (HDI)

与 HPI 相反,HDI 更倾向于给连接中心节点的连边更低的分数,其定义为

$$s_{uv}^{HDI}=\frac{|\mathcal{N}_u\cap\mathcal{N}_v|}{\max\{k_u,k_v\}}.\tag{3-8}$$

(7) Leicht-Holme-Newman Index(LHN1)[7]

LHN1 期望 $k_u\times k_v$ 与节点 u 和 v 之间存在的共同邻居数量成正比,其定义为

$$s_{uv}^{LHN1}=\frac{|\mathcal{N}_u\cap\mathcal{N}_v|}{k_u\times k_v}.\tag{3-9}$$

(8) Preferential Attachment Index(PA)[8]

PA 常用于动态无标度网络的生成,可以定量分析网络连边的不同动态特性,其定义为

$$s_{uv}^{PA}=k_u\times k_v.\tag{3-10}$$

(9) Adamic-Adar Index(AA)[9]

AA 改进了 CN 简单的共同邻居的计算方式,赋予度值较小的邻居节点更大的权重,其定义为

$$s_{uv}^{AA}=\sum_{z\in\mathcal{N}_u\cap\mathcal{N}_v}\frac{1}{\log k_z}.\tag{3-11}$$

(10) Resource Allocation Index(RA)[10]

RA 基于网络上资源分配的动态特性而设计。对于一对不直接相连的节点 u 和 v,它们的共同邻居扮演了资源传输的角色。每一个节点将其资源均匀地分配给它的邻居节点,节点 u 和 v 的相似性则定义为节点 u 接受来自节点 v 的资源大小:

$$s_{uv}^{RA} = \sum_{z \in \mathcal{N}_u \cap \mathcal{N}_v} \frac{1}{k_z}. \tag{3-12}$$

3.2.2 全局结构相似性指标

为了融合网络的高阶结构特征,不仅仅考虑节点周围的邻居,全局结构相似性指标以网络中节点到节点的路径为特征。

(1) Katz Index[11]

给定一对节点 u 和 v,Katz Index 通过聚合节点 u 和 v 间所有的路径来衡量节点之间的相似度。不同路径按照长度被赋予不同权重,权重按照路径长度指数衰减。Katz Index 定义见式(3-13),其中衰减权重 β 必须小于 $\boldsymbol{A}$ 的最大特征值,以确保计算过程的收敛性。

$$\begin{gathered} s_{uv}^{Katz} = \sum_{l=1}^{\infty} \beta^l \left| paths_{uv}^{<l>} \right| = \beta \boldsymbol{A}_{uv} + \beta^2 (\boldsymbol{A}^2)_{uv} + \cdots, \\ \boldsymbol{S}^{Katz} = (\boldsymbol{I} - \beta \boldsymbol{A})^{-1} - \boldsymbol{I}. \end{gathered} \tag{3-13}$$

(2) Leicht-Holme-Newman Index(LHN2)[7]

作为 Katz Index 的一个变体,LHN2 假设一对节点的邻居节点之间越相近,则该对节点也越相似。有如下表达式:

$$\boldsymbol{S}^{LHN2} = \phi \boldsymbol{A} \boldsymbol{S}^{LHN2} + \psi \boldsymbol{I} = \psi (\boldsymbol{I} + \phi \boldsymbol{A} + \phi^2 \boldsymbol{A}^2 + \cdots), \tag{3-14}$$

其中,ϕ 和 ψ 为常数系数。

(3) Average Commute Time(ACT)

将从节点 u 到节点 v 平均随机游走路径记为 $m(u,v)$,则节点 u 和 v 之间的平均通勤时间 ACT 可定义为 $m(u,v)+m(v,u)$。将邻接矩阵 $\boldsymbol{A}$ 的拉普拉斯矩阵 $\boldsymbol{L}=\boldsymbol{D}-\boldsymbol{A}$ 的伪逆记为 $\boldsymbol{L}^+$,则节点 u 到节点 v 可通过 $\boldsymbol{\Phi}(l_{uu}^+ + l_{vv}^+ - 2l_{uv}^+)$ 计算得到,其中 $\boldsymbol{\Phi}$ 为缩放系数,l_{uu}^+ 为 $\boldsymbol{L}^+$ 中的元素。ACT 指标假定越相似的节点之间的平均通勤时间越短,因此取 ACT 的倒数作为衡量节点相似度指标。其定义如下所示:

$$s_{uv}^{ACT} = \frac{1}{l_{uu}^+ + l_{vv}^+ - 2l_{uv}^+}. \tag{3-15}$$

(4) Cosine based on L^{+} ($\cos^{+}$)[12]

设 $\boldsymbol{U}$ 为标准正交矩阵，为 $\boldsymbol{L}^{+}$ 的特征向量按照特征值从大到小按序排列得到；$\boldsymbol{\Lambda}$ 为对角矩阵，其对角线为 $\boldsymbol{L}^{+}$ 的特征值由大到小排列得到；$\boldsymbol{e}_x \in \mathbb{R}^{N\times 1}$ 的第 x 位为 1，其余位置为 0。在由 $\boldsymbol{q}_x = \boldsymbol{\Lambda}^{\frac{1}{2}} \boldsymbol{U}^{\mathrm{T}} \boldsymbol{e}_x$ 张成的空间中，$l_{uv}^{+} = \boldsymbol{v}_x^{\mathrm{T}} \boldsymbol{v}_y$。因此，通过内积的形式来衡量节点之间的相似度，可表示为

$$s_{uv}^{\cos+} = \frac{l_{uv}^{+}}{\sqrt{l_{uu}^{+} \times l_{vv}^{+}}}. \tag{3-16}$$

(5) Random Walk with Restart (RWR)[13]

考虑从节点 u 开始的随机游走，跳转到下一节点的概率为 c，返回节点 u 的概率为 $1-c$。记 q_{uv} 为节点 u 在稳态时到达节点 v 的概率，则对于任意节点 v，可得概率向量

$$\boldsymbol{q}_u = (1-c)(\boldsymbol{I} - c\boldsymbol{P}^{\mathrm{T}})^{-1} \boldsymbol{e}_u, \tag{3-17}$$

其中 $\boldsymbol{P}$ 为转移矩阵，$\boldsymbol{P}$ 中元素定义如下：

$$\boldsymbol{P}_{uv} = \begin{cases} \dfrac{1}{k_u}, & a_{uv} = 1, \\ 0, & a_{uv} = 0. \end{cases} \tag{3-18}$$

受到 PageRank 算法的启发，基于随机游走的节点相似度指标可定义为

$$s_{uv}^{RWR} = q_{uv} + q_{vu}. \tag{3-19}$$

(6) Matrix Forest Index (MFI)[14]

节点 u 和 v 之间的 MFI 相似度由以节点 u 为根节点且包含节点 v 的有根支撑树（Rooted Spinning Tree）数量与网络中所有的有根支撑树数量定义，表示为

$$\boldsymbol{S}^{MFI} = (\boldsymbol{I} + \boldsymbol{L})^{-1}. \tag{3-20}$$

该指标常常用于合作网络的推荐任务中。

3.2.3　类局部结构相似性指标

(1) Local Path Index (LP)[10,15]

CN 本身的计算复杂度低，但只刻画了网络中的低阶结构特征；Katz Index 聚合了网络中所有的路径，由此带来了计算复杂度过高的问题。LP 只融合了部分网络中的路径，既获取了部分的高阶特征，也确保了算法不会过于复杂。其定义如下所示：

$$\boldsymbol{S}^{LP(n)} = \boldsymbol{A}^2 + \epsilon \boldsymbol{A}^3 + \epsilon^2 \boldsymbol{A}^4 + \cdots + \epsilon^{n-2} \boldsymbol{A}^n. \tag{3-21}$$

其中，$n>2$ 为 LP 阶数（即最大路径长度），ϵ 为路径权重。当 $\epsilon=0$ 时，LP 退化为 CN；当 $n\to\infty$ 时，LP 与 Katz Index 等价。在实际应用中，为了平衡模型性能与计

算复杂度，需要选择合适的 n，而 n 的选择往往也和网络的平均最短路径相关。

（2）Local Random Walk（LRW）[16]

初始化随机游走时，初始密度向量 $\boldsymbol{\pi}_u(0)=\boldsymbol{e}_u$。密度向量随时间演化，可表示为

$$\boldsymbol{\pi}_u(t)=\boldsymbol{P}^{\mathrm{T}}\boldsymbol{\pi}_u(t),\quad t\geqslant 0.$$

因此，用 t 步的随机游走来衡量一对节点之间的相似度可表示为

$$s_{uv}^{LRW}(t)=q_u\boldsymbol{\pi}_{uv}(t)+q_{vu}\boldsymbol{\pi}_{vu}(t),\tag{3-22}$$

其中，q 为初始配置函数，可以设置为 $q_u=\frac{k_u}{M}$。

（3）Superposed Random Walk（SRW）[16]

SRW 通过叠加不同步数下的 LRW 相似度，使得目标节点和其周围节点保持较高的相似度，定义为

$$s_{uv}^{SRW}(t)=\sum_{\tau=1}^{t}s_{uv}^{LRW}(\tau).\tag{3-23}$$

3.3 基于图嵌入的链路预测方法

节点相似性指标从局部或者全局视角刻画了节点的结构特征。这类指标都依赖于预先给定的经验假设（如共同邻居越多则节点之间越相似），无法精确刻画网络复杂的结构特征。当网络特征（如度分布）变化时，相似度指标的性能则可能随之下降。为了更好地刻画网络结构特征，图嵌入方法将网络从高维的稀疏表示映射到低维的向量空间，同时保持了网络中节点或者连边的结构特征。得到的嵌入向量可以用于节点嵌入、链路预测和节点聚类等任务。

具体到链路预测，可以将得到的节点嵌入向量转换成连边的特征向量，也可以直接通过模型将连边映射到低维表示。得到连边的特征向量后，可以通过接入一个二分类模型完成链路预测任务。

3.3.1 节点嵌入

本书第 2 章已介绍过，网络的节点结构特征可以通过图嵌入算法映射成低维稠密向量。这类图嵌入模型包括基于随机游走的 DeepWalk[17] 与 node2vec[18] 和基于深度学习模型的 SDNE 等，具体的算法实现细节请参阅第 2 章。一般地，

节点嵌入向量可由 Average、Hadamard、Weighted-L_1 或 Weighted-L_2 转换到连边嵌入向量[18]，转换方式定义见表 3-1，其中 $f(\cdot)$ 表示不同的节点嵌入方法。不同的节点到连边的转换方式在不同网络上会表现出不同的效果，在实际应用中可通过尝试找出最佳的转换方式。

得到连边的嵌入向量之后，可以使用 Logistic 回归及 SVM 等分类模型，对连边嵌入向量进行学习、分类，实现链路预测。

表 3-1　节点-连边嵌入向量转换方式

转换方式	符号	定义
Average	$\boxplus$	$\lvert f(u)\boxplus f(v)\rvert_i=\dfrac{f_i(u)+f_i(v)}{2}$
Hadamard	$\boxdot$	$\lvert f(u)\boxdot f(v)\rvert_i=f_i(u)*f_i(v)$
Weighted-L_1	$\lVert\cdot\rVert_{\bar{1}}$	$\lVert f(u)\cdot f(v)\rVert_{\bar{1}i}=\lvert f_i(u)-f_i(v)\rvert$
Weighted-L_2	$\lVert\cdot\rVert_{\bar{2}}$	$\lVert f(u)\cdot f(v)\rVert_{\bar{2}i}=\lvert f_i(u)-f_i(v)\rvert^2$

3.3.2　连边嵌入

一般图嵌入方法的研究对象是网络中的节点，目标是将节点从高维的非欧氏空间表示映射到低维的向量空间表示。这类方法尽管能比较好地刻画节点的结构特征，但是对于链路预测，简单地把节点向量转换成连边向量可能无法准确表征连边的结构特征。将连边直接映射成低维向量能够更好地保存连边的结构特征，更适合以连边为研究对象的网络分析任务。通过连边嵌入得到连边的嵌入向量后，可通过 LR、SVM 等分类模型进行链路预测。

1. 低秩非对称映射方法

低秩非对称映射方法（Low-Rank Asymmetric Projection, LRAP）[19]将网络中的连边建模为节点的函数。具体地，首先通过深度神经网络（Deep Neural Network, DNN）将节点映射到低维流形，然后定义在流形坐标系下节点对到连边的映射函数（Edge function），最后通过优化 Edge function 和 Graph likehood 目标函数实现连边从高维空间向低维空间的转换。低秩非对称映射整体框架如图 3-1 所示。低秩矩阵的映射大大降低了网络表示的空间复杂度；通过非对称映射方式，不仅可以实现无向连边的结构特征学习，也能处理有向连边。

模型将一对节点作为输入。为了避免原始邻接矩阵的表示方式所带来的高维度和稀疏性问题，将节点的高维表示 $\boldsymbol{A}_u$ 和 $\boldsymbol{A}_v$ 通过嵌入向量矩阵映射到低维

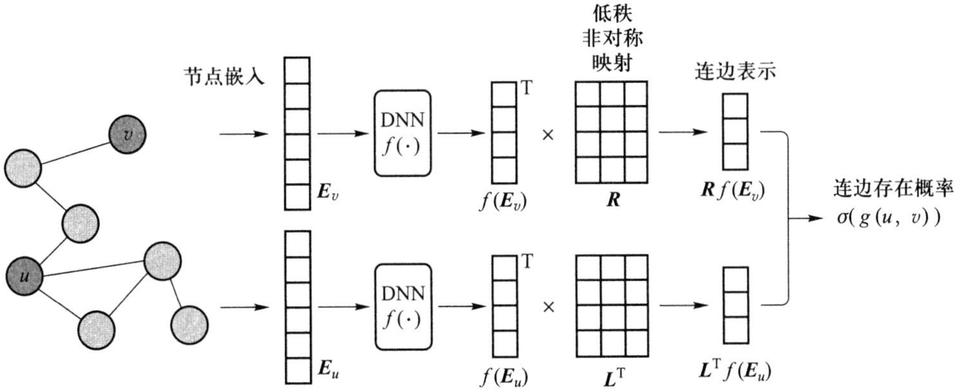

图 3-1 低秩非对称映射整体框架

空间。由于需要处理有向连边，需要初始化两个不同的嵌入向量矩阵。将一对节点的嵌入操作分别记为 $Embedding_L$ 和 $Embedding_R$，得到的嵌入向量分别记为 $\boldsymbol{E}_u$ 和 $\boldsymbol{E}_v$，有

$$\begin{aligned}\boldsymbol{E}_u &= Embedding_L(\boldsymbol{A}_u),\\ \boldsymbol{E}_v &= Embedding_R(\boldsymbol{A}_v).\end{aligned} \tag{3-24}$$

得到 $\boldsymbol{E}_u$ 和 $\boldsymbol{E}_v$ 之后，分别将它们输入 DNN。在低秩非对称映射方法中，DNN 由两个全连接层组成。DNN 将节点嵌入向量进一步映射到低维流形中，其过程可以表示为

$$\begin{aligned}\boldsymbol{h}_u &= BatchNorm(W_1\boldsymbol{E}_u + b_1),\\ \boldsymbol{h}_u &= ReLU(\boldsymbol{h}_u),\\ \boldsymbol{h}_u &= BatchNorm(W_2\boldsymbol{E}_u + b_2).\end{aligned} \tag{3-25}$$

其中，$ReLU(\cdot)=\max(0,\cdot)$ 为激活函数，$\boldsymbol{h}_u$ 表示节点 u 在流形空间中的低维表示。同样地，将 $\boldsymbol{E}_v$ 输入 DNN 可以得到 $\boldsymbol{h}_v$。

得到节点 u 和 v 的低维流形表示 $\boldsymbol{h}_u$ 和 $\boldsymbol{h}_v$ 后，需要定义 Edge function 将节点表示向量转换为连边表示向量。Edge function 需要满足非对称性，即 $g(u,v)\neq g(v,u)$。本方法中 Edge Function 定义为流形中的低秩仿射变换，其定义为

$$g(u,v) = \boldsymbol{h}_u^{\mathrm{T}} \times \boldsymbol{M} \times \boldsymbol{h}_v, \tag{3-26}$$

其中，$\boldsymbol{M}\in\mathbb{R}^{F\times F}$ 表示低秩映射矩阵，F 为流形表示维度。将 $\boldsymbol{M}$ 分解为两个矩阵，即 $\boldsymbol{M}=\boldsymbol{L}\times\boldsymbol{R}$，$g(u,v)$ 可表示为内积形式 $<\boldsymbol{L}^{\mathrm{T}}\boldsymbol{h}_u,\boldsymbol{R}\boldsymbol{h}_v>$。$\boldsymbol{L}^{\mathrm{T}}\boldsymbol{h}_u\in\mathbb{R}^F$ 表示节点 u 的嵌入向量，$\boldsymbol{R}\boldsymbol{h}_v\in\mathbb{R}^F$ 表示节点 v 的嵌入向量。

最后，需要定义用于模型训练的目标函数 Graph likelihood。受 Logistic 回归中的极大似然估计启发，Graph likelihood 的定义如下所示：

$$Pr(G) \propto \prod_{u \in V, v \in V} \sigma(g(u,v))^{D_{uv}} (1 - \sigma(g(u,v)))^{1[(u,v) \notin E_{train}]}. \quad (3-27)$$

公式(3-27)中 $\sigma(x)=\dfrac{1}{1+e^{-x}}$,$E_{train}$ 表示训练集包含的连边集合。若输出值大于 0.5,则说明节点 u 和 v 之间存在连边;反之,则说明不存在连边。函数 $1[x]$ 表示当且仅当 x 为真时函数值为 1,否则为 0。相较于节点对之间的连接状态作为样本进行训练,通过随机游走扩展节点邻居的方法可以增加模型的泛化性能。获得若干游走序列后,节点 u 和 v 同时出现在给定窗口长度 ω 内的频率记为 D_{uv}。利用 D_{uv} 代替节点间的连接状态用于模型训练。为了进一步加速目标函数的计算和模型训练的收敛速度,本方法使用负采样来逼近公式(3-27),最终得到目标函数:

$$L = \sum_{(u,v) \in D/Z} \left[\log \sigma(g(u,v)) + \sum_{v^- \in Sample(m,\bar{u})} \log(1 - \sigma(g(u,v))) \right], \quad (3-28)$$

其中,$\bar{u}=\{v_1^-, v_2^-, \cdots\}$ 表示不与节点 u 相连的所有节点的集合,$Sample(m,\bar{u})$ 表示从 $\bar{u}$ 中均匀采样 m 个负样本节点,Z 为标准化系数。

综上,低秩非对称映射方法实现流程见算法 3-1。

算法 3-1 LRAP 算法流程

输入:网络邻接矩阵 $\boldsymbol{A}$;LRAP 模型参数 Θ;嵌入维度 F;窗口长度 ω;游走长度 l;

输出:连边嵌入向量;

```
根据模型参数 Θ 和嵌入维度 F,初始化模型 LRAP;采样部分连边组成 E_train,得到对应的 V_train
for 节点 u in V_train do
    生成以节点 u 为起点、长度为 τ 的游走序列
    将窗口 ω 内的所有节点对作为输入数据
    将所有输入数据记作 EP,EP 为训练正样本数据
end
for 节点 u in V_train do
    随机采样负样本节点 v⁻,与节点 u 一起作为负输入样本
    将所有的负输入样本记为 EN
end
```

```
11  for 节点对(u,v) in EP+EN do
12      根据公式(3-28)计算目标函数
13      更新模型 LRAP 权重
14  end
15  重复 10—14 行,直到目标函数收敛
16  for 节点 u in V do
17      for 节点 v in V do
18          通过 LRAP 生成连边嵌入向量
19      end
20  end
21  返回连边嵌入向量
```

2. Edge2vec 模型

由于网络中的连边数量远远大于节点数量,所以现有的图嵌入算法往往基于节点进行设计,以降低计算复杂度。然而,通过节点嵌入向量得到连边嵌入向量可能存在信息的损失。Edge2vec[20] 考虑了网络的稀疏性,设计了基于 deep autoencoder 和 Skip-Gram 的深度神经网络,融合了局部和全局的网络结构特征,实现了连边到低维向量的直接映射。Edge2vec 中定义了局部连边距离(Local Edge Proximity)与全局连边距离(Global Edge Proximity),分别用于描述局部和全局网络结构特征。对于给定的两条有向连边 $e_1=(s_1,t_1)$ 和 $e_2=(s_2,t_2)$,若存在$s_1=s_2$ 或 $t_1=t_2$,则两者之间的局部连边距离为 1;否则,局部连边距离为 0。对于无向连边,可以将其看作是两条有向连边。例如,无向连边 $e_1=(s,t)$ 和 $e_2=(s,r)$ 可以表示为 $e_{11}=(s,t)$、$e_{12}=(t,s)$、$e_{21}=(s,r)$ 和 $e_{22}=(r,s)$ 等 4 条有向连边,其中连边对(e_{11},e_{21})和(e_{21},e_{22})的局部连边距离为 1,其余连边对的局部连边距离为 0。对于一条有向连边$e=(s,t)$,邻域向量 $\boldsymbol{n}_e=(w_{s1},\cdots,w_{sN},w_{t1},\cdots,w_{tN})$用于表示 e 的邻域结构,其中$w_{ij}\in[0,1]$表示节点 i 和 j 为邻域结构相似度,可以通过多种方式定义。连边 e_1 和 e_2 的全局连边距离定义为 n_{e1} 和 n_{e2}的相似度。

若两条连边具有相似的邻域向量,则说明这两条连边在网络中扮演着类似的角色,从全局上看也具有相似的结构特征。Edge2vec 通过 m 步的邻接关系描述两个节点之间的邻域结构相似度:

$$
\begin{aligned}
w_{ij}^{1} &= a_{ij}, \\
w_{ij}^{m} &= \max(\max_{l}(w_{il}^{m-1} \times w_{lj}^{1} \times \beta), w_{ij}^{m-1}),
\end{aligned} \tag{3-29}
$$

其中,β 为每一步的衰减系数,变量 w_{ij}^{m} 表示节点 v_i 和 v_j 在 m 步内的邻域关系强度,若在 m 步内能从节点 v_i 转移到节点 v_j,则 $w_{ij}^{m}>0$;节点 v_i 和 v_j 之间的距离越短,则 w_{ij}^{m} 越大。算法 3-2 给出了 $\boldsymbol{w}^{m}$ 的计算流程。

算法 3-2　$\boldsymbol{w}^{m}$ 计算流程

输入:	网络 $G=(V,E)$;邻接矩阵 $\boldsymbol{A}$;步数 m;
输出:	m 步邻接矩阵 $\boldsymbol{w}^{m}$;
1	$\boldsymbol{w}^{1} \leftarrow \boldsymbol{A}$
2	for $n=2$ to m do
3	更新邻域强度 $\boldsymbol{w}^{n} \leftarrow w^{n-1}$
4	for each 节点 v_i in V 及 each 节点 v_l in V do
5	若 $w_{il}^{n-1} \neq 0$
	for 节点 v_j in V do
6	若 $w_{lj}^{1} \neq 0$,计算邻域强度 $w_{ij}^{n} \leftarrow \max(w_{ij}^{n}, w_{il}^{n-1} \times w_{lj}^{1} \times \beta)$
7	end
8	end
9	end
10	返回 $\boldsymbol{w}^{m}$

Edge2vec 由多个深度自编码器组成,每一个深度自编码器具有相同的结构并且共享权重。深度自编码器的输入记为 $\boldsymbol{x}_{e}^{(0)}=\boldsymbol{n}_{e}=(w_{s1}^{m},\cdots,w_{sN}^{m},w_{t1}^{m},\cdots,w_{sN}^{m})$,其中编码器的计算过程可以表示为

$$
\boldsymbol{x}_{e}^{(\ell)} = \sigma(W^{(\ell)}\boldsymbol{x}_{e}^{(\ell-1)} + \boldsymbol{b}^{(\ell)}), \quad \ell = 1,2,\cdots,L, \tag{3-30}
$$

其中,$W^{(\ell)}$ 和 $b^{(\ell)}$ 分别为第 ℓ 层编码器的权重和偏置,L 表示编码器的层数,$\sigma=\mathrm{Sigmoid}(\cdot)$ 为激活函数。对应地,解码器的计算过程可表示为

$$
\begin{aligned}
\boldsymbol{y}_{e}^{(\ell)} &= \boldsymbol{x}_{e}^{(L)}, \\
\boldsymbol{y}_{e}^{(\ell-1)} &= \sigma(M^{(\ell)}\boldsymbol{y}_{e}^{(\ell)} + \boldsymbol{b}'^{(\ell)}), \quad \ell = 1,2,\cdots,L,
\end{aligned} \tag{3-31}
$$

其中,$M^{(\ell)}$ 和 $\boldsymbol{b}'^{(\ell)}$ 分别为第 n 层解码器的权重和偏置,$\boldsymbol{y}_{e}^{(0)}$ 为 $\boldsymbol{x}_{e}^{(0)}$ 的重构向量。

Edge2vec 模型的目标函数分为两部分:用于优化全局连边距离的 $\mathcal{L}_{global}$ 和用于保留局部连边距离的 $\mathcal{L}_{local}$。$\mathcal{L}_{global}$ 的定义如下所示:

$$\mathcal{L}_{global} = \| (\boldsymbol{y}_e^{(0)} - \boldsymbol{x}_e^{(0)}) \odot \boldsymbol{I}_e \|, \tag{3-32}$$

其中 $\odot$ 代表哈达玛积(Hardmard Product)。为了避免网络稀疏性所带来的过拟合问题,$\mathcal{L}_{global}$ 中添加了 $\boldsymbol{I}_e$ 对真实邻域向量中非零的部分进行重点优化。记 $\boldsymbol{I}_e = \{I_{e,i}\}_{i=1}^{2N}$,$\boldsymbol{x}_e^{(0)} = \{x_{e,i}^{(0)}\}_{i=1}^{2N}$,则 $\boldsymbol{I}_{e,i}$ 的定义为

$$I_{e,i} = \begin{cases} p, & x_{e,i}^{(0)} > 0, \\ 1, & x_{e,i}^{(0)} = 0. \end{cases} \tag{3-33}$$

其中 $p>1$ 为惩罚系数。每一批用于模型训练的连边包括局部连边距离为 1 的节点对 (e,e') 和采样得到的 λ 条负连边。为了优化局部连边距离,借鉴 Skip-Gram,$\mathcal{L}_{local}$ 可定义为

$$\mathcal{L}_{local} = -\log \sigma(\boldsymbol{x}_e^{(L)} \cdot \boldsymbol{x}_{e'}^{(L)}) - \sum_{i=1}^{\lambda} (\log \sigma(-\boldsymbol{x}_e^{(L)} \cdot \boldsymbol{x}_{e_{n,i}}^{(L)})). \tag{3-34}$$

联合训练 $\mathcal{L}_{global}$ 和 $\mathcal{L}_{local}$,Edge2vec 的目标函数可以定义为

$$\mathcal{L}_{total} = \alpha \mathcal{L}_{global} + (1-\alpha) \mathcal{L}_{local}, \tag{3-35}$$

其中 $\alpha \in (0,1)$ 为组合 $\mathcal{L}_{global}$ 和 $\mathcal{L}_{local}$ 的系数。Edge2vec 算法流程如算法 3-3 所示。

算法 3-3 Edge2vec 算法流程

输入:	网络 $G=(V,E)$;deep autoencoder 模型结构;超参数 α、β、m、p、λ 和 L;
输出:	网络中所有连边的嵌入向量;
	为网络中每一条连边生成邻域向量($\boldsymbol{x}_e^{(0)}$)
	将 deep autoencoder 作为层叠式的 autoencoder 进行预训练,得到模型参数 Θ
	采样 m 对局部连边距离为 1 的连边构成集合 EP'
	for (e,e') in EP' do
	获取 λ 条与 e 局部连边距离为 0 的负连边
	根据 (e,e') 和 λ 条负连边,生成输入数据
	end
	将所有输入数据组合,记为 EP
	for ep in EP do
	for e in ep do

11	根据公式(3-30)和公式(3-31),计算嵌入向量 $\boldsymbol{x}_e^{(L)}$ 和重构向量 $\boldsymbol{y}_e^{(0)}$
12	end
13	end
14	根据公式(3-34)计算联合目标函数
15	更新模型权重 Θ
16	重复第 9—15 行,直到目标函数收敛
17	for e in E do
18	生成连边嵌入向量 $\boldsymbol{e}=\boldsymbol{x}_e^{(L)}$
19	end
20	返回 $\{\boldsymbol{e}\}_{e \in E}$

3.4　基于深度学习的链路预测方法

3.4.1　GAE 与 VGAE

图卷积神经网络(Graph Convolution Network,GCN)可以用于有效地学习网络的结构特征,并在节点分类任务上得到了验证[21],具体可参见第 2 章。同样地,GCN 也可以应用于链路预测。

图自编码器(Graph Auto-Encoder,GAE)[22]结合了 GCN 和自编码器(Auto-Encoder),实现了端到端的链路预测。自编码器主要由编码器和解码器两部分组成:编码器负责将输入数据映射到向量空间,用低维稠密的向量表示输入数据的特征;解码器则负责数据重构,根据得到的特征向量重新映射回输入空间。GAE 将 GCN 作为编码器,用于学习输入网络的结构特征 $\boldsymbol{Z} \in \mathbb{R}^{N \times F}$。得到 $\boldsymbol{Z}$ 后,通过计算节点和节点之间的距离实现网络的重构。在此过程中,网络中原本不相连但是距离相近的节点之间被认为会产生新的连边。GAE 的模型结构如图 3-2 所示。

一般地,GAE 的计算过程主要包括编码和解码两部分:

$$\begin{aligned}&\text{编码}:\boldsymbol{Z}=GCN(\boldsymbol{X},\boldsymbol{A}),\\&\text{解码}:\hat{\boldsymbol{A}}=\mathrm{Sigmoid}(\boldsymbol{Z}\boldsymbol{Z}^{\mathrm{T}}),\end{aligned}\tag{3-36}$$

其中,$\boldsymbol{X}$ 表示节点特征矩阵,$\hat{\boldsymbol{A}}$ 为重构的邻接矩阵。在 GAE 中使用内积即 $\boldsymbol{Z}\boldsymbol{Z}^{\mathrm{T}}$ 来衡量节点之间的距离。

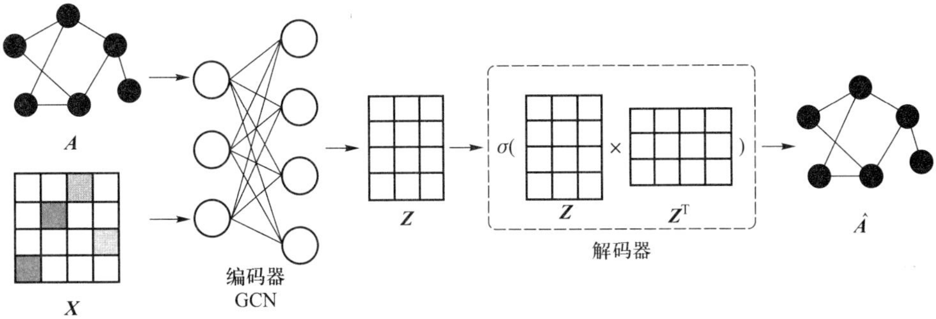

图 3-2 GAE 模型结构

变分图自编码器(Variational Graph Auto-Encoder, VGAE)[22]是基于变分自编码器(Variational Auto-Encoder, VAE)结构的深度学习模型。虽然 VGAE 也具有类似编码-解码的模型结构,但是其与 GAE 的设计理念截然不同。与自编码器直接得到隐藏层表征向量不同,VGAE 是基于概率的模型,是变分贝叶斯与神经网络的结合。一般的统计模型由观察变量 x、未知参数 θ 和隐变量 z 组成。生成式模型(如 VAE)通过隐变量来估计观察变量,即 $p_\theta(z)p_\theta(x\mid z)$。但是,在实际情况中,后验概率 $p_\theta(x\mid z)$往往并不容易得到,因此需要通过其他方式来近似估计。变分贝叶斯把该问题转换为两个分布距离的优化问题,利用神经网络来学习变分推导的参数,从而近似得到后验概率。

具体地,VGAE 将 GCN 作为编码器,用于编码网络的结构特征,学习得到结构特征的分布。假设网络中每一个节点都服从独立的正态分布,VGAE 中的编码器只需学习其均值 $\boldsymbol{\mu}$ 与方差 $\boldsymbol{\sigma}^2$,即

$$\begin{aligned}\boldsymbol{\mu}&=GCN_{\mu}(\boldsymbol{X},\boldsymbol{A}),\\\log\boldsymbol{\sigma}^2&=GCN_{\sigma}(\boldsymbol{X},\boldsymbol{A}).\end{aligned}\tag{3-37}$$

节点隐藏层特征的均值与方差分别由两个独立的 GCN 模块进行学习。得到隐藏层表征的分布之后,再从其中随机采样得到网络的低维表示,最后通过解码器将采样得到的网络表征重构成新的网络去拟合输入网络。网络重构过程如下所示:

$$\begin{aligned} \boldsymbol{Z}_i &= \mathrm{Sampling}(N \sim (\boldsymbol{\mu}, \boldsymbol{\sigma}^2)), \\ \boldsymbol{Z} &= [\boldsymbol{Z}_0, \boldsymbol{Z}_1, \cdots, \boldsymbol{Z}_{N-1}], \\ \hat{\boldsymbol{A}} &= \mathrm{Sigmoid}(\boldsymbol{Z}\boldsymbol{Z}^{\mathrm{T}}). \end{aligned} \tag{3-38}$$

在训练过程中，模型会学习到不同节点的结构特征，结构特征相近的节点之间会被认为存在连边，从而实现链路预测。学习网络表征的分布，而不是直接从隐藏层表征重构网络，可以有效地提升模型的鲁棒性。VGAE 模型结构如图 3-3 所示。

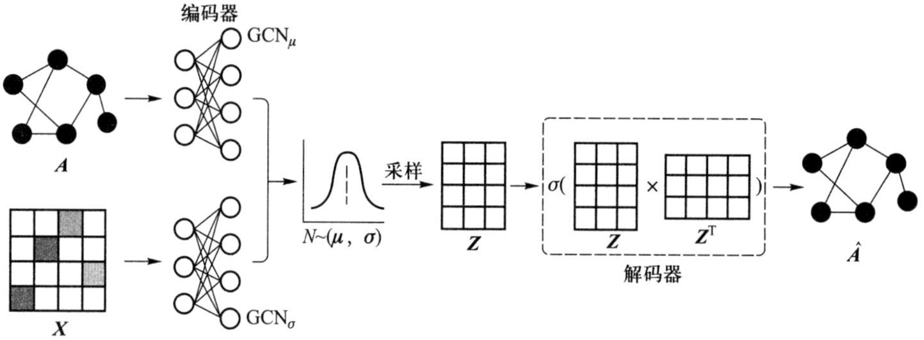

图 3-3　VGAE 模型结构

当网络节点结构特征分布方差趋于 0 时，隐藏层特征向量也就不具有随机性，模型退化为 GAE。为了使模型保持一定的随机性，VGAE 在目标函数中加入 KL 散度，使得隐藏层特征的分布趋向于标准正态分布 $N \sim (0,1)$。KL 散度是衡量两个分布之间距离的常用指标，在 VGAE 中可表示为

$$\mathcal{L}_{\boldsymbol{\mu},\boldsymbol{\sigma}^2} = \frac{1}{2}\sum_{i=1}^{F}(\boldsymbol{\mu}_i^2 + \boldsymbol{\sigma}_i^2 - \log \boldsymbol{\sigma}_i^2 - 1), \tag{3-39}$$

其中 F 表示隐藏层特征的维度。结合交叉熵目标函数用于有监督地训练链路预测模型，VGAE 整体目标函数如下：

$$\begin{aligned} \mathcal{L}_c &= \sum \log(\hat{\boldsymbol{A}}_{ij}), \\ \mathcal{L} &= \alpha\mathcal{L}_c + (1-\alpha)\mathcal{L}_{\boldsymbol{\mu},\boldsymbol{\sigma}^2}. \end{aligned} \tag{3-40}$$

3.4.2　SEAL 模型

节点局部结构特征相似度大多基于目标节点对周围的一阶邻居或者二阶邻居进行计算，这在某些数据集上能够达到较为满意的链路预测性能，并且具有简单高效的特点。但是，它们依赖于预先给定的假设，无法表征复杂的网络结构特征，对于不同的网络结构不具有鲁棒性。那么是否能够基于目标节点周围的邻

居节点,通过神经网络自动提取节点的相似度?

SEAL (learning from Subgraphs, Embeddings and Attributes for Link prediction)[23]是基于子图学习的图神经网络模型。无须预先给定假设用于衡量节点相似度,SEAL 实现了一阶封闭子图或者二阶封闭子图(Enclosing subgraph)结构特征的自动学习,同时融合节点特征,从而完成端到端的链路预测。

在介绍具体模型实现之前,先给出封闭子图的定义。对于给定的 $G=(V,E)$ 中的一对节点 $u,v\in V$,其对应的 h 阶封闭子图 $G_{u,v}^{h}$ 是由 G 中的节点集合 $\{v_i \mid d(v_i,u)\leqslant h$ 或 $d(v_i,v)\leqslant h\}$ 组合成的子图,其中 $d(u,v)$ 表示节点 u 和节点 v 之间的最短距离。

通过训练 SEAL 模型实现链路预测,主要分为三步:封闭子图的提取、节点信息矩阵的构造和图神经网络的训练。一个 GNN 模型通常采用邻接矩阵和节点信息矩阵作为模型的输入。网络中不同节点对之间对应的封闭子图可能存在相似的结构,从而使得 GNN 无法得到有效的训练。在提取模型子图时,可以根据网络中 CN 和 AA 的链路预测性能来衡量是提取目标连边的一阶子图还是二阶子图。若用 CN 进行链路预测得到的 AUC 值较大,则说明目标连边的一阶邻居对链路预测的作用较大,因此可以提取网络的一阶子图;反之,则说明网络的二阶邻居对链路预测的作用较大,需要提取网络的二阶子图。节点信息矩阵的构造能够标记出不同节点对对应的封闭子图,提升模型的分类性能,是 SEAL 中最为关键的一步。节点信息矩阵包括节点结构标签、节点嵌入向量和节点属性。

节点的结构标签可以认为是一个从节点到一个实数标签的映射:$f_l: V\rightarrow \mathbb{N}$。对于封闭子图节点中的每一个节点,该映射给出一个实数标签 $f_l(v_i)$,以此来标记不同节点在封闭子图中所扮演的角色。封闭子图对应的节点 u 和 v 为其中心节点,其余节点距中心节点的距离不同,对连边形成的重要程度也不同。节点标签算法具有以下两条标准:

(1) 中心节点 u 和 v 的标签为 1,其余节点标签不为 1;

(2) 若节点 v_i 和 v_j 满足 $d(v_i,u)=d(v_j,u)$ 以及 $d(v_i,v)=d(v_j,v)$,则 $f_l(v_i)=f_l(v_j)$。

其中标准(2)说明了封闭子图中节点的拓扑可以由其距中心节点的半径 $(d(v_i,u),d(v_i,v))$ 来刻画。将具有相同半径的节点映射到相同的标签,可以描述对应节点在封闭子图中的相对位置和结构重要性。

双半径节点标签算法(Double-Radius Node Labeling, DRNL)可以很好地满足上述标准。首先,根据标准(1),将中心节点 u 和 v 标记为 1。然后,对于半径为 1 的节点 v_i,满足 $(d(v_i,u),d(v_i,v))=(1,1)$ 的节点,$f_l(v_i)=2$;满足 $(d(v_i,u),d(v_i,v))=(1,2)$ 或者 $(d(v_i,u),d(v_i,v))=(2,1)$ 的节点,$f_l(v_i)=3$;满足 $(d(v_i,u),d(v_i,v))=(2,2)$ 的节点,$f_l(v_i)=5$;以此类推,半径越大的节点其标签也越

大，即

（1）若 $d(v_i,u)+d(v_i,v)\neq d(v_j,u)+d(v_j,v)$，则

$$d(v_i,u)+d(v_i,v)<d(v_j,u)+d(v_j,v)\Leftrightarrow f_l(v_i)<f_l(v_j),$$

（2）若 $d(v_i,u)+d(v_i,v)=d(v_j,u)+d(v_j,v)$，则

$$d(v_i,u)d(v_i,v)<d(v_j,u)d(v_j,v)\Leftrightarrow f_l(v_i)<f_l(v_j).$$

DRNL 可以表示为以下哈希函数形式：

$$f_l(i)=1+\min(d_u+d_v)+\left(\frac{d}{2}\right)\left[\left(\frac{d}{2}\right)+(d\%2)-1\right]. \tag{3-41}$$

其中，$d_u:=d(i,u)$，$d_v:=d(i,v)$，$d:=d_u+d_v$。$\frac{d}{2}$表示 d 除以 2 的商，$d\%2$ 表示 d 除以 2 的余数。若 $d(i,u)\to\infty$ 或者 $d(i,v)\to\infty$，则 $f_l(i)=0$。在得到一个节点的标签后，将其进行 one-hot 编码作为节点信息矩阵的第一部分。

除节点标签外，还可将用其他网络嵌入方法得到的节点嵌入向量和节点本身的属性作为节点信息矩阵的组成部分。在通过其他方法得到节点嵌入向量时，嵌入向量本身可能带有连边存在性信息，可能导致后续 GNN 训练的过拟合。为了避免由此引发的过拟合现象，在获取嵌入向量时，可将测试集中的节点对相连形成新的网络，并在该网络上学习，得到节点嵌入向量。

将得到的节点信息矩阵 $\boldsymbol{X}$ 和封闭子图的邻接矩阵 $\boldsymbol{A}$ 输入 GNN 进行训练。SEAL 采用 Deep Graph Convolutional Neural Network（DGCNN）[24] 作为后端的 GNN 模块。DGCNN 是一种用于图分类的图神经网络，主要由以前向传播为基础的图卷积层和图聚合层组成，详细介绍见第 5.5.1 节。

相比较 GCN 中的图卷积层，DGCNN 中的卷积层加入了封闭子图的度矩阵，如下所示：

$$\boldsymbol{Z}=\sigma(\tilde{\boldsymbol{D}}^{-1}\tilde{\boldsymbol{A}}\boldsymbol{X}\boldsymbol{W}). \tag{3-42}$$

式中，$\tilde{\boldsymbol{A}}=\boldsymbol{A}+\boldsymbol{I}$，$\tilde{\boldsymbol{D}}$ 为封闭子图的度矩阵，$\tilde{D}_{i,i}=\sum_j\tilde{\boldsymbol{A}}_{i,j}$，$\boldsymbol{W}\in\mathbb{R}^{c\times c'}$ 为图卷积层权重，c 为节点信息矩阵维度，c'为设定的节点隐藏层向量维度。公式(3-42)表示节点信息首先通过 $\boldsymbol{W}$ 进行线性变换，然后根据 $\tilde{\boldsymbol{D}}^{-1}\tilde{\boldsymbol{A}}$ 向周围节点进行传播。经过图卷积后，节点 u 的隐藏层表征可表示为

$$\boldsymbol{Z}_u=\sigma\left(\frac{1}{|\mathcal{N}_u|+1}\left[\boldsymbol{X}_u\boldsymbol{W}+\sum_{v\in\mathcal{N}_u}\boldsymbol{X}_v\boldsymbol{W}\right]\right). \tag{3-43}$$

DGCNN 叠加了多层的图卷积层，并将不同层输出的节点隐藏层表征进行叠加，组成多级的节点隐藏层表征。

得到节点隐藏层表征后，图聚合层通过聚合封闭子图中各个节点的隐藏层

表征，得到整个子图的特征向量。传统的聚合方法例如向量相加，会损失单独节点的信息和封闭子图的拓扑特征。DGCNN 采用 SortPooling 对节点特征进行聚合，SortPooling 根据最终得到的节点隐藏层表征，将其从大到小进行排序，然后选择前 m 个通道对应的节点作为输出。SortPooling 可以得到同构不变的节点排序，可作为图卷积层和传统的卷积层和全连接层之间的桥梁。最后，DGCNN 通过一维 CNN 将节点序列进行整合，通过全连接层给出最后的预测结果。DGCNN 采用交叉熵函数作为目标函数进行优化，具体实现流程见算法 3-4。

算法 3-4　DGCNN 算法流程

输入：	网络邻接矩阵 $\boldsymbol{A}$；模型参数 Θ；
输出：	链路预测结果；
1	根据模型参数 Θ 初始化模型 DGCNN
2	划分训练集和测试集连边，分别记为 E_{train} 和 E_{test}
3	使用 CN 和 AA 进行链路预测，判断提取子图的阶数
4	for 连边 (u,v) in E_{train} do
5	提取连边 (u,v) 的子图
6	end
7	将对应子图及对应连边构造为输入数据 SG_{train}
8	for 连边 (u,v) in E_{train} do
9	提取连边 (u,v) 的子图
10	end
11	将对应子图及对应连边构造为输入数据 SG_{test}
12	for 子图 sg in SG_{train} do
13	计算目标函数
14	更新 DGCNN 模型权重
15	end
16	重复第 12—15 行，直到目标函数收敛
17	for 子图 sg in SG_{test} do
18	计算对应连边状态并输出
19	end
20	输出链路预测结果

3.4.3 HELP

无论是基于节点相似度的启发式链路预测方法,还是基于图嵌入或者深度学习的链路预测模型,关注的都是当前网络节点和节点之间的关系。而作为一种抽象的模型,网络中存在的高阶结构,例如模体(motif)[25]和线图(Line Graph)[26]等,从一定程度上刻画了网络的高阶结构特征,有助于网络分析算法的设计。

HELP(Hyper-Substructure Enhanced Link Predictor)[27]是面向链路预测问题的端到端的深度学习模型。为了避免噪声节点对链路预测结果产生干扰,HELP首先整合了目标节点对周围的邻居节点,在其基础上形成子图,然后通过图神经网络自动提取特征,实现端到端的链路预测。同时,HELP 基于子图构造了 Hyper-Substructure Network(HSN),将高阶网络结构融入深度学习模型,在子图的基础上增加了额外的结构信息,提升了模型的性能与鲁棒性。HELP 的实现主要分为 3 步:邻域标准化、HSN 构建和模型构建与训练。以下将分别介绍。

1. 邻域标准化

HELP 需要利用 GCN 来进行网络结构特征的提取,因此在进行链路预测之前需要将邻域进行标准化处理,即保证每一个子图具有相同的大小。直接采用目标节点对周围的一阶邻居或者二阶邻居,不能保证子图具有确定的大小。因此,HELP 利用 Personalized PageRank(PPR)[28]衡量其余节点与目标节点之间的相关性,根据相关性将节点进行排序,取前若干个节点作为目标节点的邻域。具体地,PPR 的定义如下所示:

$$\boldsymbol{\Pi}^{PPR}=\alpha(\boldsymbol{I}_N-(1-\alpha)\boldsymbol{D}^{-1}\boldsymbol{A}^{-1})^{-1}, \tag{3-44}$$

其中,α 表示 PPR 的重启概率,$\boldsymbol{\Pi}^{PPR}$的每一行 $\boldsymbol{\Pi}(i)$是关于节点 v_i 的向量,其中的元素 $\boldsymbol{\Pi}(i)_j$ 代表节点 v_i 和 v_j 之间的相关性。

得到节点之间的相关性后,对于目标节点对 u 和 v,分别对 $\boldsymbol{\Pi}(u)$和 $\boldsymbol{\Pi}(v)$进行降序排序,然后分别取前 N_{nb}个节点作为节点对 u 和 v 的邻域,记为 $\mathcal{N}_u$ 和 $\mathcal{N}_v$。

得到子图节点集合后,按照规则将节点进行连接构建子图。若节点 $v_i,v_j\in\mathcal{N}_u\cup\mathcal{N}_v$ 且 $a_{ij}=1$,则将节点 v_i 和 v_j 相连;若存在节点 $v_i\in\mathcal{N}_u$ 且节点 $v_i\in\mathcal{N}_v$,则需在子图中构造一个虚节点 i',并将节点 i 与 i'相连。得到子图 $G_{u,v}$后,对于其中的节点 v_i 分别计算其到节点 u 和 v 的最短距离,记为 $d(v_i,u)$和 $d(v_i,v)$。将两个距离进行 one-hot 编码后进行拼接,作为 $G_{u,v}$上节点的特征。基于最短路径的节点特征,刻画了不同节点在子图中的拓扑结构,有助于后续 GNN 的训练。

2. HSN 构建

为了融合网络中的高阶结构信息,HELP 构建了 HSN。与 Hypergraph 类似,

HSN 中的节点也由多个节点组成，N_H 阶 HSN 中的节点由 N_H 个 $G_{u,v}$ 中的节点组成，记为 $\mathrm{HSN}^{(N_H)}$。下面分 3 步介绍 HSN 的构建过程。

(1) 节点分组

对 $\mathcal{N}_u$ 中的节点进行分组，确保每一个节点至少属于其中一组，可得关于节点 u 的节点集合：

$$p^{(u)}=\{p_1^{(u)},p_2^{(u)},\cdots,p_m^{(u)}\},$$

其中，$m=C_{N_{nb}}^{N_H}$，表示 $p^{(u)}$ 的大小；$p_i^{(u)}$ 由 $\mathcal{N}_u$ 中任意 N_H 个节点组成，表示一个节点组。同样地，对 $\mathcal{N}_v$ 中的节点进行分组，可以得到相应的 $p^{(v)}$。

(2) 节点集合排序

与子图构建类似，在得到节点集合之后，需要对其进行排序。以 $p^{(u)}$ 为例，按照节点集合与节点 v 在 $G_{u,v}$ 上的距离进行降序排序。节点组 $p_i^{(u)}$ 与节点 v 在 $G_{u,v}$ 上的距离定义为

$$d(p_i^{(u)}\mid G_{u,v})=\sum_{s\in p_i^{(u)}}d(s,v).\tag{3-45}$$

类似地，可以得到 $p_i^{(v)}$ 与节点 u 在 $G_{u,v}$ 上的距离为

$$d(p_i^{(v)}\mid G_{u,v})=\sum_{s\in p_i^{(v)}}d(s,u).\tag{3-46}$$

(3) 节点集合连边

节点集合经过降序排序后，分别从 $p^{(u)}$ 和 $p^{(v)}$ 中取前 N_{nb} 个节点集合作为 HSN 中的节点。在进行节点连边时，若 $|p_i^{(u)}\cap p_j^{(u)}|<|p_i^{(u)}|+|p_j^{(u)}|$，则将 $p_i^{(u)}$ 和 $p_j^{(u)}$ 进行连边；同理，对于 $p_i^{(u)}$ 和 $p_j^{(v)}$，若其中至少有一对节点 $(p_i^{(u)}(v_i),p_j^{(v)}(v_j))$ 在 $G_{u,v}$ 上是相连的。得到的节点集合抽象为 HSN 的节点，按照上述 2 条规则进行相连后，形成 HSN。图 3-4 给出了 $\mathrm{HSN}^{(2)}$ 构造过程的一个例子，其中，$N_{nb}=5$，$N_H=2$。可以看出，在步骤(1)中构造的子图其实就是 $\mathrm{HSN}^{(2)}$。

3. HELP 模型构建与训练

在完成子图提取和 HSN 构建之后，需要将准备好的训练数据输入图神经网络进行网络结构的自动提取，从而实现端到端的链路预测。HELP 实现了基于 GCN 的多通道深度学习模型，其整体结构如图 3-5 所示。

在 HELP 中，用于学习对应输入网络结构的通道称为单通道预测器(One-channel predictor)。在提取网络结构时，单通道预测器将 $G_{u,v}$ 分为 G_u、G_v 和 G_{iter} 分别处理。因此，每一个单通道预测器由 3 个部分组成：用于提取网络结构的 GCN 模块和 f_g 以及用于处理目标节点间连接关系的 f_{iter}。其中，GCN 模块由多层的 GCN 组成，f_g 和 f_{iter} 分别由不同大小的全连接层组成。具体地，单通道预测器的计算过程如下：

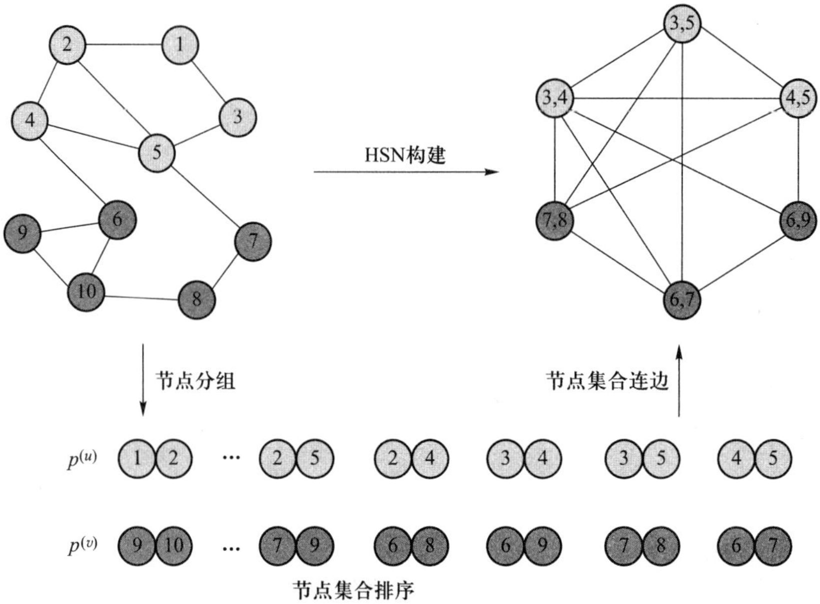

图 3-4　HSN$^{(2)}$ 构造过程

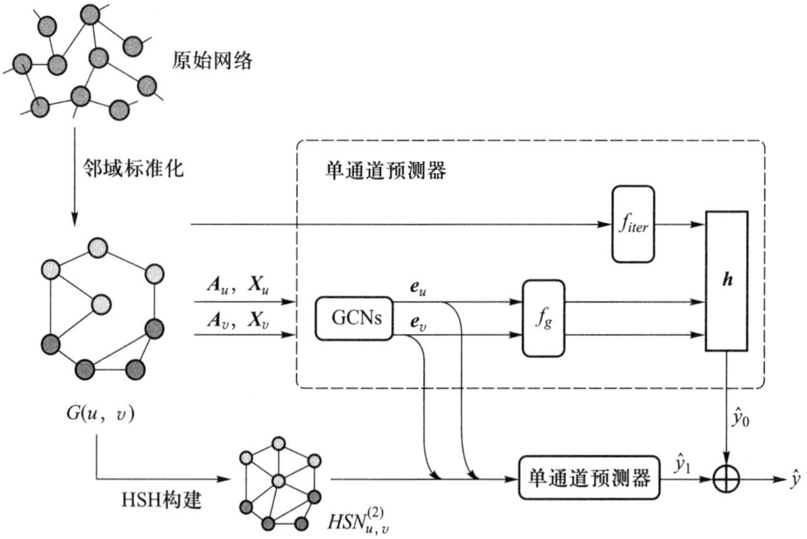

图 3-5　HELP 模型结构

$$
\begin{gathered}
\boldsymbol{h}_u = GCNs(\tilde{\boldsymbol{A}}_u, \boldsymbol{X}_u), \quad \boldsymbol{h}_v = GCNs(\tilde{\boldsymbol{A}}_v, \boldsymbol{X}_v), \\
\boldsymbol{z}_u = Flatten(\boldsymbol{h}_u), \quad \boldsymbol{z}_v = Flatten(\boldsymbol{h}_v), \\
\boldsymbol{h}_u = f_g(\boldsymbol{h}_u), \quad \boldsymbol{h}_v = f_g(\boldsymbol{h}_v), \\
\boldsymbol{h}_{iter} = f_{iter}(\boldsymbol{h}_u), \\
\boldsymbol{H} = Concat(\boldsymbol{h}_u, \boldsymbol{h}_v, \boldsymbol{h}_{iter}), \\
\hat{y}_0 = \mathrm{Softmax}(\boldsymbol{W}_{out}\boldsymbol{h} + \boldsymbol{b}),
\end{gathered} \tag{3-47}
$$

其中,$\tilde{\boldsymbol{A}}_u$ 表示 G_u 标准化后的邻接矩阵,$\boldsymbol{X}_u$ 表示 G_u 对应的节点特征矩阵。单通道预测器首先通过 2 层 GCN 将 G_u 和 G_v 嵌入低维空间,然后通过 f_g 分别对 $\boldsymbol{h}_u$ 和 $\boldsymbol{h}_v$ 进行编码。对于 G_{iter},HELP 通过 f_{iter} 也将其嵌入低维空间,得到 $\boldsymbol{h}_{iter}$。将三者进行拼接组合后,通过 Softmax 得到基于子图的链路预测结果 $\hat{y}_0$。同样地,对于 $HSN_{u,v}^{(2)}$ 可以得到对应的预测结果 $\hat{y}_1$。将 2 个预测结果的均值作为最终的预测结果 $\hat{y}$,即

$$
\hat{y} = \frac{1}{2}(\hat{y}_0 + \hat{y}_1). \tag{3-48}
$$

HELP 训练的目标函数主要包括用于监督分类结果的 $\mathcal{L}_c$ 和用于辅助参数学习的 $\mathcal{L}_s$,其定义如下:

$$
\begin{gathered}
\mathcal{L}_c = \sum -y\log\hat{y} + (1-y)\log(1-\hat{y}), \\
\mathcal{L}_s = \frac{1}{d}\sum_{i=0}^{d-1} y_i[z_{ui}\log(z_{ui}) - z_{u,i}\log(z_{ui})],
\end{gathered} \tag{3-49}
$$

其中,$\mathcal{L}_s$ 为 KL 散度,用于衡量 o_u 和 o_v 之间的相似度。当节点 u 和 v 之间存在连边时,最小化 $\mathcal{L}_s$ 能够加速模型的收敛,辅助模型的参数学习。综合 $\mathcal{L}_c$ 和 $\mathcal{L}_s$,HELP 的目标函数定义为

$$
\mathcal{L}_{total} = \gamma\mathcal{L}_c + (1-\gamma)\mathcal{L}_s, \tag{3-50}
$$

其中,γ 为平衡 $\mathcal{L}_c$ 和 $\mathcal{L}_s$ 的系数。

3.5 链路预测应用

本节选择了 C. elegans、USAir、NS、Yeast、Cora 和 Citeseer 等 6 个实际网络数

据集进行实验，以验证本章所介绍的多种链路预测算法的有效性。每一个网络中的80%连边作为训练集，其余20%连边作为测试集。链路预测性能采用AUC和AP作为评价指标。以下将分为两部分进行实验分析，分别采用启发式链路预测方法与基于图嵌入和深度学习的链路预测方法。

3.5.1 启发式链路预测方法分析

启发式链路预测方法主要基于节点相似性指标，包括局部结构相似性、全局结构相似性和类局部结构相似性。此外，本章还介绍了集成多种相似度用于链路预测的方法。不同的节点相似性指标在不同的网络上具有不同的效果。将若干个节点相似度指标进行组合，作为连边的特征向量，然后通过逻辑斯谛回归、支持向量机或者随机森林(Random Forest,RF)对特征向量进行分类。本节将通过组合包括CN等10个局部节点相似性指标和包括Katz Index等6个全局节点相似性指标作为连边相似性向量，采用RF模型对组合得到的连边特征向量进行分类。RF模型在对连边进行分类的同时，还能够对不同的节点相似性指标进行重要性排序。

在计算节点相似性指标时，RWR中 $c=0.85$，LP中 $\epsilon=0.01$，$n=2$，LRW和SRW中 $t=5$。表3-2和表3-3分别以AUC和AP作为指标，列出了启发式链路预测方法在不同数据集上的性能。可以看出，基于路径的全局结构相似性指标和类局部结构相似性指标在网络链路预测上表现出更好的性能。特别是SRW指标，通过叠加多次LRW指标，实现了性能提升。在局部结构相似性指标中，RA相较于其他指标表现出了更好的链路预测性能。此外，尽管RF集成了10个局部结构相似度指标和6个全局结构相似度指标，但是在链路预测这一任务上并没有得到最优结果。但是，在网络结构发生变化时，基于指标集成的方法往往更具有鲁棒性。

表3-2 启发式链路预测方法精度(AUC)

数据集		C. elegans	USAir	NS	Yeast	Cora	Citeseer
局部结构相似性指标	CN	88.90	94.61	94.69	89.02	72.96	70.45
	SA	79.99	91.49	94.69	88.94	72.95	70.43
	JAC	78.44	91.19	94.69	88.94	72.94	70.43
	SI	87.55	85.28	94.65	88.84	73.00	70.42
	HPI	77.76	90.75	94.69	88.94	72.93	70.44

续表

数据集		C. elegans	USAir	NS	Yeast	Cora	Citeseer
	HDI	78.44	91.19	94.69	88.94	72.94	70.43
	LHN1	78.02	89.58	94.67	88.88	72.96	70.46
	PA	81.26	91.94	67.31	85.32	70.05	75.25
	AA	85.33	93.57	94.66	88.96	72.89	70.44
	RA	**93.22**	95.94	94.71	89.07	73.02	70.45
全局结构相似性指标	Katz	89.76	91.25	96.60	95.65	89.06	87.63
	LHN2	83.22	90.28	96.40	95.06	86.29	84.47
	ACT	77.58	88.85	92.07	89.15	72.71	67.67
	$\cos^+$	85.33	90.26	88.87	89.11	89.72	80.74
	RWR	80.76	89.21	96.56	95.38	**91.26**	**89.04**
	MFI	88.64	91.31	96.62	95.44	91.04	87.82
类局部结构相似性指标	LP	87.39	95.52	**97.44**	96.31	83.26	80.87
	LRW	89.11	96.01	92.27	95.85	86.84	81.55
	SRW	92.65	**96.51**	97.41	**96.65**	90.64	85.51
集成方法	RF	91.76	94.09	92.91	95.58	84.08	83.92

表 3-3　启发式链路预测方法精度(AP)

数据集		C. elegans	USAir	NS	Yeast	Cora	Citeseer
局部结构相似性指标	CN	85.80	94.11	94.12	88.90	72.76	70.42
	SA	73.72	89.94	94.58	88.84	72.85	70.35
	JAC	71.70	89.79	94.58	88.87	72.79	70.37
	SI	84.50	73.80	94.35	88.03	72.97	70.27
	HPI	70.31	89.01	94.57	88.86	72.73	70.40
	HDI	71.70	89.79	94.58	88.87	72.79	70.37
	LHN1	71.80	86.03	93.95	88.74	72.91	70.48
	PA	84.44	92.94	71.08	86.24	72.94	77.53
	AA	84.00	93.92	94.08	88.93	72.38	70.42
	RA	93.28	**96.19**	94.40	89.08	73.02	70.46

续表

数据集		C. elegans	USAir	NS	Yeast	Cora	Citeseer
全局结构相似性指标	Katz	87.63	92.38	96.77	95.83	90.28	89.75
	LHN2	84.95	50.00	96.40	95.10	85.81	84.46
	ACT	80.69	91.92	63.24	90.40	73.15	68.53
	cos^+	87.00	82.08	69.47	90.09	91.42	86.63
	RWR	76.93	83.79	97.66	94.88	**92.81**	**92.14**
	MFI	86.60	85.49	96.79	95.62	92.62	90.07
类局部结构相似性指标	LP	86.30	95.61	**97.30**	96.34	83.19	80.91
	LRW	89.11	95.83	91.68	97.03	88.21	81.87
	SRW	**92.65**	95.34	96.51	**97.51**	90.64	85.84
集成方法	RF	89.31	90.80	91.93	95.60	83.87	83.97

尽管 RF 没有取得最优的链路预测效果，但是 RF 本身所具有的可解释性能够帮助我们分析不同的相似性指标在集成时对链路预测效果的不同作用。如图 3-6 所示，以 USAir 网络为例，在使用 RF 集成相似性指标进行链路预测时，Katz 在模型中起到了至关重要的作用，其次是 MFI，而 SA、HDI 和 LHN1 等指标对该模型进行链路预测则没有很大的帮助。

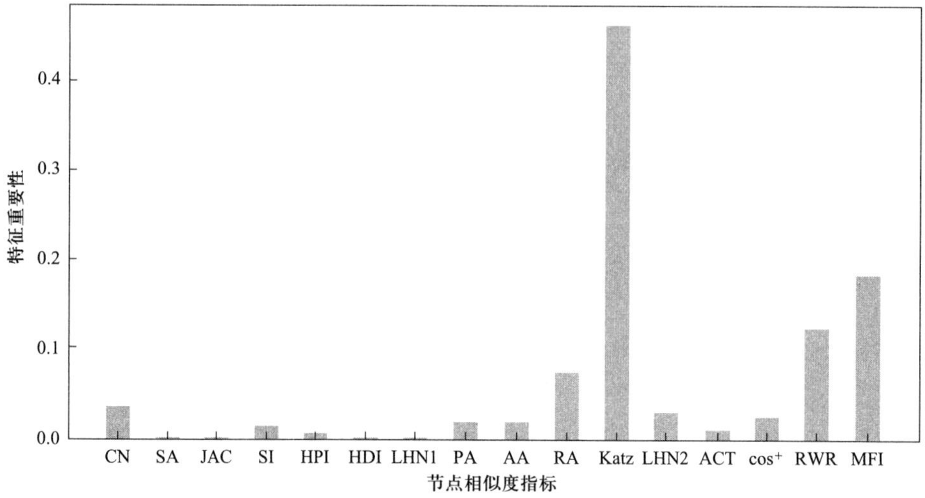

图 3-6　USAir 网络上不同相似性指标重要性分析

3.5.2 基于图嵌入和深度学习的链路预测方法分析

本节介绍基于图嵌入和深度学习的链路预测方法。以 node2vec 和 LINE[29] 为例，分析基于节点嵌入的链路预测算法的效果。其中，node2vec 的超参数 p 和 q 分别在{0.5,0.75,1.00,1.25,1.50}上进行网格搜索，寻找到最优值。基于节点嵌入的 node2vec 和 LINE 以及基于连边嵌入的 LRAP 和 Edge2vec 的嵌入向量维度都设定为 128。得到连边的嵌入向量后，通过 LR 模型进行链路预测。GAE 和 VGAE 分别分采用了两层的 GCN，其中隐藏层维度分别为 32 和 16。SEAL 中的 DGCNN 采用了默认的模型结构。HELP 中使用了 $HSN^{(2)}$ 来扩展高阶网络特征，其中 $N_{nb}=5$，$N_H=2$。

表 3-4 和表 3-5 分别以 AUC 和 AP 作为指标，列出了基于图嵌入和深度学习的链路预测方法在不同数据集上的效果。从结果可以看出，相较于从节点嵌入向量得到连边嵌入向量这样间接的方式，直接得到连边的嵌入向量，例如 LRAP 和 Edge2vec，对于链路预测来说往往效果更好。在基于深度学习的模型中，从子图中预测连边关系的模型 SEAL 和 HELP 具有更好的链路预测性能。其中，HELP 在大多数情况下都具有最优链路预测性能，说明高阶的 HSN 能够有效补充链路预测所需的结构信息。

表 3-4　基于图嵌入和深度学习的链路预测方法精度(AUC)

数据集		C. elegans	USAir	NS	Yeast	Cora	Citeseer
图嵌入	node2vec	85.47	90.94	87.76	95.84	90.91	73.23
	LINE	79.20	83.52	97.17	84.27	80.98	82.69
	LRAP	**85.98**	91.25	95.24	94.67	88.91	85.92
	Edge2vec	86.81	90.87	96.92	95.92	91.21	82.90
深度学习	GAE	83.53	94.59	95.57	94.81	85.81	79.84
	VGAE	84.76	88.76	94.70	93.85	88.03	76.12
	SEAL	83.71	94.73	98.44	96.87	91.81	87.54
	HELP	85.53	**94.82**	**99.12**	**97.09**	**92.91**	**88.02**

表 3-5　基于图嵌入和深度学习的链路预测方法精度(AP)

数据集		C. elegans	USAir	NS	Yeast	Cora	Citeseer
图嵌入	node2vec	83.99	90.00	97.80	96.64	92.74	88.42
	LINE	76.02	81.41	97.80	97.23	84.52	86.57
	LRAP	85.29	92.09	95.98	95.11	89.38	86.49
	Edge2vec	87.04	91.03	95.37	94.32	90.32	83.49
深度学习	GAE	86.97	**96.01**	95.94	96.01	88.90	85.05
	VGAE	**88.71**	92.75	96.25	95.69	89.91	81.82
	SEAL	83.71	94.50	98.51	96.92	92.98	88.74
	HELP	84.45	93.64	**99.27**	**97.33**	**94.04**	**90.93**

3.6　本章小结

本章主要介绍了启发式链路算法、基于图嵌入的链路预测算法和基于深度学习的端到端的链路预测算法。随着网络科学的发展,链路预测问题的研究进入了深度学习的时代。GCN 等图神经网络的提出,极大程度提高了链路预测的精度。在实际应用中,基于深度学习模型的链路预测算法的鲁棒性、安全性、可解释性和可扩展性仍然是值得研究的课题。

参考文献

[1] Newman M E. Clustering and preferential attachment in growing networks[J]. Physical Review E,2001,64(2):025102.

[2] Schafer J L,Graham J W. Missing data:Our view of the state of the art[J]. Psychological Methods,2002,7(2):147.

[3] Chowdhury G G. Introduction to Modern Information Retrieval[M]. London:Facet Publishing,2010.

[4] Jaccard P. Étude comparative de la distribution florale dans une portion des Alpes et des Jura[J]. Bull Soc Vaudoise Sci Nat,1901,37:547-579.

[5] Sørensen T A. A method of establishing groups of equal amplitude in plant sociology based on similarity of species content and its application to analyses of the vegetation on Danish commons[J]. Biol. Skar.,1948,5:1-34.

[6] Ravasz E, Somera A L, Mongru D A, et al. Hierarchical organization of modularity in metabolic networks[J].Science,2002,297(5586):1551-1555.

[7] Leicht E A,Holme P,Newman M E. Vertex similarity in networks[J]. Physical Review E,2006,73(2):026120.

[8] Barabási AL,Albert R. Emergence of scaling in random networks[J]. Science, 1999,286(5439):509-512.

[9] Adamic L A,Adar E. Friends and neighbors on the web[J]. Social Networks, 2003,25(3):211-230.

[10] Zhou T,Lü L,Zhang Y C. Predicting missing links via local information[J]. The European Physical Journal B,2009,71(4):623-630.

[11] Katz L. A new status index derived from sociometric analysis [J]. Psychometrika,1953,18(1):39-43.

[12] Fouss F,Pirotte A,Renders JM,et al. Random-walk computation of similarities between nodes of a graph with application to collaborative recommendation [J]. IEEE Transactions on Knowledge and Data Engineering,2007,19(3): 355-369.

[13] Tong H, Faloutsos C, Pan J Y. Fast random walk with restart and its applications[C]//Proceedings of the Sixth International Conference on Data Mining, Hong Kong,2006:613-622.

[14] Chebotarev P Y, Shamis E V. The matrix-forest theorem and measuring relations in small social networks[J]. Automation and Remote Control,1997, 58(9):1505-1514.

[15] Lü L, Jin C H, Zhou T. Similarity index based on local paths for link prediction of complex networks[J]. Physical Review E,2009,80(4):046122.

[16] Liu W, Lü L. Link prediction based on local random walk [J]. EPL (Europhysics Letters),2010,89(5):58007.

[17] Perozzi B, Al-Rfou R, Skiena S. Deepwalk: Online learning of social representations [C]//Proceedings of the 20th ACM SIGKDD International Conference on Knowledge Discovery and Data Mining, New York, 2014: 701-710.

[18] Grover A,Leskovec J. Node2vec:Scalable feature learning for networks[C]//

Proceedings of the 22nd ACM SIGKDD International Conference on Knowledge Discovery and Data Mining, San Francisco, 2016: 855-864.

[19] Abu-El-Haija S, Perozzi B, Al-Rfou R. Learning edge representations via low-rank asymmetric projections [C]//Proceedings of the 2017 ACM on Conference on Information and Knowledge Management, Nova Scotia, 2017: 1787-1796.

[20] Wang C, Wang C, Wang Z, et al. Edge2vec: Edge-based social network embedding[J]. ACM Transactions on Knowledge Discovery from Data, 2020, 14(4): 1-24.

[21] Kipf T N, Welling M. Semi-supervised classification with graph convolutional networks[C]// 5th International Conference on Learning Representations, Toulon, 2017.

[22] Schlichtkrull M, Kipf T N, Bloem P, et al. Modeling relational data with graph convolutional networks [C]// Proceedings of the European Semantic Web Conference, Crete, 2018: 593-607.

[23] Zhang M, Chen Y. Link prediction based on graph neural networks[C] // Proceedings of the 32nd International Conference on Neural Information Processing Systems, Montreal, 2018: 5171-5181.

[24] Zhang M, Cui Z, Neumann M, et al. An end-to-end deep learning architecture for graph classification[C]//Proceedings of the 32nd AAAI Conference on Artificial Intelligence, Louisiana, 2018.

[25] Yu S, Feng Y, Zhang D, et al. Motif discovery in networks: A survey[J]. Computer Science Review, 2020, 37: 100267.

[26] Moon J W. On the line-graph of the complete bigraph[J]. The Annals of Mathematical Statistics, 1963: 663-667.

[27] Zhang J, Zheng J, Chen J, et al. Hyper-substructure enhanced link predictor [C] //Proceedings of the 29th ACM International Conference on Information & Knowledge Management, Online, 2020: 2305-2308.

[28] Bahmani B, Chowdhury A, Goel A. Fast incremental and personalized pageRank[C] //Proceedings of the VLDB Endowment, Singapore, 2010.

[29] Tang J, Qu M, Wang M, et al. Line: Large-scale information network embedding[C] //Proceedings of the 24th International Conference on World Wide Web, Florence, 2015: 1067-1077.

第 4 章 社团检测

在实际网络中，节点间的连接往往不均匀，一些节点之间连接紧密，一些节点之间连接稀疏，这一特性被称为社团结构[1]。利用社团检测算法检测网络中的社团结构，有助于进一步发现和了解网络的特性[2]。例如，对于在线购物平台，通过社团检测算法可以挖掘出具有相似购物兴趣的客户，从而建立更加有效的推荐系统[3]。而对于生物系统，分析生物网络中的社团结构可以挖掘出潜在的功能模块，例如在蛋白质相互作用网络中寻找功能相似的蛋白质组[4]。本章将介绍社团检测的基本概念以及几种具有代表性的社团检测算法，并通过实验对其性能分析比较。

4.1　社团检测的基本概念

在介绍社团检测算法之前,我们先给出社团检测的基本问题描述,同时介绍社团检测算法的评价指标体系。与节点分类、链路预测、图分类不同,社团检测属于无监督学习,因此其评价指标体系相对比较独立。

4.1.1　问题描述

网络图可以用于描述现实世界中多种复杂系统的结构,如社交网络、信息网络、技术网络等。除了小世界特性[5]和无标度特性[6],许多真实网络中还存在一个共有的特性——社团结构。图 4-1 展示了一个具有 3 个社团结构的小型网络,可以看到各个团簇内部的节点之间连接紧密,而不同团簇节点之间连接稀疏。

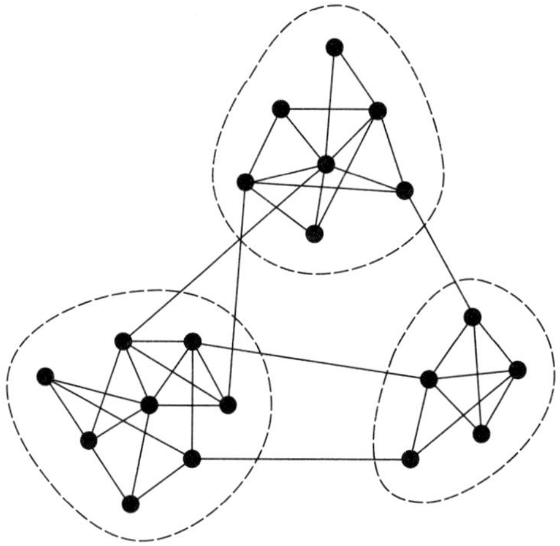

图 4-1　社团结构示意图(取自文献[7])

随着社团结构概念的提出,社团检测问题逐渐发展成为网络科学领域中一个非常重要的分支。社团检测,也称网络聚类算法,就是一类用于挖掘网络中社团结构的算法。对于一个网络,根据其拓扑结构是否随时间变化可分为静态网络和动态网络,静态网络上的社团检测问题往往更容易解决[8]。另外,根据划分的团簇之间是否存在重叠,可分为重叠社团检测和非重叠社团检测。本章将重点介绍几种可用于静态网络非重叠社团检测的算法,更多关于社团检测的内容可参阅社团检测相关综述文献[9,10]。

4.1.2 评价指标

1. 模块度

模块度[11]是 Newman 和 Girvan 在 2004 年提出的一个用于衡量社团划分质量的指标,其主要思想在于比较具有社团结构的网络与其对应零模型之间的社团内连边占比差值,进而衡量检测出来的社团结构强度。所谓一个网络对应的零模型,指的是保留了原网络某些特性如连边数、度分布等的随机图。用一个对称矩阵 $\boldsymbol{e}$ 表示网络的连边情况,e_{vv}表示社团 v 内部的连边占比,$a_v = \sum_w e_{vw}$ 表示与社团 v 中节点相连的连边占总连边数的比例。在不考虑网络社团结构的情况下,社团 v 和社团 w 之间的连边占比 e_{vw}为与这两个社团中各自节点相连的连边占比的乘积,有 $e_{vw} = a_v a_w$。根据模块度的定义,可得其计算公式:

$$Q = \sum_v (e_{vv} - a_v^2). \tag{4-1}$$

此后,Newman 又给出了模块度的另一种形式[12]:

$$Q = \frac{1}{2M}\sum_{ij}\left[A_{ij} - \frac{k_i k_j}{2M}\right]\delta(c_i, c_j), \tag{4-2}$$

其中,M 为网络中的连边数;A_{ij}表示网络中节点 i 和节点 j 之间的连边信息,存在连边时其值为 1,否则为 0;k_i, k_j 分别表示节点 i 与节点 j 的度值;c_i, c_j 分别为节点 i 和节点 j 所属的社团标号,$\delta(c_i, c_j)$是克罗内克函数,当 $c_i = c_j$ 时,该函数值为 1,否则该函数值为 0。

上面关于模块度的两个公式是等价的,推导论证见第 4.2.1 节快速贪婪算法。从其定义可以看出,该指标的计算完全依赖于网络结构与社团划分结果,不需要额外的标签信息。

2. 标准化互信息

标准化互信息(Normalized Mutual Information,NMI)[13]是 Danon 等人于 2005 年提出的一个基于信息论的评价指标,主要用于评估检测出的社团检测结果与标准划分间的相似度。将社团检测结果与标准划分分别用随机变量 X 和 Y 表示,x_i、y_i 分别表示节点 i 在两种划分中所属的团簇标签。在已知一个社团检测结果 X 时,随机变量 Y 减少的不确定性由互信息 $I(X,Y)$ 表示,互信息越大,表示两个随机变量之间的相关程度越大,其公式定义为

$$I(X,Y)=\sum_{xy}P(x,y)\log\frac{P(x,y)}{P(x)P(y)},\tag{4-3}$$

其中，$P(x,y)=P(X=x,Y=y)=N_{xy}/N$ 为随机变量 X 和 Y 的联合分布，N 为网络中的节点总数，N_{xy} 为检测结果中隶属于社团 x 而标准划分中隶属于社团 y 的节点数，同样有概率分布函数 $P(x)=P(X=x)=N_x/N$，$P(y)=P(Y=y)=N_y/N$，其中 N_x 和 N_y 分别表示检测结果中隶属于社团 x 的节点数和标准划分中隶属于社团 y 的节点数。进一步地，将互信息归一化到[0,1]区间，得到标准化互信息 NMI 的计算公式：

$$I_{norm}(X,Y)=\frac{2I(X,Y)}{H(X)+H(Y)},\tag{4-4}$$

其中，$H(X)=-\sum_{x}P(x)\log(P(x))$，$H(Y)=-\sum_{y}P(y)\log(P(y))$ 分别为社团检测结果 X 和标准划分 Y 的信息熵。NMI 值越大，表示得到的社团检测结果与标准划分越一致，当 NMI 等于 1 时，表示得到的社团检测结果与标准划分完全相同。

3. 调整兰德系数

二分类问题中真正例(True Positive，TP)、假正例(False Positive，FP)、假负例(False Negative，FN)、真负例(True Negative，TN)在社团检测问题中，这些指标的含义为

- TP：原本属于同类别的元素被划分到同一个簇中的元素对数；
- TN：原本属于不同类别的元素被划分到不同簇间的元素对数；
- FP：原本属于不同类别的元素被划分到同一个簇中的元素对数；
- FN：原本属于同类别的元素被划分到不同簇间的元素对数。

那么，兰德指数(Rand Index，RI)可定义为

$$RI=\frac{TP+TN}{C_N^2},\tag{4-5}$$

其中，N 为整个数据集中的元素个数，C_N^2 表示 N 个元素可组成的两两配对数。RI 的计算过程相当于将社团检测看成一系列决策过程，不断决策是否将一对元素划分至同一个簇中，最终计算出这个决策过程中的正确决策比例。

考虑到对于随机划分的结果，RI 并不保证趋向于零，进一步提出了调整兰德系数(Adjust Rand Index，ARI)，使在随机产生社团检测结果的情况下，其值尽量接近于零，该指标相较于 RI 具有更高的区分度，计算公式如下：

$$ARI=\frac{RI-E(RI)}{\max(RI)-E(RI)},\tag{4-6}$$

其中，$\max(RI)$ 表示随机划分能够得到的 RI 最大值，$E(RI)$ 表示随机划分下 RI 的

数学期望。*ARI* 的值越大表示社团检测结果与标准划分越吻合。

4. F_1 分数(F_1-Score)

F_1-Score 是统计学中常用来衡量二分类模型分类效果的一种评价指标,作为精确率和召回率的调和均值,该评价指标相对更为全面。依据 ARI 指标中描述的 TP、FP、FN、TN 在社团检测问题中的含义,也可以将 F_1-Score 引申到评价社团检测结果上。

5. 准确率(Accuracy)

社团检测准确率计算公式定义如下:

$$ACC(C,\bar{C})=\frac{\sum_{i=1}^{N}\delta(c_i,map(\bar{c}_i))}{N}, \tag{4-7}$$

其中 δ 为克罗内克函数,$map(\cdot)$ 为排列函数,用于将每个节点原始的社团检测标签映射成一个新的等价标签。不同于分类问题中节点带有预先定义的类标,节点通过社团检测得到团簇划分结果,从而自动确定标记。为了计算得到有效的社团检测准确率,需要将社团检测得到的节点标签进行重排列,最佳的映射方式常采用 Kuhn-Munkres 算法[14]寻得。

4.2 传统社团检测算法

本节将介绍几种具有代表性的传统社团检测算法。快速贪婪算法以迭代的方法实现层次聚类,每一次迭代以最大化模块度增量为目标,并采用堆数据结构来加速算法;标签传播算法利用了信息传播的思想,以邻居节点标签作为参考依据,迭代更新标签,从而以近似线性的时间复杂度快速得到社团检测结果;Infomap 算法则通过对网络中的节点和社团进行两层编码,通过寻求随机游走最短平均编码表述长度来实现社团检测。

4.2.1 快速贪婪算法

自 Newman 提出模块度的概念后,出现了一系列以优化模块度为目标的社团检测方法,但此类算法往往具有较高的计算复杂度,难以在大规模网络中应用。快速贪婪算法[12](Fast Greedy)以文献[15]提出的 Fast Newman 算法为基础,利用堆数据结构的优势,以及在模块度更新时采用一些小技巧,进而加速算法的计算过程,其核心是层次凝聚的思想。

快速贪婪算法在加速其计算过程中使用的模块度计算公式为公式(4-2),模块度公式(4-1)和公式(4-2)两者等价推导论证如下。定义两个变量 e_{vw} 和 a_v,其中 e_{vw} 表示社团 v 与社团 w 之间的连边数占总连边数的比例,公式如下:

$$e_{vw}=\frac{1}{2M}\sum_{ij}A_{ij}\delta(c_i,v)\delta(c_j,w). \tag{4-8}$$

a_v 表示与社团 v 中节点相连的连边占比,而与社团 v 内节点相连的连边数等于其中节点的度值之和,公式如下:

$$a_v=\frac{1}{2M}\sum_{i}k_i\delta(c_i,v). \tag{4-9}$$

将 e_{vw} 和 a_v 代入公式(4-2),可得

$$\begin{aligned} Q&=\frac{1}{2M}\sum_{ij}\left[A_{ij}-\frac{k_ik_j}{2M}\right]\delta(c_i,c_j)\\ &=\frac{1}{2M}\sum_{ij}\left[A_{ij}-\frac{k_ik_j}{2M}\right]\sum_{v}\delta(c_i,v)\delta(c_j,w)\\ &=\sum_{v}\left[\frac{1}{2M}\sum_{ij}A_{ij}\delta(c_i,v)\delta(c_j,w)-\frac{1}{2M}\sum_{i}k_i\delta(c_i,v)\frac{1}{2M}\sum_{j}k_j\delta(c_j,w)\right]\\ &=\sum_{v}(e_{vw}-a_v^2) \end{aligned} \tag{4-10}$$

具体地,对于自底向上的层次聚类算法,通常以每个节点划分为一个独立的社团作为初始状态,逐步以最大化模块度增量 ΔQ_{ij} 为目标合并社团,但是其计算量非常大。在快速贪婪算法中,考虑到两个不存在连边的社团发生合并时对模块度值没有影响,即增量 $\Delta Q_{ij}=0$,因此在算法实施过程中考虑模块度增量变化时,仅需存储引发模块度值变化的合并过程对应的数据。同时,巧妙利用堆数据结构来进行 ΔQ_{ij} 的更新,进一步加速算法。下面给出快速贪婪算法的执行步骤。

(1) 初始时,每个节点被单独视为一个社团,当节点 i 与节点 j 相连时有 $e_{ij}=1/2m$,否则 $e_{ij}=0$。此外,$a_i=k_i/2m$,可以得到初始的模块度增量矩阵 $\boldsymbol{\Delta Q}$ 中的元素值为

$$\Delta Q_{ij}=\begin{cases}1/2m-k_ik_j/(2m)^2, & \text{如果 } i,j \text{ 相连},\\ 0, & \text{其他}.\end{cases} \tag{4-11}$$

随后从模块度增量矩阵 $\boldsymbol{\Delta Q}$ 的每行中取出最大元素构成最大堆 $\boldsymbol{H}$。

(2) 从最大堆 $\boldsymbol{H}$ 中选出最大的元素 ΔQ_{ij},将该元素对应的社团 i 和社团 j 加

以合并,合并后更新模块度增量矩阵 $\Delta\boldsymbol{Q}$、最大堆 $\boldsymbol{H}$ 以及变量 a_i。

(3) 重复步骤(2),直至最终合并为一个社团。

对于步骤(2)中的合并过程,将合并得到的新社团标记为 j,增量矩阵 $\Delta\boldsymbol{Q}$ 更新的详细过程如下:

$$\Delta Q_{jk}^{*}=\begin{cases}\Delta Q_{ik}+\Delta Q_{jk}, \text{社团 } k \text{ 与社团 } i \text{ 和社团 } j \text{ 都相连},\\ \Delta Q_{ik}-2a_j a_k, \text{社团 } k \text{ 仅与社团 } i \text{ 相连},\\ \Delta Q_{jk}-2a_i a_k, \text{社团 } k \text{ 仅与社团 } j \text{ 相连}.\end{cases} \tag{4-12}$$

变量 a_j 的更新公式如下:

$$a_j^{*}=a_j+a_i, \tag{4-13}$$

快速贪婪算法的运行时间复杂度为 $O(Md\log N)$,其中 N,M 分别为网络中的节点数和连边数,d 表示聚类树状图的深度,当网络较为稀疏且呈现出一定的分层结构得到的树状图较为均衡时,有 $M\sim N$ 以及 $d\sim\log N$,此时算法的运行时间复杂度近似为 $O(N\log^2 N)$,可以较好地应用于现实中的一些大规模网络中。

4.2.2 标签传播算法

本节介绍一种仅依赖于网络结构信息的社团检测算法,称为标签传播算法(Label Propagation Algorithm, LPA)[16],该算法复杂度近似线性,能够快速得到社团检测结果。

标签传播算法的核心思想在于,网络中具有连边的两个节点往往更为相似,因此一个节点所属社团往往与其邻居节点相同。该算法就是基于将节点 x 归属于它最多的邻居节点所属的社团这个设定,在给每个节点初始化唯一标签后,使标签信息通过网络结构逐步传播,迭代更新节点标签,得到社团检测结果。

这里先对该算法中的两个重点问题即标签更新方式和算法终止条件作进一步说明。

标签更新方式可以分为同步更新和异步更新。同步更新,即节点 x 在第 t 次迭代过程中的标签更新仅取决于其邻居节点在完成第 $t-1$ 次迭代后的标签信息,等同于网络中所有节点在一次迭代过程中的标签更新是同步进行的,不受节点标签更新顺序影响,同步更新过程可以表示为

$$c_x(t)=f(c_{x_1}(t-1),\cdots,c_{x_k}(t-1)), \tag{4-14}$$

其中,函数 f 表示返回其中最高频出现的标签,$x_1,\cdots,x_k$ 分别表示节点 x 的 k 个邻居节点。同步更新方式中存在的一个问题是,当网络中存在二分网络或者近似二分网络的子结构时,会出现标签振荡,如图 4-2 所示。

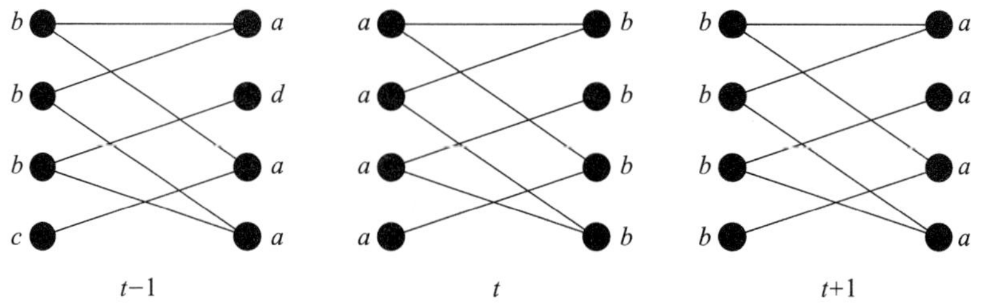

图 4-2　标签振荡示意图(取自文献[16])

异步更新,即节点 x 在第 t 次迭代过程中的标签更新取决于其已经在该轮中完成标签更新的邻居节点的标签信息(此标签信息来源于第 t 次迭代)和尚未在该轮中完成标签更新的邻居节点的标签信息(此标签信息来源于第 $t-1$ 次迭代),网络中的节点标签更新是异步的,受节点标签更新顺序影响,异步更新过程可表示为

$$c(t)=f(c_{x_1}(t),\cdots,c_{x_m}(t),c_{x_{m+1}}(t-1),\cdots.,c_{x_k}(t-1)),\qquad(4-15)$$

其中,$x_1,\cdots,x_m$ 表示已经在该轮中完成了标签更新的邻居节点,$x_{m+1},\cdots,x_k$ 表示尚未在该轮中完成标签更新的邻居节点。

对于社团检测算法,其目的在于将网络中的节点划分到各个社团,理想情况下,当节点标签不再发生变化时,标签传播算法终止。但是,由于在算法执行过程中某个节点的邻居节点中可能出现多个频次最高的标签,这时随机从最高频次的标签中选取一个进行节点标签更新,由于该随机过程无法保证节点标签不变,因此,当网络中的每个节点标签位于其最多邻居节点标签集合时,即达到一种平衡态,算法终止。

具体地,标签传播算法实施步骤如下:

(1) 初始阶段,每个节点被视为独属于一个社团。因此,先给网络中的每个节点都初始化一个独属的标签,这里可以直接定义为节点自身标号,那么对于每个给定的节点 x,有其标签为 $c_x(0)=x$,其中 0 表示为初始时刻,迭代次数 $t=0$。

(2) 设定迭代次数 $t=t+1$,同时随机打乱网络中的节点顺序,得到新的顺序节点集 X。

(3) 对于随机打乱得到的顺序节点集 X,依次取出一个节点 $x\in X$ 进行标签更新。根据前文的解释,为了防止在算法执行过程中出现标签振荡问题,这里采用异步方式更新标签,$c(t)=f(c_{x_1}(t),\cdots,c_{x_m}(t),c_{x_{m+1}}(t-1),\cdots,c_{x_k}(t-1))$。

(4) 当每个节点的标签为其最多邻居节点具有的标签时,算法终止,否则转入步骤(2),重复执行后续步骤。

4.2.3　Infomap 算法

传统的社团检测算法往往仅考虑了无权无向的网络结构特征，忽略了连边的方向和权重中所包含的信息，而现实中的网络类型是多样的，既存在无权无向网络，也存在有权无向网络、无权有向网络、有权有向网络等。Infomap[17] 是于 2009 年提出的一种基于信息流编码的社团检测算法，该算法通过对网络中的节点和社团进行两层编码，考虑到随机游走时在社团内节点间跳转的概率大于其在社团间跳转的概率，巧妙地将社团检测问题转化为寻求随机游走最短平均编码描述长度的问题。下面将详细阐述该算法的思想及概念。

在网络上进行随机游走，可以得到一串节点序列，对各个节点进行二进制编码后，就可以用一串二进制数来描述得到的游走序列，而合适的编码方式可以使其长度得到更好的压缩。以图 4-3(a)所示网络为例，该网络共包含 25 个节点，如果采用均匀编码方式，每个节点的编码长度为 $\log_2 25=5$ 位，而在实际的游走过程中，由于不同节点在网络中具有不同的局部结构特性，它们被访问的概率是不同的，这里采用 Huffman 编码，节点的二进制编码长度与其被访问的概率成反比，这样就可以大大减小信息流的描述长度。如采取图 4-3(b)中的编码，随机游走 71 步，每步长的平均描述长度为 4.5 位。

在上述节点编码的基础上，进一步引入社团编码来压缩游走序列的描述长度。社团编码利用了随机游走的局部性特点，即在同一个社团内节点间游走的概率大于在不同社团间游走的概率，此时需给定各个社团的入口编码以及出口编码。在同个社团内的不同节点间游走时，仅使用节点编码，而当出现跨越两个社团的游走行为时，需加上社团编码。图 4-3(c)给出了两层编码的一个示例，图 4-3(d)展示了网络从节点层到社团层的一个映射。

随机游走的结果可能依赖于游走的初始节点。不连通图上的游走可能会陷入某一连通区域中无法跳出，进而影响其他连通区域的游走结果。Infomap 中的随机游走算法引入了“穿越概率”τ 来解决不连通图上的游走局限问题：以 $1-\tau$ 的概率按照 $p^{i\to j}$ 转移概率进行游走，以 τ 的概率跳转到图上任意一点。p^j 可以如下进行计算：

$$p^j=(1-\tau)\sum_i p^i p^{i\to j}+\tau\sum_i \frac{p^i}{N},\tag{4-16}$$

其中，N 表示图中节点总数。样本间的转移概率 $p^{i\to j}$ 可以提前设定，p^j 可以对公式(4-16)进行数值求解得到。相较于原始的概率计算方法 $p^j=\sum_i p^i p^{i\to j}$，公式(4-16)相当于将转移概率 $p^{i\to j}$ 替换为 $(1-\tau)p^{i\to j}+\frac{\tau}{N}$。进一步，社团之间的跳转概

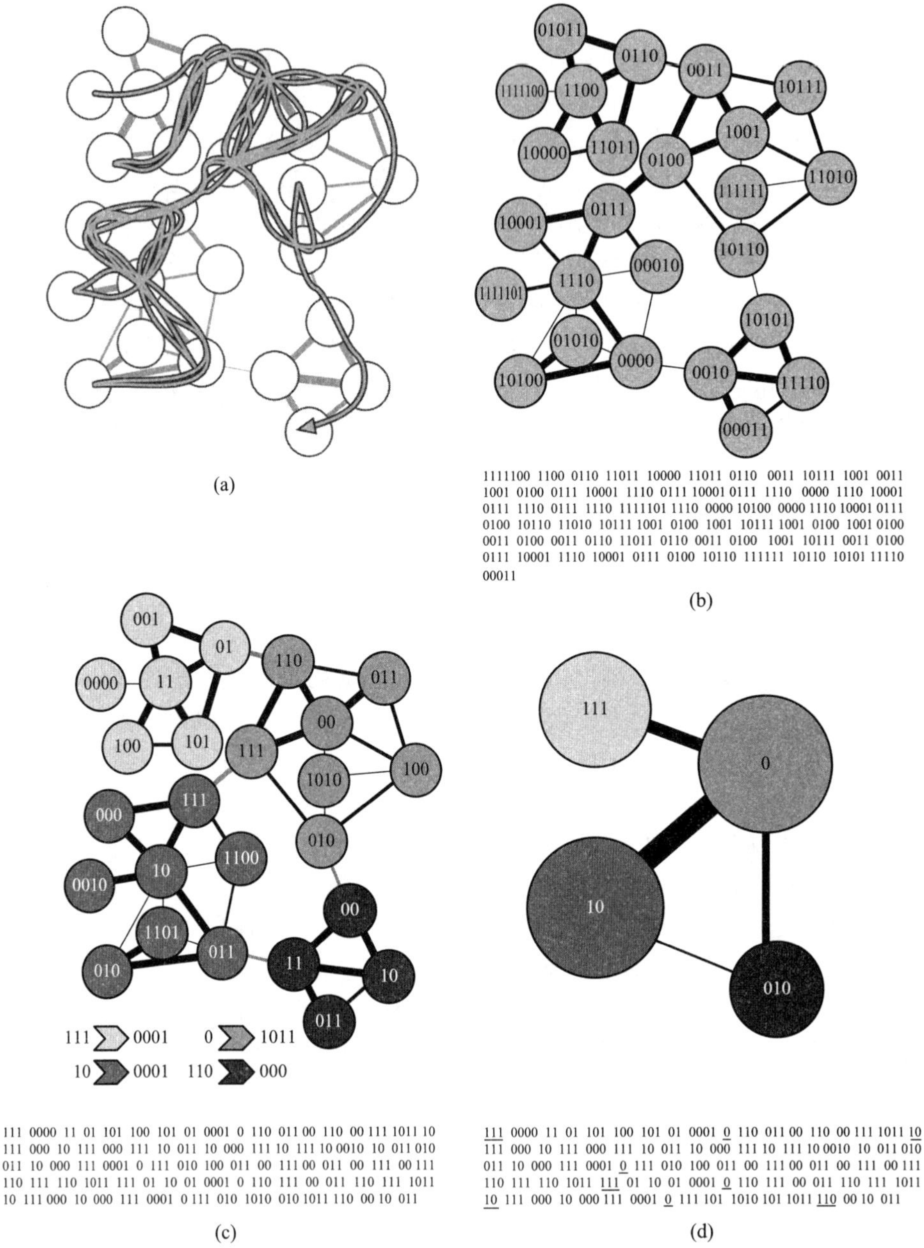

图 4-3　网络编码示意图(取自文献[17])

率 q_{inter}^{α} 可以如下进行计算：

$$\begin{aligned} q_{inter}^{\alpha} &= \sum_{i\in\alpha}\sum_{j\notin\alpha} p^{i} p^{i\to j} \\ &= \sum_{i\in\alpha}\sum_{j\notin\alpha} p^{i} p^{i\to j}\left[(1-\tau)p^{i\to j}+\frac{\tau}{N}\right] \\ &= (1-\tau)\sum_{i\in\alpha}\sum_{j\notin\alpha} p^{i} p^{i\to j}+\tau\frac{N-N_{\alpha}}{N}\sum_{i\in\alpha} p^{i}, \end{aligned} \tag{4-17}$$

其中，N_{α} 表示社团 α 的节点数，根据公式(4-16)和公式(4-17)，可以分别计算得到

$$H(\mathcal{Q}) = -\sum_{\alpha}\frac{q_{inter}^{\alpha}}{q_{inter}}\log\left(\frac{q_{inter}^{\alpha}}{q_{inter}}\right), \tag{4-18}$$

$$H(\mathcal{P}^{\alpha}) = -\frac{q_{inter}^{\alpha}}{p_{inner}^{\alpha}}\log\left(\frac{q_{inter}^{\alpha}}{p_{inner}^{\alpha}}\right)-\sum_{i\in\alpha}\frac{p^{i}}{p_{inner}^{\alpha}}\log\left(\frac{p^{i}}{p_{inner}^{\alpha}}\right), \tag{4-19}$$

其中，$q_{inter}=\sum_{\alpha} q_{inter}^{\alpha}$ 表示随机游走在不同社团之间跳转的总概率，$H(\mathcal{Q})$ 表示社团的最短平均编码长度，$p_{inner}^{\alpha}=q_{inter}^{\alpha}+\sum_{i\in\alpha} p^{i}$ 表示随机游走在社团 α 内节点间跳转的概率，$H(\mathcal{P}^{\alpha})$ 表示社团 α 内节点的最短平均编码长度。

对于给定的社团检测划分结果 R，将网络中的 N 个节点划分成 m 个社团，期望在该划分结果上得到随机游走的最小描述长度，那么单步的平均编码描述长度为

$$L(R) = q_{inter}H(\mathcal{Q}) + \sum_{\alpha} q_{inter}^{\alpha}H(\mathcal{P}^{\alpha}) \tag{4-20}$$

熵通常用来描述一个系统的混乱程度，当一个随机变量服从均匀分布时，其状态最不确定，系统最混乱且不可预测，所以此时熵最大。在编码理论里，熵还可以解释为编码每个状态所需的平均字节长度。此处信息熵可以按照后者来理解。将公式(4-18)和公式(4-19)进行加权求和即可得到公式(4-20)。根据公式(4-20)，可以搜寻一个层次编码方案使得 $L(R)$ 最小，进而找到最佳聚类方案。从各种可能的划分结果中寻找到使描述长度 $L(R)$ 最小的划分结果所需耗费的时间巨大，Infomap 算法在实现过程中，先计算各个节点在随机游走中出现的次数占比，根据得到的访问频率，利用确定性贪婪搜索算法在可能的划分集合中搜寻，并利用模拟退火算法得到优化结果。

4.3　深度社团检测算法

近年来，深度学习技术被陆续引入网络社团检测领域，并取得了较好的结果。本节将详细介绍基于自编码器的 GraphEncoder 模型、基于矩阵分解的 DNGR 模型、结合属性和结构信息的 DANE 模型和 SDCN 模型。

4.3.1　GraphEncoder 模型

随着深度学习的不断发展，深度学习模型被广泛应用于语音识别、图像分类等领域，并且表现出优越的性能。GraphEncoder 模型[18]是将深度学习应用到社团检测问题上的首次尝试。该算法的核心思想是利用栈式稀疏自编码器自动提取特征并学习网络中节点的表征向量，进一步将特征向量输入 k 均值法模型，输出最终的社团检测结果。该算法的提出为社团检测问题的研究开辟了新思路。GraphEncoder 模型中涉及的深度学习算法主要是自编码器模型，随后研究者们提出的许多深度社团检测模型也都依赖于自编码器的基本框架。这里主要介绍自编码器及几种常见变体，包括自编码器[19,20]（Autoencoder，AE）、稀疏自编码器[21]（Sparse Autoencoder，Sparse AE）、栈式自编码器[22]（Stack Autoencoder，Stack AE）以及降噪自编码器[22]（Denoising Autoencoder，DAE）。

1. 自编码器

自编码器是无监督学习中最典型的一类神经网络，它的主体结构分为编码器和解码器两个部分。图 4-4 给出了一个基础的三层自编码器神经网络示意图。该模型首先对输入的无标注数据进行编码，在隐藏层输出原始数据的低维特征表示，然后通过解码器重构数据。根据原始数据与重构数据之间的差异，利用反向传播算法进行训练。如图 4-4 所示，对于一个输入 $\boldsymbol{x}$，编码器和解码器的输出分别为：$\boldsymbol{h}=f(x)$，$\hat{\boldsymbol{x}}=g(\boldsymbol{h})$，其中 $f(\cdot)$ 和 $g(\cdot)$ 分别表示自编码器的编码过程和解码过程。该模型使用原始数据与重构数据之间的均方误差（Mean Square Error，MSE）定义损失函数：

$$\mathcal{L}=\sum_{i=1}^{N}\|\boldsymbol{x}_i-\hat{\boldsymbol{x}}_i\|^2. \tag{4-21}$$

其中 N 为输入样本总数。

自编码器通过对输入数据进行编码解码，在尽可能保证信息完整的同时得到数据的低维特征表示，有利于数据的后续使用。

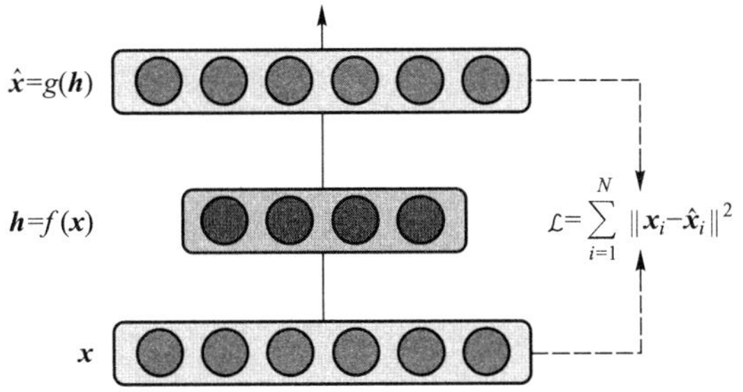

图 4-4 自编码器神经网络示意图

2. 稀疏自编码器

稀疏自编码器与自编码器的主要区别是在编码过程中添加了稀疏性限制，可以使模型训练得到稀疏的特征向量。一般来说，自编码器得到的隐藏层输出的维度低于输入数据的维度，即在训练过程中，自编码器倾向于学习数据内部的规律。但当隐藏层的输出维度比输入维度大时，自编码器就会失去特征学习能力。此时可以选择对隐藏层节点进行稀疏性约束，使得在同一时间只有部分节点处于激活状态。关于稀疏性可以这样理解：如果当神经元的输出接近 1 时认为它被激活，当输出接近 0 时认为它被抑制，那么使得神经元大部分时间都是被抑制的限制就是稀疏性限制。

假设 $a_j(x_i)$ 表示在给定输入 x_i 的情况下隐藏层第 j 个神经元的激活度，那么针对所有的训练样本（输入），该神经元的平均活跃度可以表示为

$$\hat{\rho}_j=\frac{1}{N}\sum_{i=1}^{N}[a_j(x_i)], \tag{4-22}$$

其中 N 为训练样本总数。当隐藏层的激活函数设定为 Sigmoid 函数且神经元的输出接近 1 时，则认为该神经元处于激活状态，即 $a_j(x_i)=1$；当输出接近 0 时，神经元处于抑制状态，即 $a_j(x_i)=0$。基于以上定义，对平均活跃度进行限制，即 $\hat{\rho}=\rho$，ρ 为设定的稀疏度（一般设为 0.05 或 0.1）。平均活跃度 $\hat{\rho}$ 和稀疏度 ρ 之间的相似性可以使用 KL 散度来衡量：

$$KL(\rho\,|\,|\hat{\rho})=\sum_{j=1}^{|\hat{\rho}|}\rho\log\frac{\rho}{\hat{\rho}_j}+(1-\rho)\log\frac{1-\rho}{1-\hat{\rho}_j}, \tag{4-23}$$

$KL(\rho\,\|\,\hat{\rho})$ 值越大表示 $\hat{\rho}$ 和 ρ 的差异越大；当 $KL(\rho\,\|\,\hat{\rho})=0$ 时，表示 $\hat{\rho}$ 和 ρ 完全相等，特征向量稀疏化的效果较佳。当稀疏度 ρ 的值很小时，可以使隐藏层的神经元大部分时间处于抑制状态来达到稀疏度限制的目的。通过添加稀疏性惩罚

项，稀疏自编码器的模型损失函数可以设定为

$$\mathcal{L}_{sparse} = \sum_{i=0}^{N} \|\boldsymbol{x}_i - \hat{\boldsymbol{x}}_i\|^2 + KL(\rho \| \hat{\rho}). \tag{4-24}$$

3. 栈式自编码器

栈式自编码器也称堆叠自编码器，其主要特点是将多个自编码器级联。模型中的每个自编码器单独训练，前一个自编码器的隐藏层输出作为后一个自编码器的输入，最后一个自编码器的隐藏层输出即为整个模型的最终输出，这个训练过程称为逐层贪婪训练法。图 4-5 给出了一个两层的栈式自编码器训练示意图，其训练过程分为两个阶段：(1) 逐层训练。首先将数据输入第一层自编码器，训练得到第一层隐藏层输出，再将第一层的隐藏层输出作为下一层自编码器的输入，训练第二层自编码器（当自编码器层数较多时，可对各层自编码器进行逐层训练）。(2) 整体训练。逐层训练结束后，将多个自编码器连通起来进行整体训练，同时对网络权重进行微调。

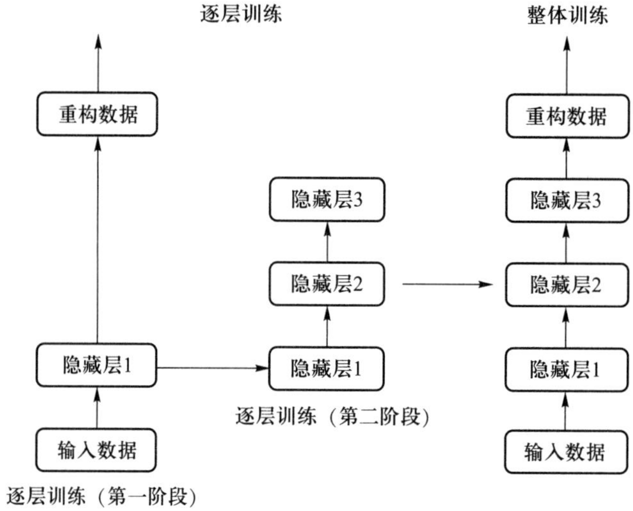

图 4-5　栈式自编码器训练示意图

4. 降噪自编码器

随着对自编码器研究的逐渐深入，许多研究人员认为能够对损坏的原始数据进行编码、解码并修复原始数据的自编码器才算提取到了有用特征，进而促成了降噪自编码器的提出。降噪自编码器的主要特点在于从带噪声的样本中学习更鲁棒的特征。人为的损坏是以一定的概率分布（通常是二项分布）擦除原始输入矩阵，即对每个位置随机置 0。降噪自编码器将损坏后的样本 $\tilde{\boldsymbol{x}}$ 输入自编码

器，再将重构样本 $\hat{\boldsymbol{x}}$ 与损坏前的原始样本 $\boldsymbol{x}$ 进行对比来训练模型。训练过程与自编码器一致，这里不再赘述。

本节提到的 GraphEncoder 模型主要融合了稀疏自编码器和栈式自编码器的特点，将多个稀疏自编码器级联，形成栈式结构，下面对该模型进行简要介绍。

给定一个具有 N 个节点的网络 G，其相似度矩阵 $\boldsymbol{S}$ 中的元素 s_{ij} 表示节点 v_i 与节点 v_j 之间的相似度。对于不包含节点相似信息的网络，矩阵 $\boldsymbol{S}$ 即为网络的邻接矩阵 $\boldsymbol{A}$。对相似度矩阵作归一化处理，得到 $\boldsymbol{D}^{-1}\boldsymbol{S}$，将其作为模型的输入。其中 $\boldsymbol{D}$ 为节点度矩阵，对角元素 d_{ii} 表示节点 v_i 的度值。

对于模型中的每个稀疏自编码器，输入数据 $\boldsymbol{x}_i$ 的隐藏层和输出层的输出分别为 $\boldsymbol{h}_i$ 和 $\hat{\boldsymbol{x}}_i$。训练单个稀疏自编码器的优化目标在于最小化重构数据 $\hat{\boldsymbol{x}}_i$ 与原始数据 $\boldsymbol{x}_i$ 之间的重构误差，用公式表示为

$$\underset{\theta}{\operatorname{argmin}} \sum_{i=1}^{N} \|\hat{\boldsymbol{x}}_i - \boldsymbol{x}_i\|_2. \tag{4-25}$$

其中 θ 为模型参数。进一步地，对隐藏层的激活施加稀疏约束，得到附加稀疏性惩罚项的损失函数：

$$\mathcal{L} = \sum_{i=1}^{N} \|\hat{\boldsymbol{x}}_i - \boldsymbol{x}_i\|_2 + \beta KL(\rho \,\|\, \hat{\rho}), \tag{4-26}$$

其中 β 为稀疏性惩罚项权重系数。

随后，可以将多个稀疏自编码器级联，利用逐层贪婪训练法训练各个稀疏编码器中的参数，最终得到数据的低维特征表示，将特征向量输入 k 均值法得到社团检测结果。GraphEncoder 模型执行过程可参见算法 4-1。由于传统谱聚类算法依赖特征向量分解得到社团检测结果，其复杂度往往很高，GraphEncoder 模型在运行效率上表现出明显的优势。

算法 4-1 GraphEncoder 模型执行过程

输入：	网络 G；相似矩阵 $\boldsymbol{S}$；度矩阵 $\boldsymbol{D}$；DNN 层数 L；j 层输入 $\boldsymbol{X}^{(j)}$，其中 $\boldsymbol{X}^{(1)}=\boldsymbol{D}^{-1}\boldsymbol{S}$；
输出：	最终社团检测结果；
1	for $j=1$ to L do
2	构建三层稀疏自编码器，输入数据为 $\boldsymbol{X}^{(j)}$
3	通过反向传播机制训练稀疏自编码器，得到隐藏层 $\boldsymbol{H}^{(j)}$
4	令 $\boldsymbol{X}^{(j+1)}=\boldsymbol{H}^{(j)}$

	end
	在 $\boldsymbol{X}^{(L)}$ 上运行 k-means
	输出最终社团检测结果

4.3.2　DNGR 模型

DNGR[23]是基于矩阵分解的深度社团检测算法。图 4-6 展示了 DNGR 模型的结构图，主要包括三个步骤：第一步，利用随机游走模型捕获图结构信息并生成概率共现矩阵（Probabilistic Co-occurrence Matrix，PCO 矩阵）；第二步，根据概率共现矩阵计算得到正点互信息矩阵[24]（Positive Pointwise Mutual Information Matrix，PPMI 矩阵）；第三步，使用栈式降噪自编码器学习低维节点表征向量。

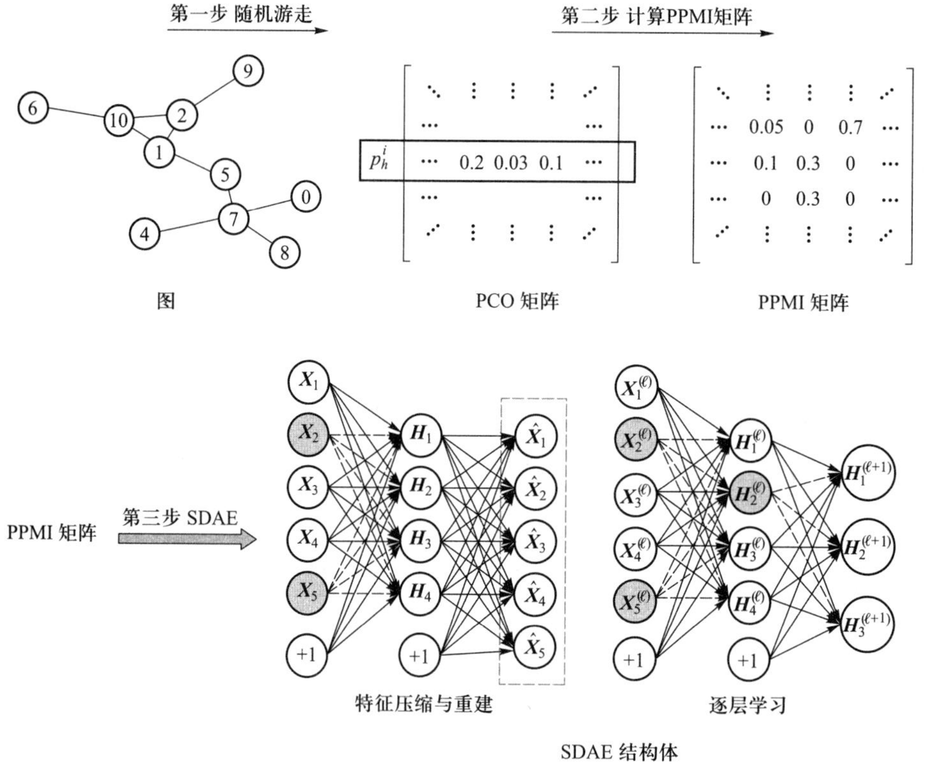

图 4-6　DNGR 模型结构图

1. 随机游走模型

在传统方法中,经常通过采样将图结构转化为线性序列,这种做法存在一些缺点:采样序列的长度是有限的,因此难以正确捕获采样序列边界节点的上下文信息;采样过程中涉及的超参数,如步长 l 和总采样次数 γ 等,往往难以确定。

为了解决上述问题,DNGR 模型尝试借鉴 PageRank 思想设计随机游走模型,对图中节点随机排序。节点转移矩阵中的元素表示不同节点之间的转移概率。对于当前节点 v_i,其转移矩阵 $\boldsymbol{T}_i$ 的行向量 $\boldsymbol{p}_k$ 的第 j 个元素表示从节点 v_i 经过 k 步转移后到达节点 v_j 的概率分布。初始行向量 $\boldsymbol{p}_0$ 为 one-hot 向量,仅第 i 个元素为 1,其他元素均为 0,表示未经转移的初始情况下仅自身可达。考虑重启随机游走模型,即每一次从当前节点进行下一步转移时,有 $1-\pi$ 的概率继续该随机游走过程,有 π 的概率返回初始节点重新开始。由此,行向量 $\boldsymbol{p}_k$ 的更新方式为

$$\boldsymbol{p}_k = (1-\pi)\cdot\boldsymbol{p}_{k-1}\boldsymbol{A} + \pi p_0. \tag{4-27}$$

进一步推导简化可得

$$\boldsymbol{p}_k = (1-\pi)^k\cdot\boldsymbol{p}_0\boldsymbol{A}^k + \sum_{i=1}^{k}(1-\pi)^{k-i}\pi\boldsymbol{p}_0\boldsymbol{A}^{k-i}. \tag{4-28}$$

假设在随机游走模型中不设置重启过程,则行向量 $\boldsymbol{p}_k^*$ 的更新公式为

$$\boldsymbol{p}_k^* = \boldsymbol{p}_{k-1}^*\boldsymbol{A} = \boldsymbol{p}_0\boldsymbol{A}^k. \tag{4-29}$$

进一步将公式(4-29)代入公式(4-28),可得 $\boldsymbol{p}_k$ 的表达式为

$$\boldsymbol{p}_k = (1-\pi)^k\cdot\boldsymbol{p}_k^* + \sum_{i=1}^{k}(1-\pi)^{k-i}\pi\boldsymbol{p}_{k-i}^*, \tag{4-30}$$

其中,$\boldsymbol{p}_0^*=\boldsymbol{p}_0$,$l$ 为设定的最大随机游走步长。节点 v 在不同游走步长下得到多个行向量$\{\boldsymbol{p}_k, k=1,2,\cdots,l\}$,DNGR 直接对这 l 个行向量加权相加,得到节点 v 到其他节点的一个 N 维的概率向量,N 为节点总数。向量加权相加的过程中各行向量的权重都为 1。所有节点的概率向量组成一个 $N\times N$ 维的 PCO 矩阵 $\mathcal{M}_{pco}$。

2. 计算 PPMI 矩阵

矩阵分解是一种常见的图表示学习方法。这种方法基于全局共现次数的统计数据来学习表示,在某些预测任务中优于基于单独局部上下文窗口的神经网络方法。但是这种方法存在一个缺点:意义价值较小的点会对图表示学习产生很大影响。点互信息矩阵(Pointwise Mutual Information Matrix,PMI 矩阵)可以很好地解决这个问题。

在这里,PMI 矩阵可以根据 PCO 矩阵计算得到

$$\mathcal{M}_{pmi} = \log\left[\frac{\mathcal{M}_{pco}\cdot|\mathcal{M}_{pco}|}{\boldsymbol{m}^{row}\cdot\boldsymbol{m}^{col}}\right], \tag{4-31}$$

其中,$\mathcal{M}_{pco}=\{m_{ij}\}_{i=1,j=1}^{N}$ 是随机游走得到的 PCO 矩阵,$\boldsymbol{m}^{row}$ 是一个 $N\times1$ 维向量,其

每一行的元素由$\mathcal{M}_{pco}$的对应行的值累加得到，即$\boldsymbol{m}_i^{row}=\sum_{j=1}^{N}m_{ij}$。$\boldsymbol{m}^{col}$是一个$1\times N$维向量，其每一列的元素由$\mathcal{M}_{pco}$的对应列的值累加得到，即$\boldsymbol{m}_i^{col}=\sum_{i=1}^{N}m_{ij}$。$|\mathcal{M}_{pco}|$是将$\mathcal{M}_{pco}$所有元素累加得到的值，即$|\mathcal{M}_{pco}|=\left(\sum_{i=1}^{N}\sum_{j=1}^{N}m_{ij}\right)$。

进一步，在 PMI 矩阵的基础上，将所有为负值的元素置 0，得到 PPMI 矩阵：

$$\mathcal{M}_{ppmi}=\max(\mathcal{M}_{pmi},0), \tag{4-32}$$

3. 栈式降噪自编码器

DNGR 模型期望从 PPMI 矩阵中构造出高质量的节点低维表示。奇异值分解（Singular Value Decomposition，SVD）虽然有效，但该方法只能进行线性变换。DNGR 模型可以在两个向量空间之间建立非线性映射，将 PPMI 矩阵中节点原始的高维向量表示压缩成更有效的低维表征向量。这个过程使用的是深度学习中常用的栈式降噪自编码器（Stacked Denoising Autoencoder，SDAE）。与前文介绍的栈式自编码器相同，这里采用逐层贪婪训练法，各层均采用了降噪自编码器。

区别于基本的自编码器，降噪自编码器通过对输入样本添加噪声，训练模型还原混有噪声的数据，来增强模型的鲁棒性，优化模型学习数据隐藏特征的能力。具体而言，SDAE 按照一定的概率随机设定向量中的某些项为 0，使得输入样本含有噪声。在图 4-6 中的 SDAE 结构体部分，$\boldsymbol{X}_i^{(\ell)}$ 对应输入数据，$\boldsymbol{H}_i^{(\ell)}$ 对应第 ℓ 层学习到的表示，$\boldsymbol{H}_i^{(\ell+1)}$ 对应第 $\ell+1$ 层学习到的表示。随机损坏的节点（如 $\boldsymbol{X}_2^{(\ell)}$，$\boldsymbol{X}_5^{(\ell)}$ 和 $\boldsymbol{H}_2^{(\ell)}$）用灰色标注。最后，再根据节点表示重建数据。损失函数为

$$\min_{\theta_1,\theta_2}\sum_{i=1}^{N}\mathcal{L}(\boldsymbol{x}^{(i)},g_{\theta_2}(f_{\theta_1}(\hat{\boldsymbol{x}}^{(i)}))), \tag{4-33}$$

其中，$\hat{\boldsymbol{x}}^{(i)}$是 $\boldsymbol{x}^{(i)}$ 的重构输入数据，N 是节点总数，$\mathcal{L}$ 是标准平方差损失函数。

最后一层自编码器的隐藏层输出就是节点的表征向量，代表的是节点属于各个社团的概率，所以各节点表征向量的最大值的索引就是该节点所属社团的标号。

SDAE 的训练过程参见算法 4-2。

算法 4-2　SDAE 训练过程

输入：	PPMI 矩阵 $\boldsymbol{X}$；SDAE 层数 L；
输出：	节点表示矩阵 $\boldsymbol{R}$；
1	初始化 SDAE，设置各层神经网络节点数，第 j 层节点数为 n_j，$\boldsymbol{X}^{(1)}=\boldsymbol{X}$

for $j=2$ to L do

　　根据输入 $\boldsymbol{X}^{(j-1)}$ 构造 SDAE 的隐藏层

　　学习隐藏层的表示 $\boldsymbol{H}^{(j-1)}$

　　$\boldsymbol{X}^{(j)}=\boldsymbol{H}^{(j-1)}(\boldsymbol{X}^{(j)}\in\mathbb{R}^{n\times n_j})$

end

返回节点表示矩阵 $\boldsymbol{R}$

基于以上分析，DNGR 模型的优点可以总结为以下 4 点：① 基于 PageRank 的思想提出随机游走模型，在保持传统嵌入模型所需要的一些特性的基础上，克服了先前采样方法的局限性；② 栈式自编码器结构用平滑的方式来进行降维，深度模型不同层上所学习到的表示可以为输入数据提供不同层级的抽象表示；③ 高维输入数据通常包含冗余信息和噪声，降噪自编码器可以有效地降低噪声带来的影响并增强模型鲁棒性；④ 与基于 SVD 的矩阵分解方法相比，DNGR 模型中使用的自编码器的时间复杂度更低（与图的节点数呈线性关系）。

4.3.3 DANE 模型

近年来研究者们提出了 DeepWalk[25]、node2vec[26]、LINE[27] 等多种图嵌入模型来获取节点表征向量，并后接聚类算法实现社团检测。上述模型仅考虑了网络的结构信息，而在现实网络中大量存在的丰富的属性信息也可以被加以利用。DANE 模型[28]展示了一种可以同时捕获网络中结构信息和属性信息的算法，并将其融合到节点表征模块中，得到更加全面、鲁棒的节点表征向量，在后续的社团检测中表现出更好的性能。

DANE 模型同时考虑了网络的结构信息和属性信息，主要表现在模型搭建时着眼于保持网络的一阶相似性、高阶相似性以及语义相似性。对于网络 $G=\{\boldsymbol{A},\boldsymbol{X}\}$，$\boldsymbol{A}$ 表示网络的邻接矩阵，$\boldsymbol{X}$ 表示网络的属性信息，相似性的定义详细描述如下：

（1）一阶相似性：对于网络 $G=\{\boldsymbol{A},\boldsymbol{X}\}$，一阶相似性 $\boldsymbol{A}$ 用于度量网络中相邻节点间的相似性。A_{ij}值越大表示节点 v_i 和节点 v_j 的相似度越高，值为 0 时表示这两个节点间不存在连边，不相似。

（2）高阶相似性：高阶相似性会考虑节点更广范围的邻居特性，可以视为一种全局相似性。有高阶相似度矩阵 $\boldsymbol{Z}=\hat{\boldsymbol{A}}+\hat{\boldsymbol{A}}^2+\cdots+\hat{\boldsymbol{A}}^t$，其中 $\hat{\boldsymbol{A}}$ 由邻接矩阵 $\boldsymbol{A}$ 逐行归一化得到，$\hat{\boldsymbol{A}}^t$ 表示 $\hat{\boldsymbol{A}}$ 的 t 次方。节点 v_i 与节点 v_j 的高阶相似性由 $\boldsymbol{Z}_i$ 与 $\boldsymbol{Z}_j$ 的

相似度表示。

(3) 语义相似性：对于网络 $G=\{\boldsymbol{A},\boldsymbol{X}\}$，语义相似性关注于两个节点属性值的相似程度，由属性信息 $\boldsymbol{X}$ 得到。节点 v_i 与节点 v_j 的语义相似性即 $\boldsymbol{B}_i$ 与 $\boldsymbol{B}_j$ 的相似度。

DANE 模型的核心是两个自编码器分支：上层分支输入能够反映网络高阶拓扑结构信息的矩阵 $\boldsymbol{A}$，捕获网络结构特征 $\boldsymbol{Z}$，将其映射到低维空间；下层分支输入反映网络节点属性信息的矩阵 $\boldsymbol{X}$，捕获网络属性特征 $\boldsymbol{B}$，同样映射到低维空间。DANE 模型框架如图 4-7 所示。下面重点介绍基于各类相似性的 DANE 模型的损失函数设计方法。

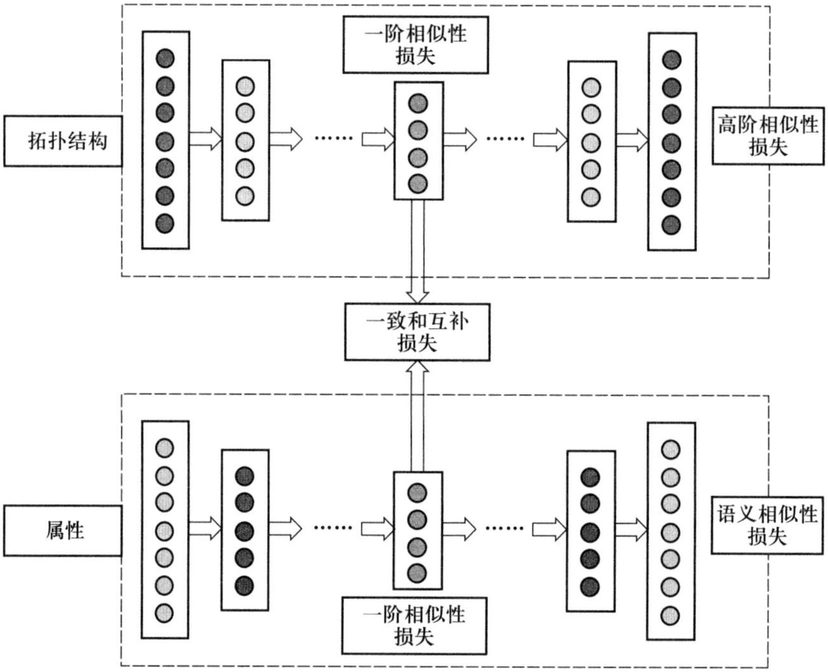

图 4-7　DANE 模型框架图(取自文献[28])

一阶相似性用于捕获网络的局部结构特性，当两个节点间存在连边时相似性会较为明显，由此可以将维持一阶相似性的问题转化为最大化以下似然估计函数：

$$\mathcal{L}_f=\prod_{A_{ij}>0}p_{ij}. \tag{4-34}$$

其中 p_{ij} 表示节点 v_i 和节点 v_j 间的联合概率。结构联合概率 $p_{ij}^{\boldsymbol{Z}}$ 和属性联合概率 $p_{ij}^{\boldsymbol{B}}$ 定义为

$$p_{ij}^{Z}=\frac{1}{1+\exp(-\boldsymbol{H}_i^{Z}(\boldsymbol{H}_j^{Z})^{\mathrm{T}})},$$
$$p_{ij}^{B}=\frac{1}{1+\exp(-\boldsymbol{H}_i^{B}(\boldsymbol{H}_j^{B})^{\mathrm{T}})}. \tag{4-35}$$

其中 $\boldsymbol{H}^{Z}$ 和 $\boldsymbol{H}^{B}$ 分别表示从结构和属性中习得的节点表征向量。

为了保证结构和属性的一阶相似性，对式(4-34)中的似然估计函数取对数来设计损失函数

$$\mathcal{L}_f=-\sum_{A_{ij}>0}\log p_{ij}^{Z}-\sum_{A_{ij}>0}\log p_{ij}^{B}. \tag{4-36}$$

对于高阶相似性，矩阵 $\boldsymbol{Z}$ 已经描绘了网络中各节点的多阶邻居信息，通过 DANE 模型上层分支中的自编码器解码重构得到矩阵 $\hat{\boldsymbol{Z}}$，希望能够使得输入矩阵 $\boldsymbol{Z}$ 和输出矩阵 $\hat{\boldsymbol{Z}}$ 尽可能相同，由此设计得到损失函数 $\mathcal{L}_h$，定义为

$$\mathcal{L}_h=\sum_{i=1}^{N}\|\hat{\boldsymbol{Z}}_i-\boldsymbol{Z}_i\|_2^2. \tag{4-37}$$

其中，N 为网络的节点总数。

同样地，对于语义相似性，DANE 模型下层分支输入属性矩阵 $\boldsymbol{B}$，编解码后重构得到矩阵 $\hat{\boldsymbol{B}}$，设计得到损失函数 $\mathcal{L}_s$，定义为

$$\mathcal{L}_s=\sum_{i=1}^{N}\|\hat{\boldsymbol{B}}_i-\boldsymbol{B}_i\|_2^2, \tag{4-38}$$

利用网络结构信息和属性信息分别得到节点表征向量 $\boldsymbol{H}^{Z}$ 和 $\boldsymbol{H}^{B}$ 后，简单的向量拼接操作无法保证这两个独立的嵌入模块得到的向量呈现一致性，因此 DANE 模型针对一致性问题设计了该部分的损失函数。考虑到要维持向量 $\boldsymbol{H}^{Z}$ 和 $\boldsymbol{H}^{B}$ 的一致性，同样地，需要最大化以下似然估计函数：

$$\mathcal{L}_c=\prod_{i,j}^{N}p_{ij}^{s_{ij}}(1-p_{ij})^{1-s_{ij}}. \tag{4-39}$$

其中 p_{ij} 表示两个模块间的联合概率，定义为

$$p_{ij}=\frac{1}{1+\exp(-\boldsymbol{H}_i^{Z}(\boldsymbol{H}_j^{B})^{\mathrm{T}})}. \tag{4-40}$$

另外，当 $i=j$ 时，有 $s_{ij}=1$，否则 $s_{ij}=0$。考虑到仅维持同一节点结构嵌入向量和属性嵌入向量一致性的约束过于严格，这里对其作松弛处理。一般情况下，相邻节点的结构嵌入向量和属性嵌入向量会表现出一致性，于是当 $A_{ij}>0$ 时，可以得到 $s_{ij}=1$，否则 $s_{ij}=0$。

根据以上所述，可以设计得到一致性损失函数

$$\mathcal{L}_c=-\sum_i\left\{\log p_{ii}-\sum_{A_{ij}=0}\log(1-p_{ij})\right\}. \tag{4-41}$$

最后,将维持各类相似性的损失函数和保证一致性的损失函数整合,得到

$$\begin{aligned}\mathcal{L}=&-\sum_{A_{ij}>0}\log p_{ij}^{\boldsymbol{Z}}-\sum_{A_{ij}>0}\log p_{ij}^{\boldsymbol{B}}+\sum_{i=1}^{N}\|\hat{\boldsymbol{Z}}_i-\boldsymbol{Z}_i\|_2^2\\&+\sum_{i=1}^{N}\|\hat{\boldsymbol{B}}_i-\boldsymbol{B}_i\|_2^2-\sum_i\left\{\log p_{ii}-\sum_{A_{ij}=0}\log(1-p_{ij})\right\}\end{aligned} \tag{4-42}$$

至此,该模型中依旧存在一个问题:两个节点间没有直接连边并不能完全得出两个节点不相似的结论。所以对于每个节点,其一致性损失函数 $\mathcal{L}_{c_i}$ 可以重新定义为

$$\mathcal{L}_{c_i}=-\log p_{ii}-\sum_{j;s.t.A_{ij}=0}\log(1-p_{ij}). \tag{4-43}$$

其中,当 $A_{ij}=0$ 时,$\mathcal{L}_{c_i}$ 对 $\boldsymbol{H}_j^{\boldsymbol{Z}}$ 的偏导数为

$$\frac{\partial\mathcal{L}_{c_i}}{\partial\boldsymbol{H}_j^{\boldsymbol{Z}}}=p_{ij}\boldsymbol{H}_i^{\boldsymbol{B}}. \tag{4-44}$$

由此可以得到 $\boldsymbol{H}_j^{Z}$ 的更新公式为

$$\boldsymbol{H}_j^{\boldsymbol{Z}}\leftarrow\boldsymbol{H}_j^{\boldsymbol{Z}}-l\cdot p_{ij}\boldsymbol{H}_i^{\boldsymbol{B}}, \tag{4-45}$$

其中,l 为步长参数。

从公式(4-45)可以看出,当节点 v_i 与 v_j 不相邻但具有潜在相似性时,p_{ij}的值会很大,从而促使 $\boldsymbol{H}_j^{\boldsymbol{Z}}$ 更新后远离 $\boldsymbol{H}_i^{\boldsymbol{B}}$,这会使得模型训练得到的节点表征向量性能变差。为解决这一问题,DANE 模型中采用了“最负采样”策略。对于每个节点 v_i,计算其一致性损失函数时仅考虑与其最不相似的节点 v_j,有

$$\mathcal{L}_{c_i}=-\log p_{ii}-\log(1-p_{ij}), \tag{4-46}$$

其中节点 v_j 由条件 $j=\underset{j,A_{ij}=0}{\operatorname{argmin}}\ p_{ij}$筛选得到。

完成模型框架和损失函数的设计后,就可以进行模型训练并不断优化损失函数。最终 DANE 模型的两个自编码器分别可以依据网络的结构信息得到嵌入向量 $\boldsymbol{H}_i^{\boldsymbol{Z}}$,依据网络的属性信息得到嵌入向量 $\boldsymbol{H}_i^{\boldsymbol{B}}$,将两者串联即为节点最终的表征向量。进一步对节点的表征向量使用 k 均值法进行聚类,得到最后的社团检测结果。

4.3.4 SDCN 模型

近年来一些关于图卷积神经网络的研究表明,这种模型在网络的结构信息提取方面具有较好的效果。为了更好地从网络的属性信息和结构信息两方面学习节点的有效表征,出现了一种结构化深度聚类网络模型[29],简称 SDCN 模型,

该模型将 DNN 与 GCN 进行了结合。

SDCN 模型分别使用 DNN 和 GCN 从网络的属性信息和结构信息中获取低维特征向量,然后使用传递算子将 DNN 学习到的特征表示传递到相应的 GCN 层,采用双自监督机制来统一这两种不同的深度神经网络体系结构,引导整个模型的更新。这样就能自然地将网络各阶的结构信息与 DNN 学习的节点表征向量结合。依靠传递算子,GCN 对高阶图的正则化约束可以帮助 DNN 学习到更好的数据表示,而 DNN 又能缓解 GCN 的过度平滑问题。

SDCN 模型结构框架如图 4-8 所示。将网络的结构信息 $\boldsymbol{A}$ 和属性信息 $\boldsymbol{X}$ 输入 GCN,再将网络的属性信息 $\boldsymbol{X}$ 输入 DNN,后续 DNN 的每一层都与 GCN 的相应层相连,在学习节点表征的过程中,DNN 各层的低维特征输出由传递算子传递给对应的 GCN 层,由 GCN 提取结构特征,最后由双自监督机制引导整个模型的更新。

在图 4-8 中,$\boldsymbol{X}$ 表示原始样本,$\hat{\boldsymbol{X}}$ 为重构样本。假设 GCN 和 DNN 都有 L 层,$\boldsymbol{H}^{(\ell)}$ 为 DNN 第 ℓ 层提取到的特征表示,$\boldsymbol{Z}^{(\ell)}$ 为 GCN 第 ℓ 层提取到的特征表示。根据分布 $\mathcal{Q}$ 计算可得目标分布 $\mathcal{P}$,再根据分布 $\mathcal{P}$ 使用双自监督机制更新 DNN 和 GCN 的参数。

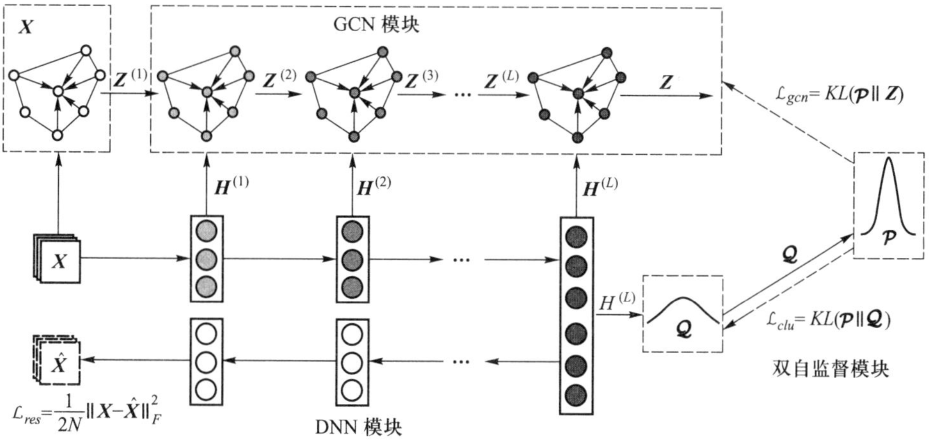

图 4-8 SDCN 模型结构框图(取自文献[29])

(1) DNN 模块。考虑到聚类方法在各种类型数据上的通用性,SDCN 模型中的 DNN 模块使用基础的自编码器,以适应不同类型的数据特性。这里使用多层自编码器,ℓ 表示层数,第 ℓ 层编码器学习到的低维特征向量可以表示为

$$\boldsymbol{H}^{(\ell)}=\sigma(\boldsymbol{W}_e^{(\ell)}\boldsymbol{H}^{(\ell-1)}+\boldsymbol{b}_e^{(\ell)}), \tag{4-47}$$

其中,σ 为激活函数,$\boldsymbol{W}_e^{(\ell)}$ 和 $\boldsymbol{b}_e^{(\ell)}$ 为编码器第 ℓ 层的权重矩阵和偏置,$\boldsymbol{H}^{(0)}$ 为属

性信息 $\boldsymbol{X}$。编码器部分之后的解码器通过几个全连接层来重构输入数据：

$$\boldsymbol{H}^{(\ell)}=\sigma(\boldsymbol{W}_d^{(\ell)}\boldsymbol{H}^{(\ell-1)}+\boldsymbol{b}_d^{(\ell)}),\tag{4-48}$$

其中，$\boldsymbol{W}_d^{(\ell)}$ 和 $\boldsymbol{b}_d^{(\ell)}$ 为解码器第 ℓ 层的权重矩阵和偏置。自编码器部分在训练时依据的损失函数为

$$\mathcal{L}_{res}=\frac{1}{2N}\sum_{i=1}^{N}\|\boldsymbol{x}_i-\hat{\boldsymbol{x}}_i\|_2^2=\frac{1}{2N}\|\boldsymbol{X}-\hat{\boldsymbol{X}}\|_F^2,\tag{4-49}$$

（2）GCN 模块。DNN 模块中的自编码器结构仅利用了网络的属性信息学习节点表征向量，未关注到网络的结构信息。因此，SDCN 模型中进一步引入 GCN 模块以挖掘网络的结构特性。

在传统的 GCN 模型中，每一层学习到的特征表示为

$$\boldsymbol{Z}^{(\ell)}=\sigma(\tilde{\boldsymbol{D}}^{-\frac{1}{2}}\tilde{\boldsymbol{A}}\tilde{\boldsymbol{D}}^{-\frac{1}{2}}\boldsymbol{Z}^{(\ell-1)}\boldsymbol{W}^{(\ell-1)}),\tag{4-50}$$

其中 $\tilde{\boldsymbol{A}}=\boldsymbol{A}+\boldsymbol{I}$，$\tilde{D}_{ii}=\sum_j\tilde{A}_{ij}$。在 SDCN 模型中，将 DNN 第 $\ell-1$ 层学习到的特征表示 $\boldsymbol{H}^{(\ell-1)}$ 与 GCN 对应层学习到的特征表示 $\boldsymbol{Z}^{(\ell-1)}$ 结合起来，在该层得到一个更加全面的特征表示：

$$\tilde{\boldsymbol{Z}}^{(\ell-1)}=(1-\epsilon)\boldsymbol{Z}^{(\ell-1)}+\epsilon\boldsymbol{H}^{(\ell-1)},\tag{4-51}$$

其中，ϵ 为平衡系数。

这里需要进一步说明，GCN 模块中第一层输入为网络初始的属性信息 $\boldsymbol{X}$，第一层的输出为

$$\boldsymbol{Z}^{(1)}=\sigma(\tilde{\boldsymbol{D}}^{-\frac{1}{2}}\tilde{\boldsymbol{A}}\tilde{\boldsymbol{D}}^{-\frac{1}{2}}\boldsymbol{X}\boldsymbol{W}^{(1)}),\tag{4-52}$$

另外，GCN 模块的最后一层（第 L 层）使用 Softmax 激活函数，用于输出多分类结果：

$$\boldsymbol{Z}=\mathrm{Softmax}(\tilde{\boldsymbol{D}}^{-\frac{1}{2}}\tilde{\boldsymbol{A}}\tilde{\boldsymbol{D}}^{-\frac{1}{2}}\boldsymbol{Z}^{(L)}\boldsymbol{W}^{(L)}),\tag{4-53}$$

其中，$\boldsymbol{Z}$ 表示所有样本的概率分布，$z_{ij}\in\boldsymbol{Z}$ 表示第 i 个样本属于第 j 类的可能性。

（3）双重自监督模块。根据前面的介绍，本模型已经通过传递算子将 DNN 模块与 GCN 模块连接起来，可以充分利用网络的属性信息和结构信息，但是 DNN 模块中的自编码器依然处于一个无监督学习的场景下，同时对于传统的 GCN 模块，其训练也需要处于半监督学习的场景下，目前仅将这两个模块简单组合尚无法应用于聚类问题。因此，SDCN 模型进一步引入了一个双重自监督模块，该模块实现了 DNN 和 GCN 的统一，最终可以训练出端到端的深度聚类模型。下面介绍该双重自监督模块的具体设计。

首先，SDCN 选择学生氏 t 分布（student’s distribution）来衡量第 i 个样本在

各类别上的概率，样本的特征表示 $\boldsymbol{h}_i$ 和类别 j 的聚类中心 $\boldsymbol{\mu}_j$ 之间的相似度，可以通过以下公式计算：

$$q_{ij}=\frac{\left(1+\|\boldsymbol{h}_i-\boldsymbol{\mu}_j\|^2/\alpha\right)^{-\frac{\alpha+1}{2}}}{\sum\limits_{j'}\left(1+\|\boldsymbol{h}_i-\boldsymbol{\mu}_{j'}\|^2/\alpha\right)^{-\frac{\alpha+1}{2}}},\tag{4-54}$$

其中，$\boldsymbol{h}_i$ 为 DNN 模块第 L 层输出 $\boldsymbol{H}(L)$ 的第 i 行向量，$\boldsymbol{\mu}_j$ 为类别 j 的初始聚类中心。两者可以通过以下方式得到：先对 DNN 模块中的自编码器进行预训练，可以得到初步的节点表征向量，利用 k 均值法聚类即可得到各类别的聚类中心。α 为学生氏 t 分布的自由度，一般为 1。q_{ij}可以视为样本 i 属于第 j 类的概率，由此得到聚类软分配结果。$\mathcal{Q}=[q_{ij}]$为所有样本分配结果的整体分布。

其次，得到聚类分布$\mathcal{Q}$后，期望使数据的表征向量更接近类别中心，从而提高簇内凝聚力。选择学生氏 t 分布来拟合样本的分布，目标分布$\mathcal{P}$可以如下计算：

$$p_{ij}=\frac{q_{ij}^2/f_j}{\sum\limits_{j'}q_{ij'}^2/f_{j'}},\tag{4-55}$$

其中$f_j=\sum\limits_i q_{ij}$。通过最小化分布$\mathcal{Q}$和分布$\mathcal{P}$之间的 KL 散度，促使 DNN 模块得到的数据表征向量靠近簇中心，进而训练 DNN 模块中的参数：

$$\mathcal{L}_{clu}=KL(\mathcal{P}\parallel\mathcal{Q})=\sum_i\sum_j p_{ij}\log\frac{p_{ij}}{q_{ij}},\tag{4-56}$$

因为分布$\mathcal{P}$由分布$\mathcal{Q}$计算得到，而分布$\mathcal{P}$反过来引导分布$\mathcal{Q}$的更新，由此形成一种自监督机制。

受上述启发，对于 GCN 模块中最后一层输出的聚类分布 $\mathbf{Z}$，可以同时使用分布$\mathcal{P}$引导分布 $\mathbf{Z}$ 的更新，从而训练 GCN 模块中的参数：

$$\mathcal{L}_{gcn}=KL(\mathcal{P}\parallel\mathbf{Z})=\sum_i\sum_j p_{ij}\log\frac{p_{ij}}{z_{ij}},\tag{4-57}$$

这里同样形成了一种自监督机制，由此该模块命名为双重自监督模块。与传统的多分类损失函数相比，这里使用 KL 散度，能以更加“温和”的方式进行模型参数更新，防止学习到的节点表征向量受到严重干扰。

综合上述过程，模型总体的损失函数为

$$\mathcal{L}=\mathcal{L}_{res}+\alpha\mathcal{L}_{clu}+\beta\mathcal{L}_{gcn},\tag{4-58}$$

其中，α,β 为模型超参数，用于平衡聚类优化、数据属性信息保存和数据结构信息保存三者的比重。

训练完成后，可以根据概率分布 $\mathbf{Z}$ 得到最终的社团检测结果。样本 i 的类别标签为

$$r_i = \underset{j}{\operatorname{argmax}}\ z_{ij}, \tag{4-59}$$

SDCN 模型训练过程参见算法 4-3。

算法 4-3 SDCN 训练过程

输入:	输入数据 $\boldsymbol{X}$;图 G;簇数 K;最大迭代次数 $MaxIter$;
输出:	社团检测结果 $\boldsymbol{R}$;

```
初始化预训练自编码器的 W_e^(ℓ), b_e^(ℓ), W_d^(ℓ), b_d^(ℓ)
根据 k 均值法的结果,在表示学习时初始化预训练自编码器的 μ
随机初始化 W^(ℓ)
for iter ∈ 0,1,…,MaxIter do
  生成 DNN 的表示 H^(1), H^(2), …, H^(L)
  按照式(4-54),根据 H^(L) 计算分布 Q
  按照式(4-55),计算目标分布 P
  for ℓ ∈ 1,…,L do
    取 ϵ=0.5,使用传递算子 Z̃^(ℓ-1) = 1/2 Z^(ℓ-1) + 1/2 H^(ℓ-1)
    生成 GCN 的下一层表示 Z^(ℓ+1) = σ(D̃^(-1/2) Ã D̃^(-1/2) Z^(ℓ) W_g^(ℓ))
  end
  根据式(4-53),计算分布 Z
  将 H^(L) 传入解码器,构造原始数据 X
  分别计算 ℒ_res, ℒ_clu, ℒ_gcn
  根据式(4-58),计算损失函数
  反向传播更新 SDCN 的参数
end
根据分布 Z 计算社团检测结果 R
```

4.4 社团检测应用

本节将前文介绍的社团检测算法，包括传统社团检测算法和深度社团检测算法，应用到第 1 章介绍的几个数据集中，包括社交网络数据集 Karate、Dolphins 以及 Football 和引文网络数据集 Cora、Citeseer 以及 PubMed。需要说明的是，实验中仅考虑无权无向网络，同时由于 Citeseer 数据集中有 15 个节点仅存在于网络结构信息文件中，不存在于网络属性信息文件中，因此在实验中滤除了这 15 个节点。采用第 4.1.2 节中介绍的 4 个社团检测算法常用评价指标来衡量这些模型的性能，包括标准化互信息、调整兰德系数、F_1 分数以及准确率。

对于传统社团检测算法，仅使用网络的结构信息，因为 LPA 算法和 Infomap 算法执行过程中具有随机性，最终的性能指标值为运行 10 次取平均得到。对于深度社团检测算法，除 SDCN 模型为端到端模型，直接输出社团检测结果，其余模型的输出均为网络中节点的表征向量，通过后接 k 均值法得到社团检测结果，同样地，由于 k 均值法具有随机性，最终的性能指标也为运行 10 次取平均得到。

由于三个社交网络数据集不具有属性信息，对于可同时输入网络属性信息和结构信息的两个深度社团检测算法 DANE 模型和 SDCN 模型，这里将邻接矩阵 $\boldsymbol{A}$ 作为其属性信息 $\boldsymbol{X}$ 输入，相当于仅利用结构信息，但从两个通道输入。

由于部分模型输出为节点表征向量，对于规模较小的 3 个社交网络数据集和规模较大的 3 个引文网络数据集，实验中分别将其输出维度设置为 16 维和 200 维。除节点向量输出维度外，各深度模型涉及的其他参数设置可在原模型的基础上进行适当调整，包括多个模型都具有的学习率，以及一些模型独有的参数，如 GraphEncoder 中的稀疏性惩罚项系数 β，SDCN 模型中损失函数各个子部分的权重超参数等。

表 4-1 和表 4-2 分别为各社团检测算法在社交网络数据集和引文网络数据集上的性能比较，在表格中将各个数据集上性能最佳的两种算法得到的指标加粗显示。

从实验结果可以看到，对于三种传统社团检测算法，LPA 在小规模的数据集上表现出较好的性能，而以优化模块度为基本思想的 Fast Greedy 算法虽然耗时较多，但在三个较大规模的引文网络数据集上表现出了较好的社团检测效果。

表 4-1 各社团检测算法在社交网络数据集上的性能比较

数据集	评价指标	标准化互信息	调整兰德系数	F_1 分数	准确率	
Karate	Fast Greedy	0.6925	0.6803	0.8118	0.7353	传统社团检测算法
	LPA	0.8017	0.7978	0.8885	0.9029	
	Infomap	0.6995	0.7022	0.8289	0.8235	
	GraphEncoder	0.3572	0.2636	0.6677	0.7647	深度社团检测算法
	DNGR	**1.0000**	**1.0000**	**1.0000**	**1.0000**	
	DANE	0.5257	0.4923	0.7457	0.8559	
	SDCN	**1.0000**	**1.0000**	**1.0000**	**1.0000**	
Dolphins	Fast Greedy	0.5727	0.4509	0.6703	0.6935	传统社团检测算法
	LPA	0.6718	0.5537	0.7265	0.7419	
	Infomap	0.5586	0.3584	0.5584	0.5790	
	GraphEncoder	0.2705	0.3853	0.7471	0.8210	深度社团检测算法
	DNGR	**1.0000**	**1.0000**	**1.0000**	**1.0000**	
	DANE	0.4766	0.4349	0.7301	0.8323	
	SDCN	**0.7014**	**0.7537**	**0.8857**	**0.9355**	
Football	Fast Greedy	0.6977	0.4741	0.5317	0.5739	传统社团检测算法
	LPA	0.8968	0.8086	0.8252	0.8591	
	Infomap	**0.9242**	**0.8967**	**0.9049**	**0.9130**	
	GraphEncoder	0.7148	0.5125	0.5525	0.6957	深度社团检测算法
	DNGR	0.9237	0.8816	0.8913	**0.9278**	
	DANE	**0.9263**	0.8889	0.8979	0.9043	
	SDCN	0.9234	**0.8938**	**0.9024**	**0.9130**	

表 4-2 各社团检测算法在引文网络数据集上的性能比较

数据集	评价指标	标准化互信息	调整兰德系数	F_1 分数	准确率	
Cora	Fast Greedy	**0.4792**	0.2676	0.3403	0.4247	传统社团检测算法
	LPA	0.4757	0.1478	0.1866	0.2421	
	Infomap	0.4740	0.0449	0.0566	0.1180	
	GraphEncoder	0.0123	0.0067	0.2167	0.2238	深度社团检测算法
	DNGR	0.4000	0.2751	0.4029	0.5004	
	DANE	**0.5381**	**0.4798**	**0.5738**	**0.7033**	
	SDCN	0.3577	**0.3204**	**0.4369**	**0.5949**	
Citeseer	Fast Greedy	0.3820	0.1211	0.1637	0.2376	传统社团检测算法
	LPA	**0.3962**	0.0330	0.0462	0.0838	
	Infomap	**0.4012**	0.0182	0.0243	0.0533	
	GraphEncoder	0.0107	0.0059	0.2142	0.2261	深度社团检测算法
	DNGR	0.0000	0.0000	0.3016	0.2107	
	DANE	0.2660	**0.1754**	**0.3372**	**0.4643**	
	SDCN	0.3203	**0.3150**	**0.4351**	**0.5848**	
Pubmed	Fast Greedy	0.2417	0.1808	0.3303	0.4157	传统社团检测算法
	LPA	0.2571	0.0892	0.1617	0.2264	
	Infomap	0.2500	0.0059	0.0111	0.0349	
	GraphEncoder	0.0013	0.0024	0.3961	0.3891	深度社团检测算法
	DNGR	**0.2684**	**0.2924**	**0.5680**	**0.6905**	
	DANE	**0.3015**	**0.2717**	**0.5352**	**0.6597**	
	SDCN	0.2042	0.1867	0.4722	0.6090	

进一步与深度社团检测模型得到的实验结果比较，可以看到，在小规模数据集上，一些传统的社团检测算法也已经达到了较好的效果，如 Football 数据集上 Infomap 算法已经具有很高的准确率，应用深度模型一般都能提升社团检测性能，但在有些情况下提升效果并不显著。而当数据集规模扩大后，传统社团检测算法的局限性就会凸显，此时，深度社团检测算法在性能提升上表现出较为明显的优势。

在深度社团检测算法提出的初期，当时的模型如 GraphEncoder 模型，仅仅利用了简单的栈式稀疏自编码器结构，尽管运行效率有所提升，但是在多个数据集上的性能都表现欠佳。而随着研究的发展，模型性能也有所提升。例如 DANE 模型和 SDCN 模型，利用了更多的数据信息，包括网络结构信息和节点属性信息，使得它们在引文网络数据集上的性能优于其他几个模型。DANE 模型在设计过程中不仅考虑到维持网络的一阶相似性，也注意到了需要维持网络的高阶相似性，使其能更精准有效地学习网络节点表征向量。SDCN 模型更是突破了社团检测问题的无监督学习场景限制，实现了端到端深度社团检测，并且充分利用了 DNN 学习网络属性信息和 GCN 学习网络结构信息的优势，将两者融合，得到较好的社团检测效果。

4.5　本章小结

社团检测问题作为网络科学研究领域中的一大分支，一直受到广泛关注，各类社团检测算法层出不穷。本章针对社团检测问题进行了详细的阐述，重点介绍了三种常见的传统社团检测算法和四种深度社团检测算法，并在社交网络数据集和引文网络数据集上将这几种算法加以应用，比较分析了它们的性能表现，帮助读者对社团检测有较为全面的了解。

参考文献

[1] Newman M E J. The structure and function of complex networks[J]. SIAM Review, 2003, 45(2): 167-256.

[2] Gong M, Cai Q, Chen X, et al. Complex network clustering by multiobjective discrete particle swarm optimization based on decomposition [J]. IEEE

Transactions on Evolutionary Computation,2013,18(1):82-97.

[3] Reddy P K, Kitsuregawa M, Sreekanth P, et al. A graph based approach to extract a neighborhood customer community for collaborative filtering[C]// International Workshop on Databases in Networked Information Systems, Aizu, 2002:188-200.

[4] Lewis A C F, Jones N S, Porter M A, et al. The function of communities in protein interaction networks at multiple scales[J]. BMC Systems Biology, 2010,4(1):1-14.

[5] Watts D J, Strogatz S H. Collective dynamics of 'small-world' networks[J]. Nature,1998,393(6684):440-442.

[6] Barabási A L, Albert R. Emergence of scaling in random networks[J]. Science, 1999,286(5439):509-512.

[7] Newman M E J. Modularity and community structure in networks[J]. Proceedings of the National Academy of Sciences,2006,103(23):8577-8582.

[8] Javed M A, Younis M S, Latif S, et al. Community detection in networks: A multidisciplinary review[J]. Journal of Network and Computer Applications, 2018,108:87-111.

[9] Lancichinetti A, Fortunato S. Community detection algorithms: A comparative analysis[J]. Physical Review E,2009,80(5):056117.

[10] Liu F, Xue S, Wu J, et al. Deep learning for community detection: Progress, challenges and opportunities[C]. Proceedings of the Twenty-Ninth International Joint Conference on Artificial Intelligence, Yokohama,2020:4981-4987.

[11] Newman M E J, Girvan M. Finding and evaluating community structure in networks[J]. Physical Review E,2004,69(2):026113.

[12] Clauset A, Newman M E J, Moore C. Finding community structure in very large networks[J]. Physical Review E,2004,70(6):066111.

[13] Danon L, Diaz-Guilera A, Duch J, et al. Comparing community structure identification[J]. Journal of Statistical Mechanics: Theory and Experiment, 2005,2005(09):P09008.

[14] Munkres J. Algorithms for the assignment and transportation problems[J]. Journal of the Society for Industrial and Applied Mathematics, 1957, 5(1):32-38.

[15] Newman M E J. Fast algorithm for detecting community structure in networks[J]. Physical Review E,2004,69(6):066133.

[16] Raghavan U N, Albert R, Kumara S. Near linear time algorithm to detect community structures in large-scale networks[J]. Physical Review E,2007,76(3):036106.

[17] Rosvall M,Bergstrom C T. Maps of random walks on complex networks reveal community structure[J]. Proceedings of the National Academy of Sciences, 2008,105(4):1118-1123.

[18] Tian F,Gao B,Cui Q,et al. Learning deep representations for graph clustering [C]// Proceedings of the AAAI Conference on Artificial Intelligence. Quebec City,2014,14:1293-1299.

[19] Rumelhart D E,Hinton G E,Williams R J. Learning representations by back-propagating errors[J]. Nature,1986,323(6088):533-536.

[20] Le Cun Y, Fogelman-Soulié F. Modèles connexionnistes de l' apprentissage [J]. Intellectica,1987,2(1):114-143.

[21] Ng A. Sparse autoencoder[J]. CS294A Lecture Notes,2011,72(2011):1-19.

[22] Vincent P, Larochelle H, Lajoie I, et al. Stacked denoising autoencoders: Learning useful representations in a deep network with a local denoising criterion[J]. Journal of Machine Learning Research, 2010, 11(12): 3371-3408.

[23] Cao S,Lu W,Xu Q. Deep neural networks for learning graph representations [C]// Proceedings of the AAAI Conference on Artificial Intelligence. Phoenix,2016,16:1145-1152.

[24] Bullinaria J A,Levy J P. Extracting semantic representations from word co-occurrence statistics:A computational study[J]. Behavior Research Methods, 2007,39(3):510-526.

[25] Perozzi B, Al-Rfou R, Skiena S. Deepwalk: Online learning of social representations[C]//Proceedings of the 20th ACM SIGKDD International Conference on Knowledge Discovery and Data Mining, New York, 2014: 701-710.

[26] Grover A,Leskovec J. node2vec:Scalable feature learning for networks[C]// Proceedings of the 22nd ACM SIGKDD International Conference on Knowledge Discovery and Data Mining,San Francisco,2016:855-864.

[27] Tang J, Qu M, Wang M, et al. Line: Large-scale information network embedding[C]//Proceedings of the 24th International Conference on World

Wide Web, Florence, 2015: 1067-1077.

[28] Gao H, Huang H. Deep attributed network embedding[C]//Twenty-Seventh International Joint Conference on Artificial Intelligence, Stockholm, 2018, 18: 3364-3370.

[29] Bo D, Wang X, Shi C, et al. Structural deep clustering network [C]// Proceedings of The Web Conference 2020, Taipei, 2020: 1400-1410.

第5章 图分类

现实世界的系统通常可以用网络来表示，如生物网络、社交网络、协作网络及软件网络等。随着网络数据量的不断增长，越来越多的研究开始关注图分类(Graph Classification)这一图数据挖掘任务。不同于节点分类，图分类是一种图层次上的网络分析任务，具有重要的实际应用价值。例如，在化合物网络中，图分类可用来区分不同性质的化合物，如判断化合物是否具有毒性；在生物制药领域，图分类可用来预测蛋白质的功能，降低资源成本及加快新药的研发等。本章将介绍图分类的基本概念以及几种具有代表性的算法，并将算法应用于实际的图分类问题。

5.1　图分类的基本概念

5.1.1　图分类

图分类，即识别数据集中图的类标签问题。在机器学习领域，图分类可以视为一项图层次（graph-level）上的、有监督的分类任务。具体而言，一个简单的图分类问题可以描述为：对于一个给定的图数据集合 $\Omega=\{G_i\}$，其中 $i=1,2,\cdots,|\Omega|$，任意一个图 $G_i=(V_i,E_i)$ 都具有节点集合 $V_i=\{v_{i1},v_{i2},\cdots,v_{iN}\}$ 和连边集合 $E_i\subseteq(V_i\times V_i)$，且每一个 G_i 都有一个对应的类别标签 $y_i\in C$，其中 $C=\{C_1,C_2,\cdots,C_K\}$ 是含有 K 种类标签的标签集合。图分类的目标就是学习一个映射模型 $\psi:\Omega\to C$ 来预测集合 Ω 中图的标签。通常，该模型是从一组具有已知类标签的训练集中学习得到的，然后使用一组测试图对模型性能进行评估。将预测的输出 $\hat{y}_i=\psi(G_i)$ 与真实的类标签 y_i 进行比较，可以测试分类模型的准确性。

5.1.2　评价指标

图分类中的常用评价指标主要有准确率和 F_1 分数[1]，计算方法如下。

（1）准确率

$$ACC=\frac{n_{correct}}{n_{all}} \tag{5-1}$$

其中，$n_{correct}$是分类正确的样本数，n_{all}是分类样本总数。

（2）F_1 分数

图分类中 F_1 分数的详细计算公式参见第 2 章。

5.2　基于手动特征的图分类

一般来说，手动提取特征方法主要依据相关研究经验，对给定网络数据提取基于网络结构的拓扑特征。特征提取后还可以进行特征筛选来组成最优的特征向量，然后将其作为机器学习等算法的输入进行图分类。在网络科学中，许多经典的拓扑属性在链路预测[2]、图分类[3]等方面得到了广泛的应用。与第 2.2 节所描述的节点统计信息或者邻域信息等微观局部特征不同，图分类所需要的特征是针对整个网络的宏观全局特征，获取网络宏观特征的一种简单操作方法就是对网络中的局部特征求和取平均。本节将介绍 11 种宏观的网络拓扑特征，具体描述如下。

（1）网络节点数 N：针对一个网络 $G=(V,E)$，网络中节点总数 $N=|V|$。

（2）网络连边数 M：针对一个网络 $G=(V,E)$，网络中连边总数 $M=|E|$。

（3）网络平均度 $\langle k\rangle$：节点度是指和该节点相关联的边或者节点的个数。节点度的表示如下：

$$k_i = \sum_{j=1}^{N} a_{ij} \tag{5-2}$$

其中，a_{ij}表示网络邻接矩阵的元素，N 为网络中的所有节点数。如果节点 v_i 和节点 v_j 之间存在连边，则 $a_{ij}=1$，否则 $a_{ij}=0$。可以用网络中所有节点的度的平均值来定义网络平均度，计算公式如下：

$$\langle k\rangle = \frac{1}{N}\sum_{i=1}^{N} k_i \tag{5-3}$$

（4）网络叶子节点百分比 P_{leaf}：网络中度值为 1 的节点叫作叶子节点。假设网络中叶子节点数为 F_{leaf}，那么网络中叶子节点百分比计算如下：

$$P_{leaf} = \frac{F_{leaf}}{N} \times 100\% \tag{5-4}$$

网络中叶子节点的数量在一定程度上可以描绘出网络中节点的连接程度，从而对网络的整体连接结构进行评估。

（5）网络平均聚类系数 C_{clus}：网络中所有节点聚类系数的平均值。整个网络的平均聚系数被定义为

$$C_{clus} = \frac{1}{N}\sum_{i=1}^{N} C_{clus}^{i} \tag{5-5}$$

其中，C_{clus}^{i}是节点 v_i 的聚类系数，其计算公式参见第 2 章。

（6）邻接矩阵的最大特征值 $\boldsymbol{\lambda}$：网络邻接矩阵 $\boldsymbol{A}$ 是一个 $N\times N$ 的矩阵。一个无向图的邻接矩阵 $\boldsymbol{A}$ 可能有 N 个特征值，我们选择矩阵 $\boldsymbol{A}$ 的最大特征值 $\boldsymbol{\lambda}$ 作为特征。

（7）网络密度 D_S：网络密度可以用来描述网络中所有节点间连边的密集程度，也被定义为网络中已存在的连边数与网络在全连接情况下连边数的比值。

在社交网络领域，D_S 可以用来评估网络中交友关系的密集程度及其整个社交网络的演化趋势。根据网络的节点数量 N 和连边数量 L，网络密度计算公式如下：

$$D_S = \frac{2M}{N(N-1)} \tag{5-6}$$

（8）网络平均介数中心性 C_B：介数中心性是一个基于最短路径的中心性度量标准。一个节点的介数中心性是指该节点担任其他两个节点之间最短路径的次数，次数越多，中心性越大。网络的平均介数中心性可以被定义为所有节点介数中心性的平均值：

$$C_B = \frac{1}{N}\sum_{i=1}^{N}\sum_{s \neq i \neq t}\frac{n_{st}^{i}}{g_{st}} \tag{5-7}$$

其中，g_{st}是节点 v_s 和 v_t 之间的最短路径数量；n_{st}^{i}是节点 v_s 和 v_t 之间经过节点 v_i 的最短路径数量。

（9）网络平均接近中心性 C_C：接近中心性是一个关于最短路径的指标。一个节点的接近中心性被定义为该节点与其他节点之间的最短路径长度平均值的倒数。对于一个节点而言，它距离其他节点越近，那么它的中心度越高。如在现实中，一个社区的大型公共设施位于这个社区的中心，与社区内住户的普遍距离相对来说更近，那么这个公共设施的平均接近中心性就比较高。基于节点接近中心性，定义网络的平均接近中心性为

$$C_C = \frac{1}{N}\sum_{i=1}^{N}\frac{N}{\sum_{j=1}^{N} d(i,j)} \tag{5-8}$$

其中，$d(i,j)$表示从节点 v_i 到节点 v_j 之间的最短路径长度。

（10）网络平均特征向量中心性 C_E：特征向量中心性是一个关于节点邻居的评价指标。一个节点的重要性不仅仅取决于其邻居节点的数量，还取决于其邻居节点的重要性。换句话说，一个重要邻居节点对所连接节点的贡献度比一个普通邻居节点的贡献度更大。特征向量中心性是评估一个节点重要性的度量标准，可以使用所有节点特征向量中心性的平均值作为网络的平均特征向量中心性，计算如下：

$$C_E = \frac{1}{N}\sum_{i=1}^{N} x_i \tag{5-9}$$

其中，x_i 表示节点 v_i 的重要性，其计算公式参见第 2 章。

（11）网络平均邻居度 D_N：节点的邻居度值由其所有邻居节点度的平均值计算得到。网络的平均邻居度值由以下公式计算得到：

$$D_N = \frac{1}{N}\sum_{i=1}^{N}\frac{1}{|\mathcal{N}_i|}\sum_{v_j \in \mathcal{N}_i} k_j \tag{5-10}$$

其中,$\mathcal{N}_i$ 表示节点 v_i 的邻居集合,k_j 表示节点 $v_j \in \mathcal{N}_i$ 的度值。

在上述 11 个特征中,节点数 N、连边数 M、平均度 $\langle k \rangle$ 和网络密度 D_S 是网络最基本的属性[4]。平均聚类系数 C_{clus}[5]也是网络中常用的连边密度量化指标。网络叶子节点百分比 P_{leaf} 可以用于区分一个网络是树状结构还是环状结构。邻接矩阵的最大特征值 λ 是一个图的同构不变量,可以用来评估很多静态属性,如网络连通性、网络直径等。平均邻居度 D_N 可以捕获网络中节点的二阶邻居(2-hop)信息。此外,中心性度量是评价网络中节点重要性的重要指标,因此还使用平均介数中心性 C_B、平均接近中心性 C_C 和平均特征向量中心性 C_E 来描述网络的全局结构。

基于手动特征(Handcrafted)的图分类方法可以依据网络数据的结构来提取对应的拓扑特征,可准确地捕捉节点和整体网络的结构信息,是一种简单的、具有强解释性的图表征方法。

5.3 基于图核的图分类

图核已经成为解决图分类问题的一种成熟且广泛使用的技术。1999 年 Haussler 提出的 R-convolution 理论[6]是现今大多数图核方法构建的理论基石。该理论的核心思想是利用两图之间的核值(kernel value)与递归分解后的子图之间的相似程度有关这一条件来设计一种图的分解方法。这种分解方法可以将图递归分解成子树、最短路径等子图,并基于上述子图进一步计算核值。随着图数据挖掘领域的不断发展,图核函数逐渐成为一种学习图结构数据的流行方法。图核函数可以测量图与图之间的结构相似性,并且可以作为支持向量机等算法的核函数使用[7-9]。随着图核分类方法在图结构数据上的成功应用,图核领域涌现出了大量的研究工作,特别是在过去 15 年,提出了大量的图核模型,这些图核模型按照图分解方法主要分为三类:基于游走的图核[10,11]、基于最短路径的图核[12-14]和基于 WL 子树的图核[14-16]。本节将介绍这三类图核方法中的经典算法。

5.3.1 基于随机游走的图核

随机游走核[11](Random Walk Kernel,RW 核)是一种基于随机游走的图核算法。该算法的核心思想是：对两个不同的图分别同时进行随机游走并计算匹配游走的次数。

为了说明此思想，这里引入了直积图的概念。给定两个图 $G(V,E)$ 和 $G'(V',E')$，其直积图可以表示为 $G_{\times}(V_{\times},E_{\times})$，其中节点集合 $V_{\times}$ 与连边集合 $E_{\times}$ 分别表示为

$$V_{\times}=\{(v_i,v'_r):v_i\in V,v'_r\in V'\} \tag{5-11}$$

$$E_{\times}=\{((v_i,v'_r),(v_j,v'_s)):(v_i,v_j)\in E,(v'_r,v'_s)\in E'\} \tag{5-12}$$

从图 5-1 可以看出，直积图 $G_{\times}$ 是图 G 和图 G' 的节点对图，也就是说，直积图 $G_{\times}$ 中的节点是图 G 和图 G' 中的节点所组成的节点对，且直积图 $G_{\times}$ 中的两个节点有连边的充分必要条件是其对应于图 G 和图 G' 的节点分别是邻居关系。直积图的每个节点被标记为一个节点对，当且仅当两个图中对应的节点相邻时，直积图中就存在一条连边。例如，节点 11′和 32′是相邻的，因为图 G 中节点 1 和 3 之间有一条边，图 G' 中节点 1′和 2′之间有一条边。如果 $\boldsymbol{A}$ 和 $\boldsymbol{A}'$ 分别是图 G 和图 G' 的邻接矩阵，那么直积图 $G_{\times}$ 的邻接矩阵可以计算为

$$\boldsymbol{A}_{\times}=\boldsymbol{A}\otimes\boldsymbol{A}' \tag{5-13}$$

其中 $\otimes$ 为直积符号。

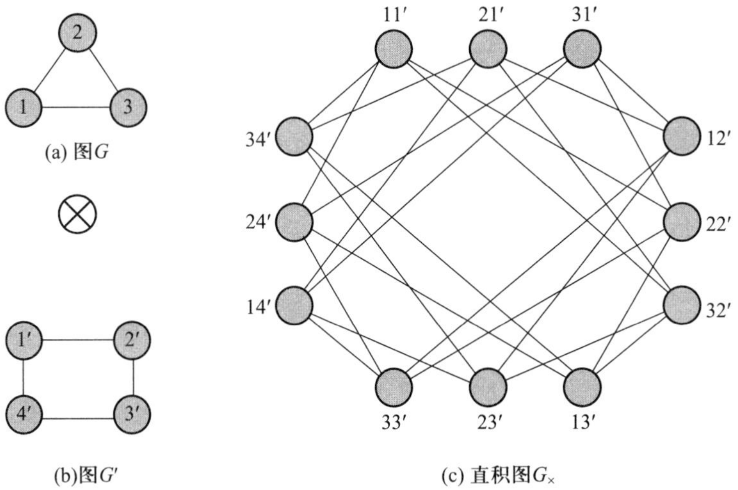

图 5-1　两个图和它们的直积图（取自文献[11]）

接下来，当图 G 的连边带有标签时，令 $\mathcal{X}$ 表示标签集合，其中包含特殊标签 ζ，标签矩阵 $\boldsymbol{X}\in\mathcal{X}^{N\times N}$，其中 X_{ij} 表示连边 (v_i,v_j) 的标签；若 $(v_i,v_j)\notin E$，则 $X_{ij}=\zeta$。设 $\mathcal{H}$ 为核函数 $\kappa:\mathcal{X}\times\mathcal{X}\to\mathbb{R}$ 引导的再生核希尔伯特空间（RKHS），令函数 $\phi:\mathcal{X}\to\mathcal{H}$ 为特征映射函数，特殊标签 ζ 被映射为 $\mathcal{H}$ 中的 0 值。进而，$\boldsymbol{\phi}(\boldsymbol{X})$ 表示图 G 的特征

矩阵,图 G'同理。对于图 G 和 G',令 $|V|:=N$, $|V'|:=N'$,则直积图 $G_\times$的权重矩阵 $\boldsymbol{W}_\times \in \mathbb{R}^{NN'\times NN'}$可以计算为

$$\boldsymbol{W}_\times = \boldsymbol{\phi}(\boldsymbol{X}) \otimes \boldsymbol{\phi}(\boldsymbol{X}') \tag{5-14}$$

简单地,令 $\mathcal{H}=\mathbb{R}$,经 $\phi(X_{ij})=\dfrac{1}{e_i}$归一化,其中 e_i 表示连边的特征值,那么 $\boldsymbol{\phi}(\boldsymbol{X})=\boldsymbol{A}$, $\boldsymbol{\phi}(\boldsymbol{X}')=\boldsymbol{A}'$,公式(5-14)退化为直积图的邻接矩阵 $\boldsymbol{W}_\times=\boldsymbol{A}_\times$。因此,可以作出如下设定:如果直积图中存在一条连边,且 G 和 G'中对应的连边具有相同的标签 a,则权重矩阵 $\boldsymbol{W}_\times$存在一个非零元素。设 $\boldsymbol{A}^a$ 为经标签 a 过滤的归一化邻接矩阵,即如果 $X_{ij}=l$,那么 $A^a_{ij}=A_{ij}$,否则为 0。根据以上描述,权重矩阵可以重新表示为

$$\boldsymbol{W}_\times = \sum_{a=1}^{|\mathcal{X}|} \boldsymbol{A}^a \otimes (\boldsymbol{A}^a)' \tag{5-15}$$

对直积图 $G_\times$进行随机游走等价于对图 G 和图 G'同时进行随机游走[17]。如果 $\boldsymbol{p}_s$ 和 $\boldsymbol{p}'_s$分别表示在 G 和 G'节点上游走的初始概率分布,那么在直积图 $G_\times$上对应的初始概率分布为 $\boldsymbol{p}_\times:=\boldsymbol{p}_s\otimes\boldsymbol{p}'_s$。同样地,如果 $\boldsymbol{q}_e$ 和 $\boldsymbol{q}'_e$是停止概率(即随机游走在给定节点结束的概率),那么直积图上的停止概率为 $\boldsymbol{q}_\times:=\boldsymbol{q}_e\otimes\boldsymbol{q}'_e$。$\boldsymbol{A}^l_\times$的第($(i-1)n'+t$, $(j-1)n'+s$)项元素表示在 G(从节点 v_j 开始,到节点 v_i 结束)和 G'(从节点 v_s 开始,到节点 v_t 结束)上同时进行长度为 l 的随机游走的概率。$\boldsymbol{W}_\times$中的元素表示边与边之间的相似度:$W^l_\times$的第($(i-1)n'+r$, $(j-1)n'+s$)项元素表示在 G 和 G'上同时进行长度为 l 的随机游走的相似度,该相似度通过核函数 κ 测量获得。已知初始概率和停止概率分布 $\boldsymbol{p}_\times$和 $\boldsymbol{q}_\times$,可以计算 G 和 G'上同时进行长度为 l 的随机游走的期望相似度 $\boldsymbol{q}^{\mathrm{T}}_\times\boldsymbol{W}^l_\times\boldsymbol{p}_\times$。

定义计算 G 和 G'之间相似性内核的一个自然的想法是简单地将所有 l 值对应的期望相似度 $\boldsymbol{q}^{\mathrm{T}}_\times\boldsymbol{W}^l_\times\boldsymbol{p}_\times$进行累加。然而,这个累加和可能不收敛,从而导致该核值无法定义。为了解决这个问题,该算法进一步引入了非负系数 $\mu(l)$来定义 G 和 G'之间的随机游走核函数:

$$\kappa_{RW}(G,G') := \sum_{l=0}^{\infty}\mu(l)\boldsymbol{q}^{\mathrm{T}}_\times \boldsymbol{W}^l_\times \boldsymbol{p}_\times \tag{5-16}$$

该随机游走内核的定义非常灵活,它为内核设计者提供了许多参数,可以根据特定的应用程序进行调整:适当选择 $\mu(l)$来强调不同步长的影响;如果一个特定应用的初始概率和停止概率已知,那么这个先验知识就可以被纳入核函数中;最后,可以通过权重矩阵 $\boldsymbol{W}_\times$加入适当的核或连边之间的相似度量。

5.3.2 基于最短路径的图核

本节将介绍另一种核函数,最短路径核[13](Shortest Path kernel,SP 核),其核

心思想是利用图中所有节点对的最短路径长度来衡量图之间的相似性。

在 SP 核中,最重要的是计算原始图中每一对节点的最短路径长度以及最短路径的条数。确定图中的最长路径是一个非确定性多项式困难(NP-hard)问题,因为它需要确定一个图中是否包含哈密顿路径(Hamilton path)。然而,在图中计算最短路径是一个可以用多项式时间求解的问题[13]。一些著名的算法,如 Dijkstra 算法[18](用于计算从某一节点出发到任何其他节点的最短路径)和 Floyd-Warshall 算法[19](用于计算所有节点对之间的最短路径),分别可以在 $O(NM+N^2\log N)$ 和 $O(N^3)$ 时间复杂度内确定最短路径。

在图 G 中,所有节点对之间最短路径的集合被记作 $D(G)$。对于给定的两个图 G_1 和 G_2,SP 核可以定义为

$$\kappa_{SP}(G_1,G_2)=\sum_{d_1\in D(G_1)}\sum_{d_2\in D(G_2)}\kappa(d_1,d_2) \tag{5-17}$$

其中 κ 是一个正定核函数,用来判断两个最短距离值是否相等,通常被定义为指示函数 I(indicator function)。据此,得到 SP 核的另一种定义:

$$\kappa_{SPI}(G_1,G_2)=\sum_{d_1\in D(G_1)}\sum_{d_2\in D(G_2)}I[d_1=d_2] \tag{5-18}$$

这种方式定义的 SP 核被称为最短路径索引核(SPI kernel,SPI 核)。显然,$\kappa_{SPI}(G_1,G_2)$是 G_1 和 G_2 的 SPI 特征向量的内积。

进一步,SPI 核可以被扩展到广义最短路径核(GSP kernel,GSP 核)。值得注意的是,GSP 核是通过使用最短路径的数量来定义的。对于给定的图 G,用 $ND(G)$表示 G 中所有节点对之间最短路径数的集合,进而 GSP 核可以被定义为

$$\begin{aligned}&\kappa_{GSP}(G_1,G_2)\\&=\sum_{d_1\in D(G_1)}\sum_{d_2\in D(G_2)}\sum_{t_1\in ND(G_1)}\sum_{t_2\in ND(G_2)}\kappa(d_1,d_2,t_1,t_2)\end{aligned} \tag{5-19}$$

如果两个节点对有相同的最短距离和相同的最短路径数,那么就认为这两个节点对等价。这就产生了广义最短路径索引核(GSPI kernel,GSPI 核)的定义:

$$\begin{aligned}&\kappa_{GSPI}(G_1,G_2)\\&=\sum_{d_1\in D(G_1)}\sum_{d_2\in D(G_2)}\sum_{t_1\in ND(G_1)}\sum_{t_2\in ND(G_2)}I[d_1=d_2]I[t_1=t_2]\end{aligned} \tag{5-20}$$

不难看出,$\kappa_{GSPI}(G_1,G_2)$等价于图 G_1 和 G_2 的 GSPI 特征向量的内积。

在研究过程中,可能只对图中每个节点对的一条最短路径感兴趣,因此可以不存储该节点对的其他最短路径,直接存储图中所有节点对之间的最短路径数,且不增加算法的运行时间。这意味着可以同时显式地计算 SP 核、SPI 核与 GSPI 核所对应的特征向量。

在实际应用中,真实网络往往具有较大规模,最短路径的数量也非常庞大,这就造成了特征向量维度的灾难式增长。解决这一问题的方法是[13]:将最短路

径的数量值进行“装箱”并分批处理。如果最短路径的数量值大小足够接近，则认为最短路径的数量是相等的。例如，将最短路径的数量值序列{1,2,…,100}装箱处理为{[1,10],[11,20],…,[91,100]}，并认为在一个特定区间内的所有数字都是相等的。这一操作技巧将在一定程度上减少特征向量的维数，加快图核函数的计算。

5.3.3 基于 WL 子树的图核

WL 子树核(Weisfeiler-Lehman Subtree Kernel)与上述两类图核方法的特征向量的计算方法不同。对于 WL 子树核，给定两个图 G_1 和 G_2，设 Σ_0 为 G_1 和 G_2 中的原始节点标号集合。当 Weisfeiler-Lehman 算法在图 G_1 和 G_2 上第 i 次迭代结束时，可以得到当前迭代下的节点标号集合 $\Sigma_i \in \Sigma$，其中 $\Sigma_i = \{\sigma_{i1}, \cdots, \sigma_{i|\Sigma_i|}\}$ 的每个元素表示在 G_1 或 G_2 中出现至少一次的节点标号，并且按照字典顺序排列。具体地，元素 $\sigma_{ij} \in \Sigma_i$ 表示第 i 次迭代后的集合中的第 j 个节点标号。算法迭代中产生的任意节点标号集合 Σ_i 和 Σ_j 是两两不相交的。为了获取两个图的相似性信息，定义函数 $c_i(G,\sigma_{ij})$ 来计算节点标号 σ_{ij} 在图 G 中出现的次数，例如 $c_i(G_1,\sigma_{ij})$ 和 $c_i(G_2,\sigma_{ij})$ 表示第 i 次迭代后产生的节点标号 σ_{ij} 分别在图 G_1 和 G_2 中出现的次数。

根据上述描述，在图 G_1 和 G_2 上 h 次迭代的 WL 子树核的计算公式可以定义为

$$\boldsymbol{\kappa}_{WLst}^{(h)}(G_1, G_2) = \langle \boldsymbol{\phi}_{WLst}^{(h)}(G_1), \boldsymbol{\phi}_{WLst}^{(h)}(G_2) \rangle \tag{5-21}$$

其中，

$$\begin{aligned}&\boldsymbol{\phi}_{WLst}^{(h)}(G_1)\\&= (c_0(G_1,\sigma_{01}), \cdots, c_0(G_1,\sigma_{0|\Sigma_0|}), \cdots, c_h(G_1,\sigma_{h1}), \cdots, c_h(G_1,\sigma_{h|\Sigma_h|}))\end{aligned} \tag{5-22}$$

$$\begin{aligned}&\boldsymbol{\phi}_{WLst}^{(h)}(G_2)\\&= (c_0(G_2,\sigma_{01}), \cdots, c_0(G_2,\sigma_{0|\Sigma_0|}), \cdots, c_h(G_2,\sigma_{h1}), \cdots, c_h(G_2,\sigma_{h|\Sigma_h|}))\end{aligned} \tag{5-23}$$

图 5-2 是 WL 子树核在图 G_1 和 G_2 上的计算示意图。可见 WL 子树核的一次迭代计算大致分为以下几个步骤：给定两个原始图 G_1 和 G_2；提取每个节点的根子树，并标记为该节点的有序字符；将所有字符进行排序，并按照原始标签顺序依次压缩为新的标签；获得一次迭代后节点重新编码的网络。进一步，可以统计不同标签字符在图 G_1 和 G_2 中的出现次数并表示为其对应的特征向量：

$$\boldsymbol{\phi}_{WLst}^{(1)}(G_1) = (1,1,1,1,1,1,1,1,0,1,1,1,0,1,0) \tag{5-24}$$

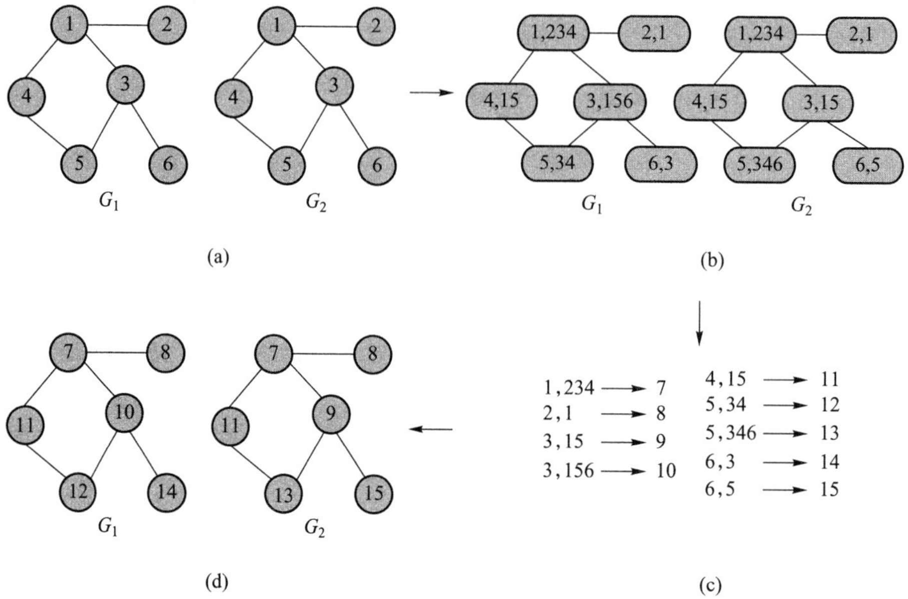

图 5-2　WL 子树核在图 G_1 和 G_2 上的一次迭代计算示意图

$$\boldsymbol{\phi}_{WLst}^{(1)}(G_2)=(1,1,1,1,1,1,1,1,1,0,1,0,1,0,1) \tag{5-25}$$

其中,向量中的前 6 位为原始图中节点标签{1,2,3,4,5,6}的数量,后 9 位是压缩节点标签{7,8,9,10,11,12,13,14,15}的数量。进一步,可以得到这两个图一次迭代后的 WL 子树核相似度计算:

$$\kappa_{WLst}^{(1)}(G_1,G_2)=\langle\boldsymbol{\phi}_{WLst}^{(1)}(G_1),\boldsymbol{\phi}_{WLst}^{(1)}(G_2)\rangle=9 \tag{5-26}$$

可以看出,WL 子树核的函数运算是内积运算。对于给定的迭代次数 $i\in\{0,1,\cdots,h_{iter}\}$,任意两个图 G_1 和 G_2 最终的相似度计算公式为

$$\begin{aligned}\kappa_{WLst}^{(i)}(G_1,G_2)&=\langle\boldsymbol{\phi}_{WLst}^{(i)}(G_1),\boldsymbol{\phi}_{WLst}^{(i)}(G_2)\rangle\\&=\sum_{n=0}^{i}\sum_{j=1}^{|\Sigma_i|}c_n(G_1,\sigma_{nj})c_n(G_2,\sigma_{nj})\end{aligned} \tag{5-27}$$

5.4　基于图嵌入的图分类

近年来,嵌入技术在自然语言处理(Natural Language Processing,NLP)领域取

得的成功促使研究人员探索了多种图嵌入方法，如 DeepWalk[20]、node2vec[21]以及 LINE[22]等。网络嵌入可以结合现有的机器学习算法进行具体的图挖掘任务，如第 2 章和第 3 章中提到的节点分类和链接预测。然而，这些工作主要集中在学习节点的特征表示上，不适用于图分类、社团检测等直接依赖于子图的任务。本节将介绍两种全图层面的嵌入表示方法。

5.4.1 subgraph2vec

subgraph2vec[23]是一种从大型图中学习根子图潜在表示的方法，其灵感来自深度学习和图核的最新研究进展。通过对图核的研究与分析，现有图核方法有两点不足：

(1) 大多数图核方法忽视了原图与派生图之间的结构相似性。

图 5-3 展示了一个著名的 Android 恶意软件 DroidKungFu (DKF)[24]的 API 依赖子图。DKF 的这组子图是关于在互联网上泄露用户私人信息，并在未经用户同意的情况下发送付费短信等违法行为的关系图。其中，图 5-3(a)、图 5-3(b)和图 5-3(c)分别表示由根节点 getSystemServices 的 1 阶、2 阶和 3 阶邻居组成的子图，图 5-3(b)可以由图 5-3(a)通过添加一个节点和一条边得到，图 5-3(c)以类似的方式派生；图 5-3(d)与其他图的差异较大，不能简单地从其中任何一个图推导出来。可以看出，前 3 个子图之间具有高度的结构相似性，然而大多数核函数在算法设计上忽略了这些子图的相似性，并将每个子图视为单独的特征。

(2) 对角优势，即特征相似矩阵对角线上的值远大于其他位置上的值。图中的子结构被视为独立的特征，然而特征空间的维数往往随子结构的数量呈指数级增长，这就造成了维数的爆炸式增长。在大量的子结构中，只有少数的子结构在图中是通用的，这导致了特征矩阵中的对角线优势。也就是说，一个给定的图与它自己相似，但与数据集中的任何其他图都不一样。显然，这将影响算法的精度。

虽然 Deep Graph Kernel[25]结合深度嵌入模型解决了上述问题，但在解决子图嵌入的过程中引入了 3 个假设：(1)只有具有相同度值的根子图才被认为在同一上下文中共存。也就是说，不管连接子图的路径长度和路径数量是否相同或者它们是否共享相同的节点或连边，任意两个相同度值的子图都可以认为共存于同一上下文。例如在图 5-3 中，Deep Graph Kernel 认为图 5-3(a)和图 5-3(d)是存在于同一上下文的，因为它们的度值都为 1。然而实际上，它们没有任何共享部分，是非常不相似的。因此，这个假设使得在同一图邻域中不会同时出现的子图却在同一上下文中共存。(2)任何两个不同度值的根子图绝不会在同一上下文中同时出现。相似地，Deep Graph Kernel 认为图 5-3 中的前 3 个子图不会在同一上下文中共存。因此，这一假设导致了在同一图邻域中同时出现的子图却不会在同一上下文中共存。(3) 给定图中的任何一个根子图在其上下文中都有完全相同数量的子图。subgraph2vec 方法认为，这一假设明显违背了网络的拓扑邻域结构，是不成立的。因此，上述 3 个假设为子图在上下文中共现这一问题设置了限制，致使嵌入结果质量下降。

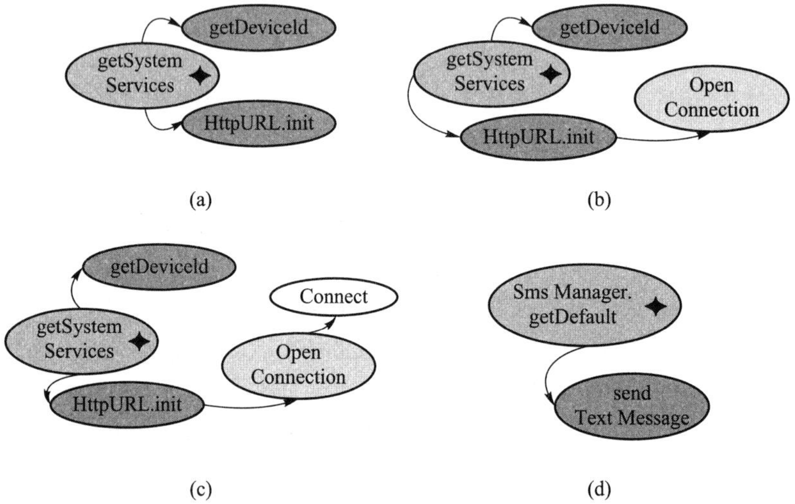

图 5-3　API 依赖子图中一组根子图的依赖模式(取自文献[24])

为了学习准确的子图嵌入，subgraph2vec 框架拓展了 WL 重标签算法，为给定子图定义合适的上下文环境；进一步，对 Skip-Gram 模型进行了改进，使其能够捕捉由不同子图产生的不同大小的径向上下文。下面将对 subgraph2vec 算法进行详细介绍。

对于给定的图 $G(V,E)$，其中 V 和 $E\in(V\times V)$ 分别表示节点和连边的集合。如果存在函数 $\varphi:V\rightarrow C$ 使得图中每一个节点 $v\in V$ 可以被分配一个唯一标签 $y\in C$，那么图 G 是一个标记图。如果存在一个单射映射 $f:V_{sg}\rightarrow V$ 使得 $(v_1,v_2)\in E_{sg}$ 的同时 $(f(v_1),f(v_2))\in E$，那么 $sg(V_{sg},E_{sg},\varphi_{sg})$ 是 G 的一个子图。给定一组图 $\Omega=\{G_1,G_2,\cdots\}$ 和正整数 $\mathcal{E}$，针对每个图 $G_i\in\Omega$ 中的每个节点提取度值为 $0<d<\mathcal{E}$ 的所有根子图作为词汇表 $SG_{vocab}=\{sg_1,sg_2,\cdots\}$。进一步，为每个子图学习 F 维分布式表示。所有子图的嵌入矩阵表示为 $\mathbf{Z}\in\mathbb{R}^{|SG_{vocab}|\times F}$。这些嵌入表征可以在连续向量空间中编码语义子结构之间的依赖关系，更易于进一步被统计模型用于图分类等任务。详细算法参见算法 5-1。

算法 5-1 subgraph2vec($\boldsymbol{\Omega},\boldsymbol{D},\boldsymbol{\delta},\boldsymbol{e}$)算法

输入:	图集合 $\Omega=\{G_1,G_2,\cdots,G_n\}$;子图的最大度值 $\mathcal{E}$;嵌入表征维度 F;epoch 的数量 $\mathfrak{e}$;
输出:	子图的嵌入矩阵 $\mathbf{Z}\in\mathbb{R}^{\lvert SG_{vocab}\rvert\times F}$;

构建图集合 Ω 的子图词汇表 $SG_{vocab}=\{sg_v^{(d)}\}$

初始化子图嵌入矩阵 $\mathbf{Z}\subset\mathbb{U}^{\lvert SG_{vocab}\rvert\times F}$

for $e=1$ to $\mathfrak{e}$ do

  随机打乱图集合 $\mathfrak{S}=Shuffle(\Omega)$

  for each $G_i\in\mathfrak{S}$ do

    for each $v\in V_i$ do

      for $d=0$ to $\mathcal{E}$ do

        获取 WL 根子图 $sg_v^{(d)}$:=GetWLSubgraph(v,G_i,d)

        为 WL 根子图学习嵌入 RadialSkipGram($\mathbf{Z},sg_v^{(d)},G_i,\mathcal{E}$)

      end

    end

  end

end

返回 $\mathbf{Z}$

与语言模型建模类似,subgraph2vec 学习嵌入表征所需的唯一输入是语料库和子图词汇表。对于给定的一个图数据集,subgraph2vec 将每个根子图周围的所有根子图的邻域作为其语料库,将每个图中每个节点周围的所有根子图的集合作为其词汇表。根据子图及其上下文的语言模型训练过程,subgraph2vec 学习预期的子图嵌入。

子图提取过程见算法 5-2。该算法采用了 WL 重新标记方法,以根节点 v、图 G 和子图的邻居度值 d 作为输入,并返回预期的子图 $sg_v^{(d)}$。当 $d=0$ 时,不需要提取子图,因此返回节点 v 的标签;对于 $d>0$,获取 v 的所有(宽度优先)邻居 v',然后对于每个相邻的节点 v',获取其度为 $d-1$ 的子图,并保存在 $M_v^{(d)}$ 中;最后,得到根节点 v 的度值为 $d-1$ 的子图,并将其与排序后的 $M_v^{(d)}$ 连接起来,以获得所有预期的子图 $sg_v^{(d)}$。

算法 5-2 GetWLSubgraph(v,G,d)算法

输入：	根节点 v；输入图 $G(V,E,\varphi)$；提取子图的邻居度值 d；
输出：	根节点 v 的度值为 d 的根子图 $sg_v^{(d)}$；

初始化根子图 $sg_v^{(d)}=\{\}$

if $d=0$

　　返回节点 v 的标签赋值给根子图 $sg_v^{(d)}:=\varphi(v)$

else

　　获取邻居集合 $\mathcal{N}_v:=\{v' \mid (v,v')\in E\}$

　　获取 WL 根子图集合 $M_v^{(d)}:=\{\text{GetWLSubgraph}(v',G,d-1) \mid v'\in\mathcal{N}_v\}$

　　更新根子图 $sg_v^{(d)}:=sg_v^{(d)}\cup \text{GetWLSubgraph}$

　　将根子图与排序后的根子图集合合并$(v,G,d-1)\oplus sort(M_v^{(d)})$

返回 $sg_v^{(d)}$

一旦完成根节点 v 周围的子图 $sg_v^{(d)}$ 的提取，算法 5-1 将继续使用径向 Skip-Gram 模型学习其嵌入表示。算法 5-3 给出了 RadialSkipGram 算法。在自然语言处理模型中，Skip-Gram 模型用来迭代给定句子中所有可能的单词搭配。在每次迭代中，它将句子中的一个单词作为目标单词，将出现在其窗口中的单词作为上下文单词。如果用构建节点嵌入表征的视角来建模线性子结构，这在图上是可行的[20]。然而，与传统文本语料库中的词不同，子图不具有线性共现关系。因此，该算法使用根节点的邻居（宽度优先）作为它的上下文，这也同时遵循了 WL 重标记过程的定义。为此，该算法定义子图 $sg_v^{(d)}$ 的上下文为度 $d-1,d,d+1$ 的子图的多重集合。很显然，所定义的上下文环境是径向的而非线性的。

算法 5-3 RadialSkipGram($Z,sg_v^{(d)},G,\mathcal{E}$)算法

输入：	根子图 $sg_v^{(d)}$；输入图 $G(V,E)$；邻居度阈值 $\mathcal{E}$；
输出：	根子图 $sg_v^{(d)}$ 的嵌入 $\mathbf{Z}$；

初始化上下文 $context_v^{(d)}=\{\}$

for $v'\in\mathcal{N}(v)$ do

　　for $i\in\{d-1,d,d+1\}$ do

　　if $i\geqslant 0$ and $i\leqslant\mathcal{E}$

　　　更新上下文 $context_v^{(d)}=context_v^{(d)}\cup \text{GetWLSubgraph}(v',G,i)$

end
end
for each $sg_{context} \in context_v^{(d)}$ do
$\mathcal{L}(\mathbf{Z}) = -\log Pr(sg_{context} \mid \mathbf{Z}(sg_v^{(d)}))$
更新嵌入 $\mathbf{Z} = \mathbf{Z} - \alpha \dfrac{\partial \mathcal{L}}{\partial Z}$
end

subgraph2vec 学习到的子图向量不仅可以与分类器(如 CNN、SVM 和关系数据聚类算法)结合使用,还可以用于构建 WL 图核的深度学习变体以达到更高的准确性。

5.4.2　graph2vec

如果说 subgraph2vec 是通过使用语言嵌入模型对图核方法中的缺点进行补足的一次探讨,那么 graph2vec[26] 的重点则是初次将图与自然语言模型中的文档进行类比的一种新的尝试。如图 5-4 所示,graph2vec 将整个图(graph)类比为文档(document),将图中每个节点周围的根子图(rooted subgraph)视为组成文档的单词(word),从而通过扩展文档嵌入模型以获得图的嵌入表示模型。

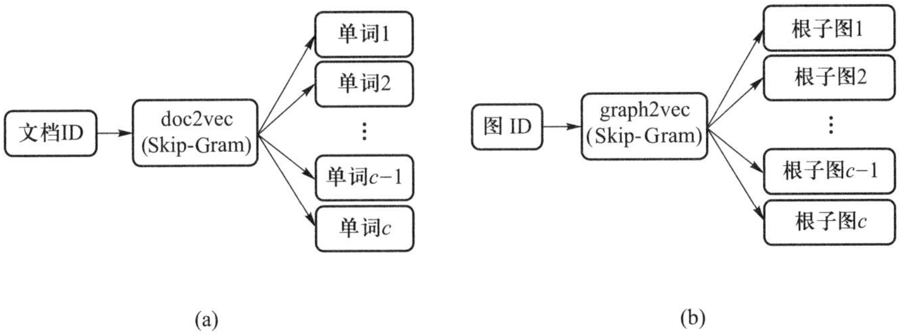

图 5-4　(a) doc2vec 的 Skip-Gram 模型,(b) graph2vec 的 Skip-Gram 模型(取自文献[26])

graph2vec 是一种无监督的图表征算法,该算法认为由根子图构成图的方式和由词构成句子或段落的方式相同,进而参考了 doc2vec 的算法设计思路。

doc2vec[27] 是在 2014 年提出的一种语言嵌入模型,它将学习单词的嵌入推广到了单词序列的嵌入,是对 word2vec[28] 的直接扩展。doc2vec 使用了 Skip-Gram 模型的一个实例,即段落向量分布式单词(PV-DBOW)(也称为 doc2vec

Skip-Gram)。PV-DBOW 能够学习任意长度的单词序列的表示,如句子、段落甚至整个大型文档。对于给定的一组文档 $Doc=\{doc_1, doc_2, \cdots, doc_l\}$,从文档 $doc_i \in Doc$ 中采样一组单词序列 $w(doc_i)=\{w_1, w_2, \cdots, w_{l_i}\}$,doc2vec 可以为文档 doc_i 和单词 w_j 分别学习一个 F 维的嵌入表征向量,即 $\boldsymbol{doc}_i \in \mathbb{R}^F$ 和 $\boldsymbol{w}_j \in \mathbb{R}^F$。针对文档 doc_i 的上下文中出现的单词 $w_j \in w(d_i)$,doc2vec 模型需要最大化以下 log 似然:

$$\sum_{j=1}^{l_i} \log Pr(w_j \mid doc_i) \tag{5-28}$$

其中,$Pr(w_j \mid doc_i)$定义为

$$Pr(w_j \mid doc_i) = \frac{\exp(\boldsymbol{doc}_i \cdot \boldsymbol{w}_j)}{\sum_{w \in \mathcal{V}} \exp(\boldsymbol{doc}_i \cdot \boldsymbol{w})} \tag{5-29}$$

其中,$\mathcal{V}$ 是文档 Doc 中所有单词的词汇表。公式(5-29)可以有效地使用负抽样进行训练。graph2vec 将图类比为由根子图组成的文档,将根子图类比为来自特定语言的单词,自然地,可以将文档嵌入模型扩展到图嵌入模型。

graph2vec 算法主要包括两部分:根子图提取和图嵌入。如算法 5-4 所示,在每一个 $\mathfrak{e}$ 中,算法可以学习数据集 Ω 中所有图的 F 维嵌入。首先随机初始化数据集中所有图的嵌入;随后,提取每个图中每个节点周围的根子图,并迭代学习(更新)相应的图嵌入。

算法 5-4　graph2vec($\Omega, \mathcal{E}, F, \mathfrak{e}, \alpha$)算法

输入:	图集合 $\Omega=\{G_1, G_2, \cdots, G_{\lvert\Omega\rvert}\}$;根子图的最大度值 $\mathcal{E}$;嵌入维度 F;epoch 的数量 $\mathfrak{e}$;学习率 α;
输出:	子图的嵌入矩阵 $\mathbf{Z} \in \mathbb{R}^{\lvert\Omega\rvert \times F}$;

```
初始化嵌入矩阵 Z ∈ R^{|Ω|×F}
for e = 1 to 𝔢 do
    随机打乱图集合 𝔖 = Shuffle(Ω)
    for each G_i ∈ 𝔖 do
        for each v ∈ V_i do
            for d = 0 to ℰ do
                获取根子图 sg_v^(d) := GetWLSubgraph(v, G_i, d) //详见算法 5-2
                ℒ(Z) = -log Pr(sg_v^(d) | Z(G_i))
                更新嵌入 Z = Z - α ∂ℒ/∂Z
```

```
            end
        end
    end
end
返回嵌入矩阵 Z
```

graph2vec 以一种完全无监督的方式学习图的嵌入，为图的相似度计算提供了一种直观有效的解决方案，有利于图分类任务的完成。

5.5 基于深度学习的图分类

图神经网络(GNN)[29-32]是一种可以在图结构数据上运行的通用深度学习架构。GNN 的一般方法是将底层网络作为计算图，通过在图上传递、转换和聚合节点特征信息来生成单个节点嵌入。生成的节点嵌入可以作为输入，用于节点分类或链路预测等任务的任何可微的预测层，以端到端的方式训练整个模型。然而，GNN 方法本质上是扁平化的，无法有效地学习整个图的嵌入表征，进而限制了其在图分类任务中的应用。为了解决这一问题，科学家们将 GNN 与池化[33,34](Pooling)、注意力机制[35,36](Attention)和胶囊网络[37](CapsuleNet)等模块有机结合，构建了可以在图层次上学习整个图的嵌入表征的深度网络框架，并取得了良好的实验效果。下面介绍四种基于深度学习的图分类方法。

5.5.1 DGCNN

DGCNN(Deep Graph Convolutional Neural Network)[33]是一种可以处理任意结构图的神经网络结构。无须进行预处理，该方法可以直接读取图结构并进行分类。DGCNN 算法包括 3 个连续步骤:(1) 图卷积层(graph convolution layer)提取节点局部子结构特征，并定义一致的节点排序;(2) 排序池化层(sort pooling layer)根据前面定义的顺序对节点特征进行排序，并统一输入的大小;(3) 传统的卷积层和全连接层读取排序后的图表示并进行预测。

下面结合图 5-5 分别对以上 3 个步骤中的结构层进行详细介绍。

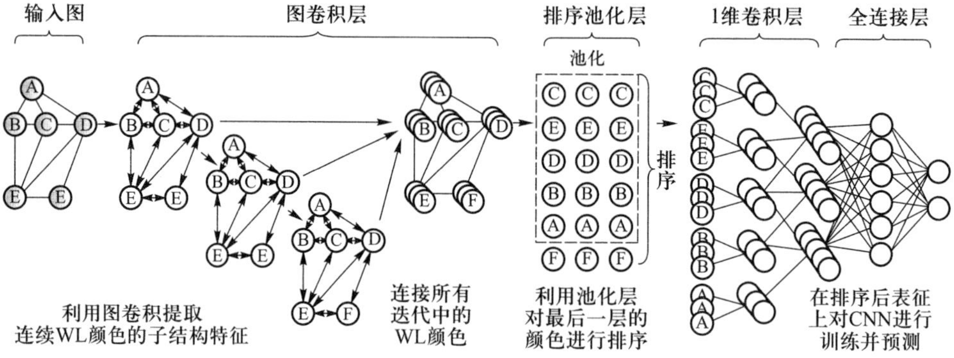

图 5-5　DGCNN 的整体结构(取自文献[33])

(1) 图卷积层

给定一个图的邻接矩阵 $\boldsymbol{A}$ 及其节点信息矩阵 $\boldsymbol{X}\in\mathbb{R}^{N\times F}$,图卷积层可以设计为

$$\boldsymbol{Z}=\sigma(\tilde{\boldsymbol{D}}^{-1}\tilde{\boldsymbol{A}}\boldsymbol{X}\boldsymbol{W}) \tag{5-30}$$

其中,$\tilde{\boldsymbol{A}}=\boldsymbol{A}+\boldsymbol{I}_N$ 是添加了自环的邻接矩阵,$\tilde{\boldsymbol{D}}$ 是对角化的度矩阵,$\boldsymbol{W}\in\mathbb{R}^{F\times F'}$ 是一个可训练的图卷积参数矩阵,σ 是一个非线性激活函数,$\boldsymbol{Z}\in\mathbb{R}^{N\times c'}$ 是输出的激活矩阵。

图卷积在局部邻域中聚合节点信息,提取局部子结构信息。为了获取多尺度子结构特征,该算法将多个图卷积层堆叠起来:

$$\boldsymbol{Z}^{\ell+1}=\sigma(\tilde{\boldsymbol{D}}^{-1}\tilde{\boldsymbol{A}}\boldsymbol{Z}^{\ell}\boldsymbol{W}^{\ell}) \tag{5-31}$$

其中,$\boldsymbol{Z}^0=\boldsymbol{X}$,$\boldsymbol{Z}^{\ell}\in\mathbb{R}^{N\times c_\ell}$ 是第 ℓ 个卷积层的输出,c_ℓ 是第 ℓ 层输出通道的数量,$\boldsymbol{W}^{\ell}\in\mathbb{R}^{c_\ell\times c_{\ell+1}}$ 将 c_ℓ 通道映射到 $c_{\ell+1}$ 通道。在多个卷积层后,增加一个层来连接所有的输出 $\boldsymbol{Z}^{\ell}$,$\ell=1,2,\cdots,L$,并生成一个串联的输出 $\boldsymbol{Z}^{1:L}:=[Z^1,Z^2,\cdots,Z^L]$,其中 L 是图卷积层的数量,$\boldsymbol{Z}^{1:L}\in\mathbb{R}^{N\times\sum_1^L c_\ell}$。$\boldsymbol{Z}^{1:L}$ 的每一行都可以看作是一个节点的特征描述,可对其多尺度局部子结构信息进行编码。

该算法中所设计的图卷积网络与 2016 年提出的谱滤波器[30]相似,但其图卷积形式在理论上更接近 Weisfeiler-Lehman(WL)算法[14]。WL 的基本思想是将节点的颜色与其 1 跳邻居的颜色拼接起来作为该节点的 WL 标签,然后按字典顺序对标签字符串进行排序以分配新的颜色,具有相同标签的节点被赋予相同的新颜色。WL 标签以根节点的一阶子树结构为特征,重复上述过程,直到颜色收敛或达到某个最大迭代值。最终,相同收敛颜色的节点在图中具有相同的结构作用,无法进一步区分。换句话说,如果两个图有许多以其节点为根的共同子树,那么它们是相似的,且这些子树由颜色来表征。相同的颜色,等同于相同的 WL 标签,等同于相同的根子树。为了在多个尺度上比较两个图,WL 在 L 次迭代中统计共同颜色的数量。为了更好地说明图卷积结构与 WL 的相似性,该算法令 $\boldsymbol{B}:=\boldsymbol{XW}$,那么公式(5-30)可按行分解为

$$\boldsymbol{Z}_i=\sigma([\tilde{\boldsymbol{D}}^{-1}\tilde{\boldsymbol{A}}]_i\boldsymbol{B})=\sigma(\tilde{\boldsymbol{D}}_{ii}^{-1}(\boldsymbol{B}_i+\sum_{j\in\mathcal{N}_i}\boldsymbol{B}_j)) \tag{5-32}$$

其中,$\boldsymbol{B}_i$ 可以视为节点 v_i 的连续颜色,非线性激活函数 σ 将 WL 标签向量与连续的新标签进行一一映射。类比于 WL,公式(5-32)可以聚合 $\boldsymbol{B}_i$ 及其邻居颜色 $\boldsymbol{B}_j$ 到一个 WL 标签向量 $\tilde{\boldsymbol{D}}_{ii}^{-1}(\boldsymbol{B}_i+\sum_{j\in\mathcal{N}_i}\boldsymbol{B}_j)$。因此,该算法中的图卷积可以视为 WL 算法的"软"版本,它们的区别在于 DGCNN 将这些颜色进行水平连接而并非在这些颜色上计算相似性函数。

(2) 排序池化层

排序池化(SortPooling)层的主要功能是将每个节点的表征按相同的顺序排序,然后将它们输入传统的 1 维卷积层和全连接层。

DGCNN 使用了 WL 颜色 $\boldsymbol{Z}^{1:L}:=[\boldsymbol{Z}^1,\boldsymbol{Z}^2,\cdots,\boldsymbol{Z}^L]$ 对节点进行排序。在这一层中,输入是一个 $N\times\sum_1^L c_\ell$ 的张量 $\boldsymbol{Z}^{1:L}$,其中每一行是一个节点的特征向量,每一列是一个特征通道。SortPooling 层的输出是一个 $\mathcal{E}\times\sum_1^L c_\ell$ 的张量,其中 $\mathcal{E}$ 是一个自定义的整数。在排序过程中,输入 $\boldsymbol{Z}^{1:L}$ 根据 $\boldsymbol{Z}^L$ 按行排序。最后一层的输出可以看作是最精炼的连续 WL 颜色,并使用这些最终的颜色对所有节点进行排序。这种一致的排序使得在排序图表征上训练传统神经网络成为可能。对 $\boldsymbol{Z}^L$ 最后一个通道中的节点进行降序排列,如果两个节点在最后一个通道中具有相同的值,则比较它们在第二个通道和最后一个通道中的值,以此类推;如果依然存在相同值的情况,可以继续比较它们在 $\boldsymbol{Z}_i^{L-1}$、$\boldsymbol{Z}_i^{L-2}$ 中的值,直到打破这种平局。这种排序方法类似于字典排序,不同之处是本方法是从右到左来比较序列的。

除了用相同的标准对节点特征排序之外,SortPooling 的另一个功能是统一输出张量的大小。排序后,第一个维度的输出张量会从 N 截断或扩展到 $\mathcal{E}$,目的是统一图的大小,使节点数不同的图的大小统一到 $\mathcal{E}$。

(3) 其他结构层

SortPooling 层可以输出一个张量 $\boldsymbol{Z}^{sp}\in\mathbb{R}^{\mathcal{E}\times\sum_1^L c_\ell}$,其中每一行是一个节点的特征向量,每一列是一个特征通道。为了能够在经典的卷积神经网络中进行训练,张

量 $\boldsymbol{Z}^{sp}$ 被拉平为一个 $\mathcal{E}\sum_{1}^{L} c_{\ell}\times 1$ 的向量；进一步，添加一个卷积核大小和步长都为 $\sum_{1}^{L} c_{\ell}$ 的一维卷积层；然后，添加几个 MaxPooling 层和一维卷积层来学习节点序列上的局部模式；最后，使用一个全连接层和一个 Softmax 层进行分类。

5.5.2　DiffPool

DiffPool[34]模型是一种以端到端的方式学习图层次表征的图分类算法。该方法通过在 GNN 中结合一种类似 CNN 中空间池化的操作——可微池化(differentiable pooling)来实现图形的分层表征，且可以在较简单的约束下自动捕获层级结构。可微池化层可以与深层次的 GNN 模型相结合，并在深度 GNN 的每一层学习可微分的软分配。基于学习到的节点嵌入，软分配可以将节点映射为一组簇。如图 5-6 所示，在原始网络和每一层池化网络上都可运行一个 GNN 层，并获得节点的嵌入表征，再用这些嵌入表征将相似的节点进行聚类得到下一层池化网络的粗化输入，然后在这些池化的图上运行另一个 GNN 层。整个过程重复若干次，然后使用最后的输出表示进行图分类任务。可以看出，每层 GNN 模块的输入节点对应上一层 GNN 模块学到的簇。因此，DiffPool 的每一层都能使网络越来越粗粒化，训练后的 DiffPool 就可以产生任何输入图的层级表征。

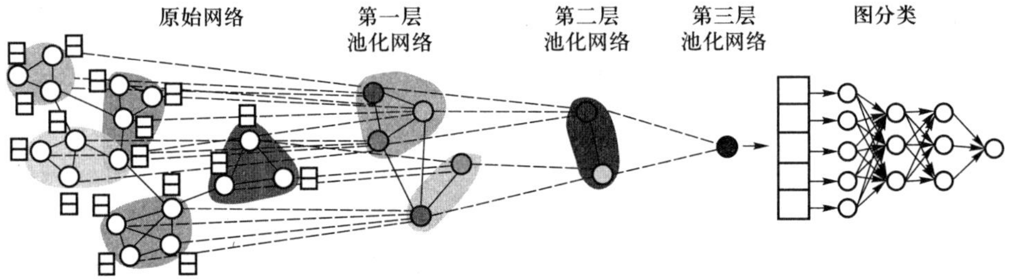

图 5-6　DiffPool 算法结构框图(取自文献[34])

准确地说，DiffPool 算法框架的主要模块是一个可微分的图形池模块，为深度 GNN 每一层上的节点学习可区分的软集群(软簇)分配，将原来的 N 个节点映射到包含 $m(m<N)$ 个节点的粗化图上，再将生成的粗化图作为下一个 GNN 层的输入。经过多次处理，最终将图映射到标签上。DiffPool 的目标是定义一种通用的可微策略，在图形神经网络的基础上，用一种端到端的方式为图分类学习一种有效表示。考虑采用以下通用的“消息传递”GNN：

$$H^{(\ell)} = M_{msg}(A, H^{(\ell-1)}; \theta^{(\ell)}) \tag{5-33}$$

其中,$H^{(\ell)} \in \mathbb{R}^{N\times F}$是 ℓ 层 GNN 的节点嵌入表征,也就是所谓的“消息”。M_{msg}是一个消息传递函数,依赖于邻接矩阵 A、可训练的参数 $\theta^{(\ell)}$和前一个消息传递步骤生成的节点表征 $H^{(\ell-1)}$。当 $\ell=1$ 时,初始输入 $H^{(0)}$为图中节点的初始化表征。对公式(5-33)迭代 L 次后,得到 GNN 模块的最终输出 $Z=H^{(L)} \in \mathbb{R}^{N\times F}$,其中 $L\in[2,6]$。为简单起见,在下面的描述中,GNN 的内部结构将抽象表示为 $Z=GNN(A,X)$,根据邻接矩阵 $A\in\mathbb{R}^{N\times N}$和初始输入节点嵌入表征 $X\in\mathbb{R}^{N\times F}$实现消息传递的 L 次迭代。

定义第 ℓ 层学到的聚类分配矩阵为 $S^{(\ell)} \in \mathbb{R}^{N_\ell\times N_{\ell+1}}$, N_ℓ 表示第 ℓ 层的节点数,$N_\ell>N_{\ell+1}$,即 $S^{(\ell)}$的行数表示第 ℓ 层的节点数,列数表示第 $\ell+1$ 层的节点数。分配矩阵表示第 ℓ 层每一个节点到第 $\ell+1$ 层每一个节点的概率。假设 $S^{(\ell)}$已经预先计算好,即模型第 ℓ 层的分配矩阵已知。那么 DiffPool 层函数$(A^{(\ell+1)}, X^{(\ell+1)}) = DiffPool(A^{(\ell)}, Z^{(\ell)})$将实现输入图 $A^{(\ell)}$的粗粒度化,并生成粗粒化图的邻接矩阵 $A^{(\ell+1)}$和节点嵌入矩阵 $X^{(\ell+1)}$,其计算公式为

$$X^{(\ell+1)} = S^{(\ell)\mathrm{T}} Z^{(\ell)} \in \mathbb{R}^{N_{\ell+1}\times F} \tag{5-34}$$

$$A^{(\ell+1)} = S^{(\ell)\mathrm{T}} A^{(\ell)} S^{(\ell)} \in \mathbb{R}^{N_{\ell+1}\times N_{\ell+1}} \tag{5-35}$$

其中,公式(5-34)将第 ℓ 层的嵌入表征 $Z^{(\ell)}$根据分配矩阵 $S^{(\ell)}$进行聚合,生成 $N_{\ell+1}$个节点(簇)的表征 $X^{(\ell+1)}$,其中 $X_i^{(\ell+1)}$ 表示第 $\ell+1$ 层中第 i 个节点的嵌入表征。相似地,公式(5-35)将生成粗粒化的邻接矩阵 $A^{(\ell+1)}$,其中 $a_{ij}^{(\ell+1)}$表示第 $\ell+1$ 层中节点(簇)i 和 j 直接的连接强度。

下面继续对 DiffPool 的算法架构进行详细解释,即 DiffPool 如何计算公式(5-34)和公式(5-35)中的分配矩阵 $S^{(\ell)}$和嵌入矩阵 $Z^{(\ell)}$。这两个公式分别使用两个单独的 GNN 模块生成两个矩阵:

$$Z^{(\ell)} = GNN_{\ell,embed}(A^{(\ell)}, X^{(\ell)}) \tag{5-36}$$

$$S^{(\ell)} = \mathrm{Softmax}(GNN_{\ell,pool}(A^{(\ell)}, X^{(\ell)})) \tag{5-37}$$

可以看出,这两个 GNN 模块都作用于矩阵 $A^{(\ell)}$和矩阵 $X^{(\ell)}$。嵌入模块 $GNN_{\ell,embed}$是标准的 GNN 模块,可以生成聚类后节点新的嵌入表征 $Z^{(\ell)}$。池化模块 $GNN_{\ell,pool}$与 Softmax 函数结合生成分配矩阵 $S^{(\ell)}$,即从输入节点到 $n_{\ell+1}$个簇的概率,其中 Softmax 函数作用于参数的每一行,池化模块的输出维度对应提前预设的参数,即第 ℓ 层的最大聚类数。在倒数第二层即 $L-1$ 层,令分配矩阵是一个全为 1 的向量,也就是说在最后一层(L 层)所有节点都被分到一个簇,生成一个对应于整个图的嵌入向量。这个嵌入向量可以作为可微分类器(如 Softmax 层)的特征输入,整个系统可以使用随机梯度下降法进行端到端的训练。

5.5.3 SAGPool

SAGPool[35]是一种基于自注意力的分层图池化方法。通过使用自注意(Self-attention)机制来计算注意力得分,SAGPool 可以同时考虑网络中的节点特征和拓扑结构,并自适应地学习节点的重要性,区分应删除的节点和应保留的节点,从而实现使用相对较少的参数以端到端的方式学习图的层次表示。图 5-7 是 SAGPool 层的结构图解。

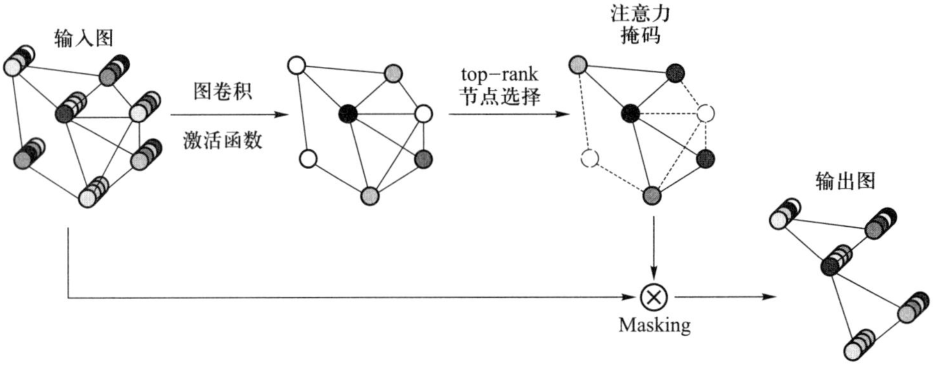

图 5-7　SAGPool 层的结构图解(取自文献[35])

1. 自注意力分数

最近,注意力机制在深度学习研究中得到了广泛应用[35-39]。自注意力分数 Self-attention(通常被称为 Intra-attention)可以关注目标节点本身的特征。SAGPool 利用图卷积的方法得到 Self-attention 分数。例如,如果使用 GCN[30]的图卷积公式,Self-attention 分数 $\boldsymbol{Z}\in\mathbb{R}^{N\times 1}$可以根据如下公式计算:

$$\boldsymbol{Z}=\sigma(\tilde{\boldsymbol{D}}^{-\frac{1}{2}}\tilde{\boldsymbol{A}}\tilde{\boldsymbol{D}}^{-\frac{1}{2}}\boldsymbol{X}\boldsymbol{\Theta}_{att}) \tag{5-38}$$

其中,σ 表示激活函数(例如 tanh),$\tilde{\boldsymbol{A}}\in\mathbb{R}^{N\times N}$是带自环的邻接矩阵(例如 $\tilde{\boldsymbol{A}}=\boldsymbol{A}+\boldsymbol{I}_N$),$\tilde{\boldsymbol{D}}\in\mathbb{R}^{N\times N}$是 $\tilde{\boldsymbol{A}}$ 矩阵的对角化的度矩阵,$\boldsymbol{X}\in\mathbb{R}^{N\times F}$是一个 $N\times F$ 维的输入特征矩阵,$\boldsymbol{\Theta}_{att}\in\mathbb{R}^{F\times 1}$是 SAGPool 层唯一的参数。

2. 图池化

Self-attention 分数是通过图卷积计算获得的,所以 SAGPool 模型的池化操作依赖图的特征和拓扑结构。SAGPool 算法框架采用了 gPool[40]这一池化操作中的节点选择策略,保留了输入图的部分节点:

$$idx=\text{top-rank}(\boldsymbol{Z},\lceil\alpha N\rceil) \tag{5-39}$$

$$\boldsymbol{Z}_{mask} = \boldsymbol{Z}_{idx} \tag{5-40}$$

其中,池化率 $\alpha \in (0,1)$ 是一个超参数,它决定要保留的节点数;top-rank 是返回前 αN 个节点索引的函数;$\boldsymbol{Z}_{idx}$是对 $\boldsymbol{Z}$ 按照 idx 进行引索;$\boldsymbol{Z}_{mask}$是注意力分数。

给定一个输入图,通过图 5-7 中的 Masking 操作进行处理,将索引后的特征向量与注意力分数进行运算,具体过程如下:

$$\begin{aligned} \boldsymbol{X}' &= \boldsymbol{X}_{idx,:} \\ \boldsymbol{X}_{out} &= \boldsymbol{X}' \odot \boldsymbol{Z}_{mask} \\ \boldsymbol{A}_{out} &= \boldsymbol{A}_{idx,idx} \end{aligned} \tag{5-41}$$

其中,$\boldsymbol{X}_{idx,:}$是对特征矩阵进行按行索引(每一行代表一个节点的特征向量);$\odot$是元素乘积;$\boldsymbol{A}_{idx,idx}$是同时按行和按列索引的邻接矩阵;$\boldsymbol{X}_{out}$和 $\boldsymbol{A}_{out}$分别是新的特征矩阵和邻接矩阵,可以用于后续的分类任务中。

3. SAGPool 的变体

SAGPool 中使用图卷积的主要原因是为了获得拓扑结构和节点特征,公式(5-38)中的图卷积公式可以被各种 GNN 代替,计算注意力分数的广义公式可以定义如下:

$$\boldsymbol{Z} = \sigma(GNN(\boldsymbol{X},\boldsymbol{A})) \tag{5-42}$$

从公式(5-42)中可以看出,计算注意力分数使用的是相邻节点,也就是邻接矩阵 $\boldsymbol{A}$。其实,还可以使用多跳连接的节点。公式(5-43)和公式(5-44)分别给出了连边增加和 GNN 层堆叠的两跳连接方法:

$$\boldsymbol{Z} = \sigma(GNN(\boldsymbol{X},\boldsymbol{A} + \boldsymbol{A}^2)) \tag{5-43}$$

$$\boldsymbol{Z} = \sigma(GNN_2(\sigma(GNN_1(\boldsymbol{X},\boldsymbol{A})),\boldsymbol{A})) \tag{5-44}$$

另一种变体是计算多重注意力分数的平均值。由 L 个 GNN 得到的平均注意力分数计算如下:

$$\boldsymbol{Z} = \frac{1}{L}\sum_{\ell=1}^{L} \sigma(GNN_\ell(\boldsymbol{X},\boldsymbol{A})) \tag{5-45}$$

4. 池化结构框架

如图 5-8 所示,全局池化结构由 3 个图卷积层(Graph Convolution)组成,每层的输出被连接起来作为下一层图池化操作(Graph Pooling)的输入;节点特征在图池化层之后的输出(Readout)层中聚合;然后将图的特征表示传递到 MLP 层进行分类。分层池化结构由 3 个模块组成,每个模块由 1 个图卷积层和 1 个图池化层组成。每个模块的输出汇总在输出层中,将每个输出层输出的总和输入到 MLP 层进行分类。下面对层模块进行简要介绍。

(1) 卷积层。以 GCN[30]提出的被广泛使用的图卷积为例,除 $\boldsymbol{\Theta}$ 维度外其他参数与公式(5-38)基本相同。卷积层的公式如下:

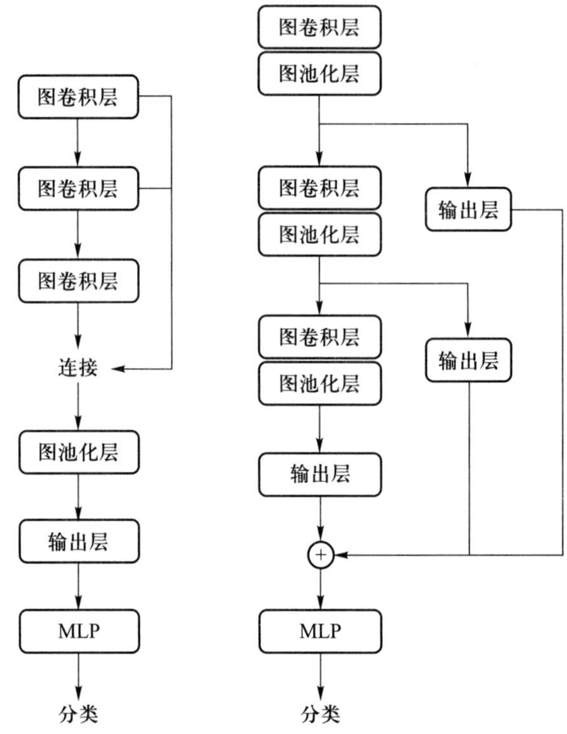

(a) 全局池化结构　　(b) 分层池化结构

图 5-8　池化结构框架(取自文献[35])

$$\boldsymbol{h}^{(\ell+1)} = \sigma(\tilde{\boldsymbol{D}}^{-\frac{1}{2}} \tilde{\boldsymbol{A}} \tilde{\boldsymbol{D}}^{-\frac{1}{2}} \boldsymbol{h}^{(\ell)} \boldsymbol{\Theta}) \tag{5-46}$$

其中,$\boldsymbol{h}^{(\ell)}$ 表示 ℓ 层的节点表征;$\boldsymbol{\Theta} \in \mathbb{R}^{F \times F'}$ 表示输入特征维度为 F、输出特征维度为 F' 的卷积权重。使用 ReLU 作为激活函数。

(2) 输出层。池化结构框架采用了输出层[41]来聚合节点特征以进行固定大小的表示。输出层的公式概括如下:

$$\boldsymbol{s} = \frac{1}{N} \sum_{i=1}^{N} \boldsymbol{x}_i \parallel \max_{i \in (1,N)} \boldsymbol{x}_i \tag{5-47}$$

其中,N 表示节点数量,$\boldsymbol{x}_i$ 表示第 i 个节点的特征向量,$\parallel$ 表示级联。

5.5.4　CapsGNN

CapsGNN[37]是一种对整个图进行表征的端到端的深度学习模型。该模型通过胶囊(Capsule)的形式提取节点特征并利用路由机制(Routing)捕获图层次级别的重要信息,为每个图生成多个嵌入,进而从不同方面捕获图的属性。此外,CapsGNN 利用注意力模块(Attention)来处理不同大小的图网络,这也使模型能够着重关注网络的关键部分。

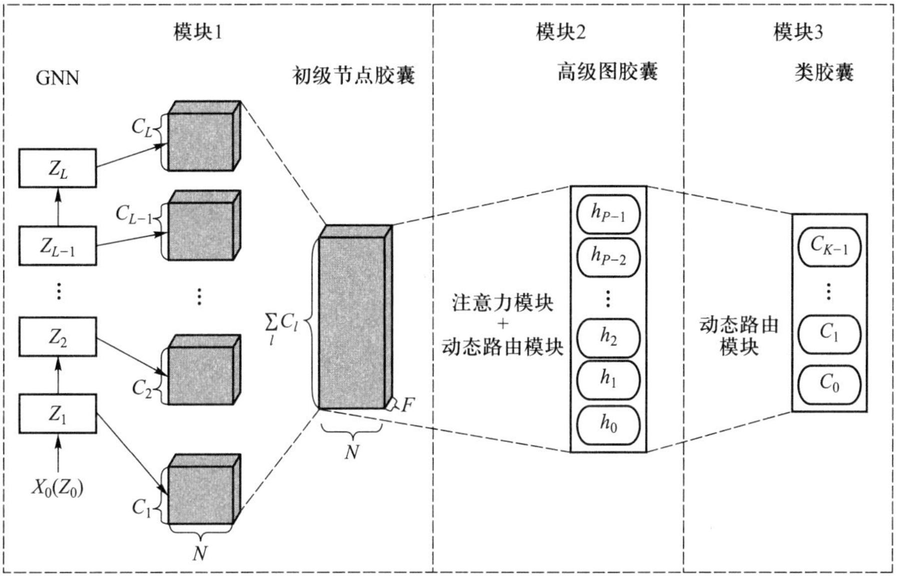

图 5-9 CapsGNN 算法框图(取自文献[37])

如图 5-9 所示,CapsGNN 算法由 3 个关键模块组成。模块 1 为初级节点胶囊提取模块,GNN 提取具有不同感受野的局部节点特征,然后在该模块中构建初级节点胶囊。模块 2 为高级图胶囊提取模块,融合了注意力模块和动态路由模块,以生成多个图胶囊。模块 3 为图分类模块,再次利用动态路由模块,生成用于图分类的类胶囊。接下来对上述 3 个模块分别进行介绍。

1. 初级节点胶囊

利用 GNN 提取基本节点特征。如果节点没有属性,可以用节点度值作为节点属性。CapsGNN 算法使用 GCN[30] 作为节点特征提取器。不同的是,CapsGNN 算法可以从不同的层提取多尺度的节点特征,并将其以胶囊的形式表示。这个过程可以表示为

$$\boldsymbol{Z}_i^{\ell+1}=\sigma\Big(\sum_i \widetilde{\boldsymbol{D}}^{-\frac{1}{2}}\widetilde{\boldsymbol{A}}\,\widetilde{\boldsymbol{D}}^{-\frac{1}{2}}\boldsymbol{Z}_i^{\ell}\boldsymbol{W}_{ij}^{\ell}\Big) \tag{5-48}$$

其中,$\sigma(\cdot)=\tanh(\cdot)$;$\boldsymbol{W}_{ij}^{\ell}\in\mathbb{R}^{F\times F'}$可被视作从 ℓ 层第 i 通道到 $\ell+1$ 层第 j 通道的通道滤波器。其他参数定义与 GCN 中相同,不再进行描述。为了保留不同大小子组件的特征,该算法利用从所有 GNN 层提取的节点特征生成初级节点胶囊。

2. 高级图胶囊

获取局部节点胶囊后，应用全局路由机制生成图胶囊。该模块的输入包含 N 组节点胶囊，每个集合为$\mathbb{S}^n=\{s_{11},\cdots,s_{1C_1},\cdots,s_{LC_L}\}$，$s_{\ell C}\in\mathbb{R}^F$，其中 C_ℓ 为 GNN 第 ℓ 层的通道数，F 是每个胶囊的维度。该模块的输出是一组图胶囊 $\boldsymbol{H}\in\mathbb{R}^{P\times F'}$。每个胶囊都从不同层面反映了图的属性。在 CapsGNN 中，初级节点胶囊是基于每个节点提取的，这意味着初级节点胶囊的数量取决于输入图的大小。在这种情况下，如果直接应用路由机制，生成的高级图胶囊将很大程度上取决于初级节点胶囊的数量（图的大小）。因此，在生成基于初级节点胶囊的图胶囊之前，该算法引入了一个注意力模块来缩放初级节点胶囊，如图 5-10 所示。

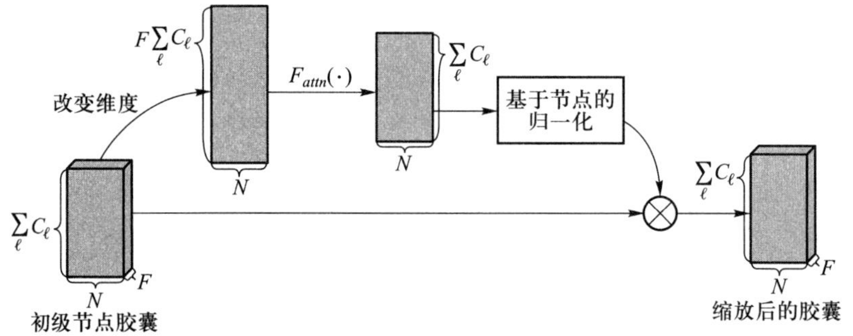

图 5-10　注意力模块的结构框架（取自文献[37]）

GapsGNN 算法框架中的注意力模块是一个双层全连接的神经网络 $F_{attn}(\cdot)$，其输入单元数量为 $F\times C_{all}$，$C_{all}=\sum_\ell C_\ell$，输出单元数量为 C_{all}。采用基于节点的归一化方法（对每一行进行归一化）为每个通道生成注意力分数，然后通过将归一化的注意力分数与初级节点胶囊相乘来对初级节点胶囊进行缩放。注意力模块的过程可以表示为

$$scaled(s_{(n,i)})=\frac{F_{attn}(\widetilde{\boldsymbol{s}_n})_i}{\sum_n F_{attn}(\widetilde{\boldsymbol{s}_n})_i}\boldsymbol{s}_{(n,i)} \tag{5-49}$$

其中，$\widetilde{\boldsymbol{s}_n}\in\mathbb{R}^{1\times C_{all}F}$通过连接节点 v_n 的所有胶囊获得；$\boldsymbol{s}_{(n,i)}\in\mathbb{R}^{1\times F}$是节点 v_n 的第 i 个胶囊，$F_{attn}(\widetilde{\boldsymbol{s}_n})_i\in\mathbb{R}^{1\times C_{all}}$是生成的注意力分数。通过这种方式，生成的图胶囊可以独立于图的大小，并且架构将关注输入图更重要的部分。

由上所述，生成多个图胶囊的过程可以总结如下：① 缩放初级节点胶囊：在缩放初级节点胶囊上使用注意模块。这个模块的输出应是 $\boldsymbol{S}\in\mathbb{R}^{N\times C_{all}\times F}$。② 计算

注意力分数:在这个过程中,来自同一通道不同节点的胶囊共享权重矩阵。这个模块的输出是一组分数 $\boldsymbol{V} \in \mathbb{R}^{N \times C_{all} \times P \times F}$,其中 C_{all} 表示通道的数量,P 表示图胶囊数量。③ 动态路由机制:基于前面步骤产生的分数,采用算法 5-5 计算高级图胶囊。

算法 5-5 计算高级图胶囊

输入:	子胶囊 $\boldsymbol{S}$;一组可训练的权重矩阵 $\boldsymbol{W}$;迭代次数 i_{iter};
输出:	动态路由机制返回的父胶囊 $\boldsymbol{H}$;
	初始化动态路由机制 Dynamic Routing ($i_{iter}, \boldsymbol{S}, \boldsymbol{W}$)
	for 所有子胶囊 i: $\boldsymbol{v}_{j\mid i} = \boldsymbol{s}_i^{\mathrm{T}} \boldsymbol{W}_{ij}$
	for 所有子胶囊 i to 所有父胶囊 j: $r_{ij} \leftarrow 0$
	for i_{iter} *iterations* do
	for 所有子胶囊 i: $\widetilde{\boldsymbol{r}_i} \leftarrow \mathrm{softmax}(\boldsymbol{r}_i)$
	for 所有父胶囊 j: $\boldsymbol{h}_j \leftarrow \sum_i \widetilde{\boldsymbol{r}_{ij}} \boldsymbol{v}_{ij}$
	for 所有父胶囊 j: $\widetilde{\boldsymbol{h}_j} \leftarrow squash(\boldsymbol{h}_j)$
	for 所有子胶囊 i to 所有父胶囊 j: $\boldsymbol{r}_{ij} \leftarrow \boldsymbol{r}_{ij} + \widetilde{\boldsymbol{h}}_j^{\mathrm{T}} \boldsymbol{v}_{ij}$
	end
	返回 $\widetilde{\boldsymbol{h}_j}$

3. 分类模块

分类模块使用上述过程生成的高级图胶囊进行图分类。分类模块主要包括两个损失函数:分类损失函数和重建损失函数。

(1) 分类损失函数。分类模块在高级图胶囊上再次使用动态路由模块来生成最终的类胶囊 $\boldsymbol{C} \in \mathbb{R}^{K \times F}$,其中 K 是图类别的数量。这里使用了 margin loss 函数[42]来计算分类损失,计算方法为

$$\mathcal{L}_c = \sum_r \{T_r \max(0, m^+ - \|C_r\|)^2 + \beta(1 - T_r)\max(0, \|C_r\| - m^-)^2\} \tag{5-50}$$

其中 $m^+ = 0.9$, $m^- = 0.1$, $T_r = 1$ 当且仅当输入图属于类 r。在 K 是一个较大值的情况下,β 被用以降低所有类胶囊的长度。

(2) 重建损失函数。分类模块使用重建损失函数[42]作为正则化方法。在重建损失函数中,除了正确的类之外,所有的类胶囊都被掩盖,并引入两个全连接

层来解码以重构输入信息。这里重建的信息是输入节点的直方图。这个过程可以写成

$$\mathcal{L}_r = \frac{\sum_i MP_i(\eta_i - \gamma_i)^2}{\sum_i MP_i} + \frac{\sum_i (1 - MP_i)(\eta_i - \gamma_i)^2}{\sum_i (1 - MP_i)} \quad (5-51)$$

其中，γ_i 表示输入图中带有属性 i 的节点数，η_i 为相应的解码值。$MP_i = 1$ 当且仅当输入图中包含属性为 i 的节点。当真值中的大部分元素为 0 时，使用公式(5-51)可以通过防止将所有解码值设置为 0 来减少重构损失。

5.6 图分类应用

本节使用 3 个基本数据集 MUTAG、PROTEINS 和 NCI1 来验证手动特征方法、图核方法、图嵌入方法和深度模型方法等 10 种图分类方法在真实网络上的分类性能，并使用准确率和 F_1 分数两种指标衡量分类精度。对于手动特征方法 Handcrafted，这里为数据集中的每个网络提取 11 种手动特征，合并成一个 11 维特征向量作为网络特征，输入逻辑斯谛回归分类器进行分类。对于图核方法，这里使用计算得到的相似性矩阵训练 SVM 分类器并进行分类，参数设置为默认参数。对于图嵌入方法，subgraph2vec 和 graph2vec 的嵌入维度分别选择 32 维和 1024 维，其他参数设置为默认参数进行实验。对于深度学习方法，使用默认参数进行实验验证。每个数据集中的数据被划分为两部分：80%的数据作为训练集用来训练模型，其余 20%数据作为测试集；将此随机划分过程重复 10 次取平均值作为最终的分类结果，并记录分类的标准偏差。实验结果见表 5-1，粗体表示最优分类结果。

由表 5-1 可知，不同的图分类方法在不同数据集上的分类结果有一定的差异。通过横向比较，不难发现，手动特征方法 Handcrafted 在 MUTAG 数据集上的分类效果较 PROTEINS 和 NCI1 更好，这很容易理解，因为手动特征方法只能获取一些简单的拓扑特征，在区分较大网络数据集时具有一定的局限性。图核方法 SP 在 NCI1 上的分类效果较好，但由于图核方法具有较高的计算复杂度，在大网络上具有较大的限制（如 RW 运行时间超过 3 天）。此外，图嵌入方法 subgraph2vec 在 MUTAG 数据集上表现较好，与深度学习方法相比，在分类精度上仍然具有一定的竞争力。深度学习方法 DiffPool 和 CapsGNN 分别在 PROTEINS

和 NCI1 上取得了最优结果，且 CapsGNN 在数据集 MUTAG 上也表现出了较为优异的分类精度，这说明深度学习方法可以以一种端到端的学习方式来优化图表征模型，进而更全面地捕捉图结构信息，在网络分类任务上具有较强的性能优势。总体来看，基于图嵌入和深度学习的方法大多数情况下优于基于手动特征的方法。这说明，简单的网络拓扑特征并不能很好地捕获网络的全局信息，相较于深度特征具有较差的区分性。

表 5-1 各种图分类方法在真实数据集上的分类性能比较

数据集	图分类方法	准确率/%	F_1 分数/%
MUTAG	Handcrafted	86.58±3.61	85.79±2.67
	RW	83.72±1.50	80.72±0.38
	SP	85.22±2.43	81.70±2.13
	WL	80.72±3.00	80.63±3.07
	subgraph2vec	**87.17±1.72**	**87.20±2.79**
	graph2vec	83.15±9.25	82.79±8.40
	DGCNN	85.83±1.66	84.72±2.10
	DiffPool	85.78±1.12	84.38±2.05
	SAGPool	83.51±0.73	83.00±1.35
	CapsGNN	86.67±6.88	86.32±7.52
PROTEINS	Handcrafted	76.74±3.56	76.00±2.49
	RW	74.20±0.42	72.26±1.90
	SP	75.40±1.03	75.07±0.47
	WL	72.92±0.56	74.70±2.16
	subgraph2vec	73.38±1.09	73.01±0.72
	graph2vec	73.30±2.05	71.83±3.18
	DGCNN	75.54±0.94	74.12±0.78
	DiffPool	**79.90±2.95**	**78.85±3.03**
	SAGPool	71.80±0.19	73.11±1.04
	CapsGNN	76.28±3.63	75.89±3.51

续表

数据集	图分类方法	准确率/%	F_1 分数/%
NCI1	Handcrafted	68.31±1.62	67.48±0.87
	RW	—	—
	SP	74.50±1.15	73.00±0.24
	WL	68.34±0.50	66.19±0.97
	subgraph2vec	78.05±1.15	78.75±2.20
	graph2vec	73.22±1.81	72.30±2.06
	DGCNN	74.44±0.47	73.96±1.07
	DiffPool	77.73±0.83	75.67±1.65
	SAGPool	77.88±1.59	76.28±1.22
	CapsGNN	**78.35±1.55**	**78.80±1.13**

5.7　本章小结

本章对图分类应用进行了详细的阐述。首先对图分类进行了问题描述，并引出了图分类的常用评价指标；其次回顾了图分类的代表性技术方法，包括：基于手动特征、图核、图嵌入和深度学习的图分类方法；最后结合真实数据集使用上述方法进行了图分类应用实测，并对不同方法的分类性能进行了分析与比较。随着网络科学的不断发展，图分类应用的相关理论和算法层出不穷，但依然存在着一定的局限性，比如无法高效处理现实世界大型网络中的数据，计算资源成本昂贵等。正是由于这些局限性的存在，需要有更加优秀的算法来解决更多的实际问题，进一步扩大图分类的应用范畴。

参考文献

[1] Powers D. Evaluation: From precision, recall and F-measure to ROC, informedness, markedness and correlation [J]. Journal of Machine Learning

Technologies,2011,2(1):37-63.

[2] Wang P,Xu B W,Wu Y R,et al. Link prediction in social networks:The state-of-the-art [J]. Science China Information Sciences,2015,58(1):1-38.

[3] Li G,Semerci M,Yener B,et al. Graph classification via topological and label attributes [C]//Proceedings of the 9th International Workshop on Mining and Learning with Graphs,San Diego,2011.

[4] 汪小帆,李翔,陈关荣. 网络科学导论 [M]. 北京:高等教育出版社,2012: 87 - 90.

[5] Soffer S N,Vazquez A. Network clustering coefficient without degree-correlation biases [J]. Physical Review E,2005,71(5):057101.

[6] Haussler D. Convolution Kernels on Discrete Structures [R]. Department of Computer Science,University of California at Santa Cruz,1999.

[7] Borgwardt K M, Kriegel H P. Shortest-path kernels on graphs [C]// Proceedings of the Fifth IEEE International Conference on Data Mining, Houston,2005.

[8] Borgwardt K M,Ong C S,Schönauer S,et al. Protein function prediction via graph kernels[J]. Bioinformatics,2005,21(suppl_1):i47-i56.

[9] Hermansson L, Kerola T, Johansson F, et al. Entity disambiguation in anonymized graphs using graph kernels [C]//Proceedings of the 22nd ACM International Conference on Information & Knowledge Management, San Francisco,2013:1037-1046.

[10] Gärtner T,Flach P,Wrobel S. On graph kernels:Hardness results and efficient alternatives [M]//Gärtner T,Flach P,Wrobel S. Learning Theory and Kernel Machines. Berlin:Springer,2003:129-143.

[11] Vishwanathan S V N,Schraudolph N N,Kondor R,et al. Graph kernels [J]. Journal of Machine Learning Research,2010,11:1201-1242.

[12] Borgwardt K M, Kriegel H P. Shortest-path kernels on graphs [C]// Proceedings of the Fifth IEEE International Conference on Data Mining,New Orleans,2005.

[13] Hermansson L,Johansson F D,Watanabe O. Generalized shortest path kernel on graphs [C]//Proceedings of the International Conference on Discovery Science. Cham:Springer,2015:78-85.

[14] Shervashidze N, Schweitzer P, van Leeuwen E J, et al. Weisfeiler-Lehman graph kernels [J]. The Journal of Machine Learning Research, 2011, 12:

2539-2561.

[15] Morris C, Kersting K, Mutzel P. Glocalized weisfeiler-lehman graph kernels: Global-local feature maps of graphs [C]//Proceedings of the IEEE International Conference on Data Mining, New Orleans, 2017: 327-336.

[16] Bai L, Rossi L, Zhang Z, et al. An aligned subtree kernel for weighted graphs [C]//Proceedings of the International Conference on Machine Learning, Lille, 2015: 30-39.

[17] Imrich W, Klavzar S. Product Graphs: Structure and Recognition [M]. New York: Wiley, 2000.

[18] Dijkstra E W. A note on two problems in connexion with graphs [J]. Numerische Mathematik, 1959, 1(1): 269-271.

[19] Floyd R W. Algorithm 97: Shortest path [J]. Communications of the ACM, 1962, 5(6): 345.

[20] Perozzi B, Al-Rfou R, Skiena S. Deepwalk: Online learning of social representations [C]//Proceedings of the 20th ACM SIGKDD International Conference on Knowledge Discovery and Data Mining, New York, 2014: 701-710.

[21] Grover A, Leskovec J. node2vec: Scalable feature learning for networks [C]// Proceedings of the 22nd ACM SIGKDD International Conference on Knowledge Discovery and Data Mining, San Francisco, 2016: 855-864.

[22] Tang J, Qu M, Wang M, et al. Line: Large-scale information network embedding [C]//Proceedings of the 24th International Conference on World Wide Web, Florence, 2015: 1067-1077.

[23] Narayanan A, Chandramohan M, Chen L, et al. Subgraph2vec: Learning distributed representations of rooted sub-graphs from large graphs [C] // Proceedings of the 12th International Workshop on Mining and Learning with Graphs, San Francisco, 2016.

[24] Arp D, Spreitzenbarth M, Hubner M, et al. Drebin: Effective and explainable detection of android malware in your pocket [C]//Proceedings of the 20th Network and Distributed System Security Symposium, San Diego, 2014, 14: 23-26.

[25] Yanardag P, Vishwanathan S V N. Deep graph kernels [C]//Proceedings of the 21th ACM SIGKDD International Conference on Knowledge Discovery and Data Mining, Sydney, 2015: 1365-1374.

[26] Narayanan A, Chandramohan M, Venkatesan R, et al. graph2vec: Learning distributed representations of graphs [C]//Proceedings of the 17th International Workshop on Mining and Learning with Graphs, Halifax, 2017.

[27] Le Q, Mikolov T. Distributed representations of sentences and documents [C]//Proceedings of the International Conference on Machine Learning, Beijing, 2014: 1188-1196.

[28] Mikolov T, Chen K, Corrado G, et al. Efficient estimation of word representations in vector space [C]//Proceedings of the 1st International Conference on Learning Representations Workshop, Scottsdale, 2013.

[29] Bruna J, Zaremba W, Szlam A, et al. Spectral networks and deep locally connected networks on graphs [C]//Proceedings of the 2nd International Conference on Learning Representations, Banff, 2014.

[30] Kipf T N, Welling M. Semi-supervised classification with graph convolutional networks [C]//Proceedings of the 4th International Conference on Learning Representations, Vancouver, 2016.

[31] Niepert M, Ahmed M, Kutzkov K. Learning convolutional neural networks for graphs [C]//Proceedings of the International Conference on Machine Learning, New York, 2016: 2014-2023.

[32] Hamilton W L, Ying R, Leskovec J. Inductive representation learning on large graphs [C]//Proceedings of the 31st International Conference on Neural Information Processing Systems, Long Beach, 2017: 1025-1035.

[33] Zhang M, Cui Z, Neumann M, et al. An end-to-end deep learning architecture for graph classification [C]//Proceedings of the AAAI Conference on Artificial Intelligence, New Orleans, 2018.

[34] Ying R, You J, Morris C, et al. Hierarchical graph representation learning with differentiable pooling [C]//Proceedings of the 32nd International Conference on Neural Information Processing Systems, Montréal, 2018: 4805-4815.

[35] Lee J, Lee I, Kang J. Self-attention graph pooling [C]//Proceedings of the International Conference on Machine Learning, Long Beach, 2019: 3734-3743.

[36] Veličković P, Cucurull G, Casanova A, et al. Graph attention networks [C]// Proceedings of the International Conference on Learning Representations, Toulon, 2017.

[37] Xin Y Z, Chen L. Capsule graph neural network [C]//Proceedings of the International Conference on Learning Representations, Vancouver, 2018.

[38] Parikh A, Täckström O, Das D, et al. A decomposable attention model for natural language inference [C]//Proceedings of the 2016 Conference on Empirical Methods in Natural Language Processing, Austin, 2016: 2249-2255.

[39] Zhang H, Goodfellow I, Metaxas D, et al. Self-attention generative adversarial networks [C]// Proceedings of the International Conference on Machine Learning, Long Beach, 2019: 7354-7363.

[40] Gao H, Ji S. Graph u-nets [C]// Proceedings of the International Conference on Machine Learning, Long Beach, 2019: 2083-2092.

[41] Cangea C, Velickovic P, Jovanovic N, et al. Towards sparse hierarchical graph classifiers [C]//Proceedings of the NeurIPS Workshop on Relational Representation Learning, Montréal, 2018.

[42] Sabour S, Frosst N, Hinton G E. Dynamic routing between capsules [C]// Proceedings of the 31st International Conference on Neural Information Processing Systems, Long Beach, 2017: 3859-3869.

第6章 对抗攻击

本书第2—5章分别介绍了网络数据挖掘中的多类任务及相关的方法，这些方法近年陆续应用于互联网、生物网络、交通网络以及金融网络等众多领域。然而，这些方法在遭遇特定的攻击时会非常脆弱，如攻击者可以通过增加或删除网络中的小部分节点和连边来使算法失效，此类攻击称为针对智能算法的对抗攻击，其引发的后果在强对抗领域尤为严重。例如，依赖于智能算法的新闻和商品推荐，攻击者可以通过注册虚假账号、添加虚假浏览等操作误导推荐系统，使其将一些不法商品或链接推荐给普通用户。当前互联网上充斥着各种智能算法，同时也会造成诸如“信息茧房”等不良效果，所谓的“信息茧房”，是指由于个性化推荐系统投其所好式的信息推荐方式使得其服务的用户获得的信息越来越单一化，在内部形成正反馈，从而导致用户思维模式的极化。鉴于此，研究针对网络数据挖掘算法的对抗攻击策略极为重要。本章主要介绍网络对抗攻击的基本概念，并针对几种不同任务列举了几种经典的对抗攻击方法。

6.1 对抗攻击的基本概念

本节主要给出针对网络对抗攻击的基本定义，并对不同的对抗攻击方法进行归类，分别加以介绍。

6.1.1 问题描述

在本章中，使用 $G=(V,E)$ 表示网络的拓扑结构，其中 $V=(v_1,v_2,\cdots,v_N)$ 表示网络的节点集合，$E=(e_1,e_2,\cdots,e_M)$ 表示网络中的连边集合，N,M 分别表示节点和连边的数量。网络 G 的邻接矩阵表示为 $\boldsymbol{A}\in\{0,1\}^{N\times N}$，如果节点 v_u 和 v_v 之间存在连边则有 $a_{uv}=a_{vu}=1$，否则 $a_{uv}=a_{vu}=0$。此外，定义 $\boldsymbol{X}$ 为节点的特征矩阵。因此，一个网络也可以被表示为 $G=(\boldsymbol{A},\boldsymbol{X})$。针对网络领域的各种图数据挖掘算法，其学习的过程在于通过一定的训练机制，降低预测结果与真实标签之间的信息损失 $\mathcal{L}_{train}$，而攻击者的目的恰好与之相反，通过修改网络的拓扑结构或者网络中节点或连边的属性，生成新的网络 $G'=(\boldsymbol{A}',\boldsymbol{X}')$，使得模型的损失最大化，产生错误的预测结果。根据现有的网络对抗攻击，定义对抗性攻击目标的一般形式为

$$\mathcal{L}_{atk}=\max\left(\sum_{i=1}^{m}(f(G')-y_i)\right), \tag{6-1}$$

其中 y_i 表示第 i 个样本的真实标签。当攻击过程中修改的节点或连边数量过多，或者修改的特征过于明显时，该攻击方法代价高昂并容易被检测出，因此在实施攻击时会添加修改的限制，要求攻击修改的节点数量、连边数量或者属性特征不超过预算 Δ，即

$$|\boldsymbol{A}'-\boldsymbol{A}|+|\boldsymbol{X}'-\boldsymbol{X}|<\Delta. \tag{6-2}$$

以节点分类为例，图 6-1 给出了一个简单的对抗攻击示例。图中的三角形、五角形和正方形分别表示不同类别的节点，圆点表示待预测的目标节点。在原始网络中，模型 f 对目标节点的预测结果为五角形。当攻击者重连了网络中的一条连边之后，其预测结果变为正方形。

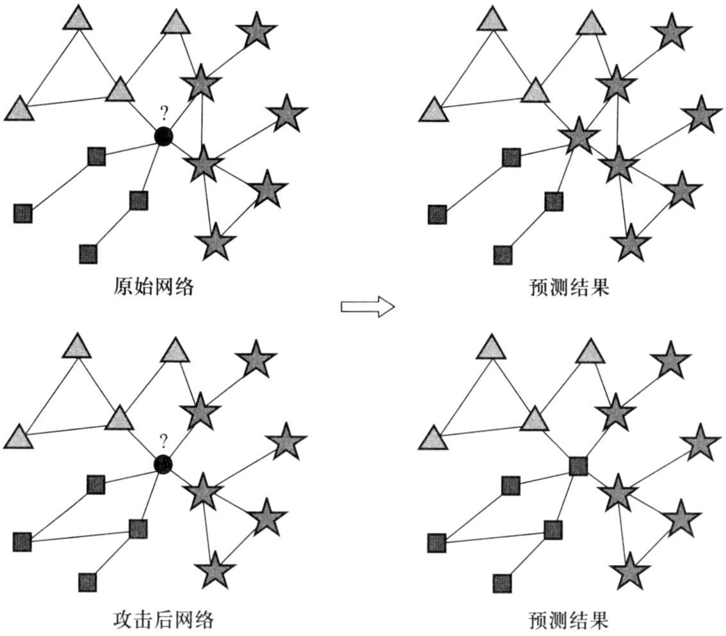

图 6-1 节点分类的攻击过程

6.1.2 评价指标

可以从攻击的有效性和隐匿性两个角度来评价一种攻击算法的优劣。

1. 算法有效性

(1) 攻击成功率

攻击成功率(Attack Successful Rate,ASR)是一种最常用的指标,用于评价攻击算法的攻击强度。计算方法为

$$ASR = \frac{n_{success}}{n_{atk}} \times 100\%, \tag{6-3}$$

其中,$n_{success}$表示攻击成功的样本数量,n_{atk}表示所有攻击样本的数量。攻击成功率越高,表明该攻击方法越有效,可以使得模型对尽可能多的样本预测失效。由于需要确定攻击样本,因此攻击成功率常用于目标攻击算法。

(2) 错分率

错分率(Missclassfied Rate,MR)主要针对全局攻击算法,观察该攻击算法在所有测试集上的预测效果。计算方法为

$$MR = 1 - \frac{n_{correct}}{n_{all}}, \tag{6-4}$$

其中，$n_{correct}$表示正确预测的样本数量，n_{all}表示所有测试样本的数量。

2. 算法隐匿性

若攻击者为了提高算法的有效性，大量修改网络连边，则会增大该攻击算法被识别的风险。由此可见，为了提高算法的隐匿性，攻击者需限制网络连边的修改数量。修改连边数量的计算方式如下：

$$AML = \frac{m_{modified}}{M} \times 100\%, \tag{6-5}$$

其中，$m_{modified}$表示修改的连边数量。

6.1.3　方法分类

这里从不同的攻击角度将现有的攻击方法进行简单的分类。

1. 攻击权限

从攻击者权限出发，可以将现有的攻击方法分为三大类：白盒攻击、灰盒攻击和黑盒攻击，分别介绍如下。

（1）白盒攻击。白盒攻击是三类攻击方法中最容易实现的。攻击者可以获取有关目标模型的所有信息，从输入输出数据到模型的结构参数。换言之，目标模型在攻击者眼中是完全透明可知的，攻击者在实施攻击操作时可以利用目标模型的任何信息，设计高效的攻击方法，达到精准的攻击效果。基于梯度的攻击方法就是一种常见的白盒攻击方法。攻击者的高权限在带来便利的同时，也限制了其在真实场景中的应用。在真实场景中，目标模型通常不会完全暴露在攻击者面前，即攻击者并不能随意利用目标模型的相关信息。

（2）灰盒攻击。攻击者在实施灰盒攻击时只允许利用部分数据或模型。比如攻击者可以获取输入数据的标签以及输出数据，但是对于攻击的目标模型信息一无所知，此时，攻击者可以通过构造训练代理模型，达到攻击的目的。在这种情况下，攻击者能够获取的权限更符合现实，因此，相较于白盒攻击，灰盒攻击更为实用。

（3）黑盒攻击。攻击者只能通过输入输出与模型进行交互，即只允许获取部分数据，且对目标模型的信息一无所知。相对于上述两种攻击方法，黑盒攻击对模型信息的要求最低，其攻击效果一般最差，但却是最容易应用于实际的方法。

2. 攻击方法

模型应用主要包含两个过程：训练过程和测试过程，攻击者可以分别从这两个过程中实施攻击操作,对应的攻击方法分别称作中毒攻击和逃逸攻击。

(1) 中毒攻击。中毒攻击是指在模型训练过程中实施攻击操作。攻击者在训练数据集中添加噪声,在干净样本中混入对抗样本,接着使用混有对抗样本的数据集训练模型。由于模型本身已经“中毒”,中毒模型一般可以降低所有测试数据的预测精度。

(2) 逃逸攻击。逃逸攻击发生在测试过程中。在训练过程中,攻击者不做任何操作。目标模型由干净的数据集训练得到,且模型的结构和参数都完整良好。测试过程中,攻击者修改测试数据集并得到对抗样本,将对抗样本输入干净的模型中,降低目标模型在指定数据集上的预测结果。与中毒攻击相比,逃逸攻击的危害相对较小,该模型在干净的数据集上依然表现良好,但是攻击者一旦对目标模型实施中毒攻击,那么目标模型无论在干净样本还是对抗样本上都可能无法发挥其良好的预测性能。

3. 攻击策略

根据攻击者实施的攻击策略,可以将攻击方法分为结构攻击、特征攻击及混合攻击。

(1) 结构攻击。结构攻击即修改网络的结构。网络由节点和连边两部分组成,因此结构攻击主要指修改网络的节点或连边。就节点而言,攻击者可以选择添加节点,比如通过注册新的账号来干扰水军账号检测;也可以删除现有的节点,比如通过隐藏某些邻居节点来避免目标节点的隐私被过度挖掘。针对连边,主要有以下操作:增加或删除连边,修改目标节点的邻居以及邻居的数量,来影响算法对该节点的判断;重连边,删除原有的连边同时增加新的连边,保证网络的节点数量和连边数量不变,降低被检测出的风险。

(2) 特征攻击。通过修改网络中部分节点或者连边的特征从而降低模型的预测性能。网络的特征主要可以分为两大类:① 连续特征,可以使用梯度方式进行修改,修改的扰动可以控制在小范围内;② 离散特征(可用 0 和 1 表示),反转原特征,即若原始特征为 0,则攻击者将其转变为 1。与连续特征相比,修改离散特征被检测出的风险更大。

(3) 混合攻击。混合攻击是指可以同时修改网络的拓扑结构和网络的特征属性。通常,攻击者更加倾向使用混合攻击策略。相对于上述两种攻击策略,实施混合攻击,攻击者通常可以获得更好的攻击效果。

4. 攻击目标

根据攻击者的攻击目标,可以将其分为目标攻击和非目标攻击。

(1) 目标攻击。攻击者的目的只是改变某几个节点或者网络的预测结果,因此攻击者一般使用逃逸攻击方法来实施目标攻击。根据选择修改的节点,目标攻击可以分为两类:① 直接攻击,即攻击者直接修改目标节点实现攻击目的,比如修改目标节点的邻居集合,或者直接修改目标节点的部分特征属性;② 间接攻击,攻击者通过修改目标节点周围的节点、修改目标节点周围节点的特征或者增加周围节点之间的连边来影响目标节点的预测结果。相比而言,间接攻击更加隐匿。

(2) 非目标攻击。非目标攻击是指攻击者希望在尽可能多的数据而不是若干个指定的目标数据上降低预测性能,这与中毒攻击的策略有相似之处,因此攻击者一般使用中毒攻击来实现非目标攻击。

5. 攻击方法

针对现有的攻击方法,根据其机理,可以进行如下简单的归类。

(1) 基于梯度的攻击方法。在现有的攻击方法中,基于梯度的攻击方法是现阶段最简单且有效的方法,其核心是通过获取模型的内部参数来指导网络的修改。Meta Attack 攻击方法[1]首次结合元学习算法,将输入数据视为超参数,使用元梯度方法最大化攻击的损失函数,设计最佳的连边修改策略。在求解梯度的过程中容易受到噪声的影响,导致梯度方向不稳定或求解过程容易陷入局部最优,MGA(Momentum Gradient Attack)攻击算法结合动量梯度算法,成功解决了上述问题[2]。JSMA(Jacobian-based Saliency Map Attack)在图像领域效果显著,但是由于网络数据的不连续性,该方法无法直接迁移到网络算法上。积分梯度算法可以巧妙地化解网络数据不连续带来的问题[3],成功降低了深度学习算法在节点分类上的精度。针对链路预测任务也有一些基于梯度的攻击算法。受图像攻击算法的启发,IGA(Iterative Gradient Attack)算法出现,并实现了对图自编码器 GAE 模型的攻击[4],且验证了该算法具有良好的迁移性。紧接着,该方法被运用到动态链路预测算法中,即 TGA(Time-aware Gradient Attack)攻击策略[5],成功降低了动态链路预测算法的预测性能。在图分类算法中,使用代理模型的梯度信息实现对分层池化模型的对抗攻击[6]。当把上述基于梯度的攻击方法直接应用到大规模的网络数据上时,大部分算法会因为计算损耗大、存储空间不足等问题而失效,因此 SGC(Simplified Graph Convolutional Network)模型被作为代理模型,并提出了 SGA(Simplified Gradient-based Attack)算法,以降低时间及空间复杂度[7]。除此之外,结合梯度算法也可以实现黑盒攻击算法[8]。将基于梯度的白盒攻击方法加以调整转变成为黑盒攻击方法,使用错分率作为反馈修正攻击模型。除了上述方法还有其他基于梯度的攻击方法,不在此处一一介绍。

(2) 基于进化计算的攻击方法。进化计算作为一种智能优化算法在对抗攻击研究中也被广泛采用。已有研究使用进化计算寻找最优的连边修改策略,提出了 Q-Attack[9]和 EPA(Evolutionary Perturbation Attack)两种攻击方法[10],用于对社团划分算法进行攻击。此外,也有研究采用遗传算法的寻优策略,提出了基于欧氏距离的 EDA(Euclidean Distance Attack)攻击方法来降低节点分类和链路预测的精度[11]。

(3) 基于强化学习的攻击方法。基于强化学习的节点注入中毒攻击方法(Node Injection Poisoning Attack,NIPA)通过在训练前将假节点注入图中,并修改假节点的标签和连边信息来实施攻击[12]。此外,强化学习算法被引入图攻击任务,对节点分类和图分类两大任务实施攻击,并生成相应的对抗样本,导致模型的分类精度下降[13]。ReWatt 攻击方法通过重连网络中的若干条连边,成功破坏图分类模型[14]。强化学习还可以弥补了无法将梯度攻击直接使用在黑盒攻击上的缺陷,实现了针对动态链路预测模型的黑盒攻击,并得到较好的攻击效果[15]。

(4) 其他攻击方法。针对节点的特征和图的结构进行对抗性扰动,出现了一种启发式的攻击方法 NETTACK,在攻击过程中保证图的一些数据指标尽量保持不变[16]。也有研究从链路预测算法本身出发,使用启发式的重连边方法生成对抗样本,降低链路预测算法的性能[17],或是从局部信息和全局信息两个角度出发生成对应的对抗样本[18]。针对图嵌入的对抗攻击方法,实现了一系列针对包括节点分类、链路预测等多种下游任务的攻击[19]。随后,还出现了一种通过操作特征和图结构破坏输出嵌入的质量进而影响下游任务精度的图滤波攻击方法(Graph Filter Attack,GF-Attack)[20]。

6.2 针对节点分类的对抗攻击

随着深度学习的发展,越来越多的深度模型被应用于节点分类,GCN 是其中一类可用于节点分类的经典深度模型,针对节点分类的攻击大都以 GCN 模型为基础模型设计实现。下面主要介绍两种针对节点分类的攻击方法。

6.2.1 NETTACK

节点分类算法的核心是设计一个函数 f,将每一个节点映射到对应的标签集合中,不同节点分类算法的映射函数 f 不尽相同。通常情况下,攻击者无法获取目标模型的全部信息,因此在攻击过程中通常会设计一个新的节点分类算法代替目标模型,该模型称为代理模型。攻击者通常选取经典的 GCN 模型作为代理模型,将基于 GCN 模型生成的对抗样本迁移到原模型上,使其预测精度下降。

GCN 是一种多层的图卷积神经网络,每一个卷积层仅处理一阶邻域信息,叠加若干卷积层实现多阶邻域的信息传递。每一个卷积层的传播规则为

$$\boldsymbol{H}^{(\ell+1)}=\sigma(\widetilde{\boldsymbol{D}}^{-\frac{1}{2}}\widetilde{\boldsymbol{A}}\widetilde{\boldsymbol{D}}^{-\frac{1}{2}}\boldsymbol{H}^{(\ell)}\boldsymbol{W}^{(\ell)}),$$

其中,$\widetilde{\boldsymbol{A}}=\boldsymbol{A}+\boldsymbol{I}_N$ 是无向图 $G=(\boldsymbol{A},\boldsymbol{X})$ 加自环的邻接矩阵,$\widetilde{\boldsymbol{D}}$ 是 $\widetilde{\boldsymbol{A}}$ 的度值矩阵,即 $\tilde{d}_{ii}=\sum_j \tilde{a}_{ij}$,$\boldsymbol{H}^{(\ell)}$ 是第 ℓ 层的激活单元矩阵,$\boldsymbol{H}^{(0)}=\boldsymbol{X}$,$\boldsymbol{W}^{(\ell)}$ 是每一层的参数矩阵,σ 表示激活函数。

此处使用双层 GCN 模型,且采用线性激活函数,即 $\boldsymbol{Z}=\mathrm{Softmax}(\widetilde{\boldsymbol{A}}^2\boldsymbol{X}\boldsymbol{W})$。代理模型的训练损失函数定义如下:

$$\mathcal{L}_s(\boldsymbol{A},\boldsymbol{X};\boldsymbol{W},v_0)=\max_{y\neq y_{old}}[\widetilde{\boldsymbol{A}}^2\boldsymbol{X}\boldsymbol{W}]_{v_0 y}-[\widetilde{\boldsymbol{A}}^2\boldsymbol{X}\boldsymbol{W}]_{v_0 y_{old}}, \tag{6-6}$$

其中,v_0 是目标节点,y 是新的预测标签,y_{old} 是原始的预测标签。攻击者的目的就是新的预测标签与原始标签完全不一致,因此攻击者将目标转化为最大化代理模型的损失函数,即 $\underset{(\boldsymbol{A}',\boldsymbol{X}')\in\mathcal{P}^{G0}_{\Delta,\mathcal{M}}}{\mathrm{argmax}}\ \mathcal{L}_s(\boldsymbol{A}',\boldsymbol{X}';\boldsymbol{W},v_0)$。

该优化问题虽然简单,但是由于网络数据的不连续性和函数的限制,NETTACK 攻击算法[16]采用了可伸缩的贪婪逼近算法,为此,设计了针对网络结构攻击(修改连边 e)和特征攻击(修改特征 x)的评价函数:

$$\begin{aligned}s_{struct}(e;G,v_0)&:=\mathcal{L}_s(\boldsymbol{A}',\boldsymbol{X};\boldsymbol{W},v_0),\\ s_{feat}(x;G,v_0)&:=\mathcal{L}_s(\boldsymbol{A},\boldsymbol{X}';\boldsymbol{W},v_0),\end{aligned} \tag{6-7}$$

其中 $\boldsymbol{A}'=\boldsymbol{A}\pm e$,$\boldsymbol{X}'=\boldsymbol{X}\pm x$。

在添加扰动时,为了保证添加的扰动不明显,需要满足以下要求:

$$\sum_u\sum_i|\boldsymbol{X}_{ui}-\boldsymbol{X}'_{ui}|+\sum_{u<v}|\boldsymbol{A}_{uv}-\boldsymbol{A}'_{uv}|\leqslant\Delta, \tag{6-8}$$

其中 u,v 分别表示两个节点,i 表示节点的第 i 个特征,Δ 表示扰动预算。除了满足以上条件,还需保证网络图的某些特征不变。因此在添加扰动过程中只允许保留能够保持网络图固有特性的扰动。

(1) 结构扰动。度分布是图结构最显著的特征之一。如果两个网络的度分布相差很大,则很容易被区分开;此外在真实网络中,度分布往往近似于幂律分布。综上,修改后的网络度分布需尽可能近似原始的幂律分布。为此,NETTACK 攻击方法采用似然估计判断 G 和 G' 两个网络的度分布是否来自同一分布。判断过程如下:首先计算网络度分布 $p(x)\propto x^{-\alpha}$ 的幂律指数 α,这里给出一种近似的估

计方法：

$$\alpha_G \approx 1 + |\mathcal{D}_G| \cdot \left(\sum_{k_i \in \mathcal{D}_G} \log \frac{k_i}{k_{\min} - \frac{1}{2}}\right)^{-1}, \tag{6-9}$$

其中，$k_{\min}$表示用于拟合幂律分布的最小度值，$\mathcal{D}_G = \{k_v^G \mid v \in V, k_v^G \geqslant k_{\min}\}$是所有度值大于$k_{\min}$的节点度值集合，$k_v^G$是图$G$的节点$v$的度值。由式(6-9)可以计算得到网络$G$和扰动后的图$G'$的幂律指数$\alpha_G$和$\alpha_{G'}$，同样地，也可以计算组合样本$\mathcal{D}_{comb} = \mathcal{D}_G \cup \mathcal{D}_{G'}$的幂律指数$\alpha_{comb}$。其次，根据幂律指数$\alpha_i$，计算样本$\mathcal{D}_i$的似然估计值：

$$f(\mathcal{D}_i) = |\mathcal{D}_i| \cdot \log \alpha_i + |\mathcal{D}_i| \cdot \alpha_i \cdot \log d_{\min} + (\alpha_i + 1) \sum_{k_j \in \mathcal{D}_i} \log k_j. \tag{6-10}$$

最后，利用似然估计值进行显著性检验，估计两个样本$\mathcal{D}_G$和$\mathcal{D}_{G'}$是否来自同一个幂律分布。假设$\mathcal{H}_0$表示来自同一幂律分布，$\mathcal{H}_1$表示来自不同幂律分布，两种假设的计算方法分别为：$f(\mathcal{H}_0) = f(\mathcal{D}_{comb})$，$f(\mathcal{H}_1) = f(\mathcal{D}_G) + f(\mathcal{D}_{G'})$。经似然比检验，最终的检验统计量为：$\Lambda(G, G') = -2 \cdot f(\mathcal{H}_0) + 2 \cdot f(\mathcal{H}_1)$。当计算得到的$p$值小于0.05时，拒绝原假设$\mathcal{H}_0$。根据上述条件，攻击者只保留$\Lambda(G, G') < \tau \approx 0.004$的扰动。

(2) 特征扰动。虽然结构攻击方法也可以应用到节点特征攻击上，但上述检验不能很好地反映不同特征的相关性或共发生性：若两个特征在G中从未同时出现，但在G'中出现了，即便仅出现了一次，这样的扰动还是极易被检测出来。因此，特征攻击采用特征共现的检验。由于设计基于共现的统计检验需要对特征的联合分布进行建模，相对比较复杂，最终采用相对比较简单的确定性检验。在操作过程中，将特性设置为0的操作不会引起问题，因为它不会引入新的共现特征；但是节点u的哪些特性被设置为1是不易被察觉的？

为了解决上述问题，在特征贡献图$C = (\mathcal{F}, x)$进行随机游走，通过某个特征的出现概率来衡量特征是否容易引起注意，其中$\mathcal{F}$是特征的集合，$F \subseteq \mathcal{F} \times \mathcal{F}$表示目前为止已经同时出现过的特征集合。随机游走到的某个特征的概率越大，那么添加这个特征的操作就越不容易被注意。某个节点u添加不易被察觉的特征i的条件为

$$p(i \mid S_u) = \frac{1}{|S_u|} \sum_{j \in S_u} 1/x_j \cdot F_{ij} > \mathcal{E}, \tag{6-11}$$

其中$S_u = \{j \mid X_{uj} \neq 0\}$表示节点$u$拥有的初始特征集合，$x_j$表示特征$j$的大小，$\mathcal{E}$表示特征扰动阈值，当$p(i \mid S_u)$小于$\mathcal{E}$时，表示在节点$u$上添加特征$i$的概率很小，

容易被检测出。

在执行攻击时，攻击者优先执行对模型分类精度影响更大的操作，即当$s_{struct}>s_{feat}$时，执行结构攻击，反之，进行特征攻击。不断迭代上述操作，直到预测标签出错，即可认为攻击成功。若直到添加的扰动超过了设定的阈值仍未预测出错，则认为攻击失败。

6.2.2　基于元梯度的攻击方法

元学习旨在通过少量训练实例来设计能够快速学习新技能或适应新环境的模型。这里介绍基于元梯度的网络图对抗攻击，包括 Meta-Train 和 Meta-Self 两种攻击算法[1]。与传统的元梯度算法不同，此处将深度学习模型的梯度优化过程反过来，把输入的网络图作为一个超参数，利用元梯度算法优化输入数据。

假设攻击者无法获取模型的结构和参数，则与 NETTACK 攻击方法一致，需要使用一个代理模型来实现攻击。同样地，该方法也选择了双层 GCN 结构作为代理模型：

$$f_\theta(\boldsymbol{A},\boldsymbol{X})=\mathrm{Softmax}(\tilde{\boldsymbol{A}}^2\boldsymbol{X}\boldsymbol{W}),\tag{6-12}$$

其中 $\theta=\{\boldsymbol{W}\}$ 是可学习的参数集。然而与 NETTACK 的目标攻击不同，Meta-Train 和 Meta-Self 两种攻击方法属于全局攻击，降低了模型的总体分类性能。该攻击过程发生在训练阶段，即中毒攻击。中毒攻击的本质是一个二层优化问题：

$$\begin{aligned}&\min_{\hat{G}\in\Phi(G)}\mathcal{L}_{atk}(f_{\theta^*}(G')),\\&\text{s.t. }\theta^*=\underset{\theta}{\operatorname{argmin}}\mathcal{L}_{train}(f_\theta(G')),\end{aligned}\tag{6-13}$$

其中，$\mathcal{L}_{atk}$表示攻击损失函数，$\mathcal{L}_{train}$表示训练损失函数，θ 为模型参数。

由于测试数据的类标未知，所以在攻击过程中不能直接使用测试集的损失函数。考虑到一个模型具有较高的训练误差时，其泛化性能也会相对有所下降；换言之，当训练过程中损失函数较高时，该模型在测试时一般表现较差。因此，Meta-Train 攻击方法的核心思想就是采取最大化训练数据的损失函数 $\mathcal{L}_{train}$ 来解决无法直接使用测试集损失函数的问题，即 $\mathcal{L}_{atk}=-\mathcal{L}_{train}$。

在训练过程中，节点及其属性均可知，因此攻击者可以利用训练数据集学习模型并预测无类标节点集合 $V^P=V\backslash V^T$的类标 Y_P，其中 V^T表示含有类标的节点集合。Meta-Self 攻击方法使用预测类标计算该模型在无类标节点上的损失函数，由此产生第二种近似攻击损失函数的计算方法 $\mathcal{L}_{atk}=-\mathcal{L}_{self}$，其中 $\mathcal{L}_{self}=\mathcal{L}(V^P,Y_P)$。$\mathcal{L}_{self}$只是用来评测训练后的泛化损失。

在确定具体的二层优化问题之后，使用元学习中传统的元梯度方法进行求解。元梯度将图邻接矩阵作为超参，计算训练后的攻击损失梯度：

$$\begin{aligned} \nabla_G^{meta} &:= \nabla_G \mathcal{L}_{atk}(f_{\theta^*}(G)) \\ \text{s.t. } \theta^* &= opt_\theta(\mathcal{L}_{train}(f_\theta(G))), \end{aligned} \tag{6-14}$$

其中，$opt(\cdot)$是可微优化过程，例如梯度下降和它的各种随机变体。元梯度反映了训练后的攻击损失函数 $\mathcal{L}_{atk}$与添加扰动之间的关系，这正是攻击者在攻击过程中所关心的。在实例化 $opt(\cdot)$过程中，以学习率为 α 的批梯度下降算法为例，假设初始模型参数为 θ_0，则训练过程中模型参数为

$$\theta_{t+1} = \theta_t - \alpha \nabla_{\theta_t} \mathcal{L}_{train}(f_{\theta_t}(G)). \tag{6-15}$$

当攻击者攻击 T 次以后，训练后攻击损失函数可表示为 $\mathcal{L}_{atk}(f_{\theta_T}(G))$，因此元梯度可表示为

$$\begin{aligned} \nabla_G^{meta} &:= \nabla_G \mathcal{L}_{atk}(f_{\theta_T}(G)) \\ &= \nabla_f \mathcal{L}_{atk}(f_{\theta_T}(G)) \cdot [\nabla_G f_{\theta_T}(G) + \nabla_{\theta_T} f_{\theta_T}(G) \cdot \nabla_G \theta_T], \end{aligned} \tag{6-16}$$

其中，$\nabla_G \theta_{t+1} = \nabla_G \theta_t - \alpha \nabla_G \nabla_{\theta_t} \mathcal{L}_{train}(f_{\theta_t}(G))$。由于参数 θ_t 并不是固定的，不仅与模型的初始参数 θ_0 有关，而且会随着网络结构的变化而变化，因此攻击者可以通过元梯度修改网络结构的同时影响模型参数，直到攻击损失函数 $\mathcal{L}_{atk}$最小：

$$G^{(t+1)} \leftarrow \boldsymbol{M}(G^{(t)}). \tag{6-17}$$

在执行了 Δ 次攻击之后得到最终的对抗样本 $G^{(\Delta)}$，此处，使用最简单的步长为 β 的梯度下降方法来实例化模型 $\boldsymbol{M}$：$\boldsymbol{M}(G) = G - \beta \nabla_G \mathcal{L}_{atk}(f_{\theta_T}(G))$。

与常见的梯度攻击一样，元梯度在执行过程中受到两方面的局限：① 由于网络图数据的不连续性，无法直接使用元梯度算法；② 操作空间很广，需要从 N^2 对节点对中选取影响最大的节点对进行修改。因此采用了一种贪婪方法来解决上述问题。该方法采取的攻击策略为连边修改，即特征矩阵 $\boldsymbol{X}$ 是常量，因此可以用邻接矩阵 $\boldsymbol{A}$ 代替 G。为每一个可能的操作打分，计算其对攻击损失函数 $\mathcal{L}_{atk}$的影响。具体计算方法如下：给定节点对(v_i, v_j)，定义 $s(i,j) = \nabla_{a_{ij}}^{meta} \cdot (-2 \cdot a_{ij} + 1)$，其中 a_{ij}是邻接矩阵 $\boldsymbol{A}$ 在(i,j)上的值，每次选择得分最高的扰动 $e' = (v_i', v_j')$，即

$$e' = \underset{e=(v_i,v_j):\boldsymbol{M}(A,e) \in \boldsymbol{\Phi}(G)}{\operatorname{argmax}} s(i,j), \tag{6-18}$$

其中，$\boldsymbol{\Phi}(G)$表示允许的扰动空间，$\boldsymbol{M}(\boldsymbol{A}, e) \in \boldsymbol{\Phi}(G)$，确保修改的连边都满足约束。针对选定的节点对$(v_i, v_j)$，规定进行 $a_{ij} = 1$ 操作时表示增加连边 $e = (v_i, v_j)$，进行 $a_{ij} = 0$ 操作时表示删除连边 $e = (v_i, v_j)$，通过更新邻接矩阵来更新模型 $\boldsymbol{M}(\boldsymbol{A}, e)$。最终得到的模型为中毒模型，可实现全局攻击，从整体上降低模型的分类性能。

6.3 针对链路预测的对抗攻击

下面介绍两种针对链路预测的对抗攻击算法:基于 RA 的启发式攻击方法和梯度攻击方法。

6.3.1 基于 RA 的启发式攻击方法

启发式方法是一种基于直观或经验构造的算法,对优化问题的实例能给出可接受计算成本(计算时间、占用空间等)内的一个近似最优解。这里介绍一种基于资源分配指标(RA)的启发式攻击方法来生成对抗样本[17],成功实现针对链路预测模型的攻击。

在基于相似性的链路预测算法指标中,RA 具有较好的性能。RA 指标的计算方法见第 3 章公式(3-12)。要减小两个节点之间的 RA 值,主要可以采用两种方法:减少两个节点之间的共同邻居或者增加共同邻居的度值。具体的操作步骤如下:首先,将网络中的所有连边分为三大类:用于训练的连边、用于测试的连边和网络中不存在的连边;其次,计算两个节点之间的 RA 值,并从大到小排序。

针对不同类别的连边,设定连边修改策略。启发式增删连边规则如图 6-2 所示,包括如下三种情况。

(1) 若选定的节点对用于训练,则直接删除。删除后该节点对之间不存在连边但是拥有较高的 RA 值,在训练过程中可以欺骗链路预测模型。

(2) 若选定的节点对之间不存在连边,则在节点 v_i 的邻居节点中选取一个度值最小的节点 v_s,同时保证节点 v_s 并不是节点 v_j 的邻居,在节点 v_s 和节点 v_j 之间添加连边,通过增加共同邻居的数量来增大不存在连边的两个节点对之间的 RA 值。

(3) 若选定的节点对用于测试,存在两种操作:① 在节点 v_i 和节点 v_j 的共同邻居中选择度值最小的两个节点 v_s 和 v_t,且节点 v_s 和 v_t 之间不存在连边,在节点 v_s 和 v_t 之间添加连边,以增大共同邻居的度值;② 从两者的共同邻居中选择一个度值最小的节点 v_s,删除节点 v_s 和节点 v_i 或节点 v_j 之间的连边,以减少共同邻居的数量。上述两种操作都可以减少测试节点对之间的 RA 值。

根据上述的连边修改规则修改网络生成对抗样本，破坏链路预测算法的精度。

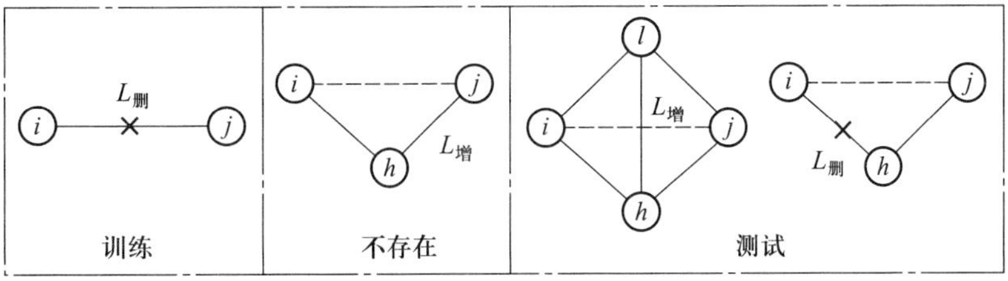

图 6-2 启发式增删连边规则（取自文献[17]）

6.3.2 梯度攻击方法

当前梯度攻击是较为有效的一种攻击方法。梯度攻击主要是利用模型内部的参数进行求导，指导攻击者修改网络中的拓扑结构。下面介绍一种针对自动编码器设计的梯度攻击方法[4]。梯度攻击框架如图 6-3 所示。

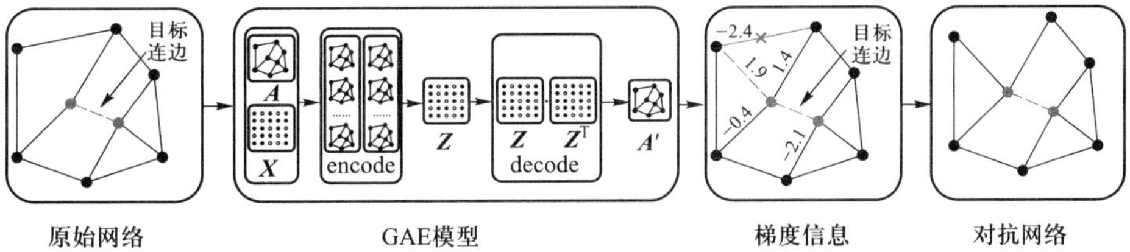

图 6-3 梯度攻击框架

该方法选取经典的自编码器（Graph AutoEncoder，GAE）作为目标模型。GAE 模型是一种将降维和生成模型相结合的深度学习方法，可以学习到平滑的隐含表示。GAE 模型由 encode（编码器）和 decode（解码器）两部分组成。编码器的实质就是两层 GCN 模型，两层 GCN 模型的输出结果就是编码向量：

$$\boldsymbol{Z}=\sigma(\tilde{\boldsymbol{D}}^{-\frac{1}{2}}\tilde{\boldsymbol{A}}\tilde{\boldsymbol{D}}^{-\frac{1}{2}}\cdot\sigma(\tilde{\boldsymbol{D}}^{-\frac{1}{2}}\tilde{\boldsymbol{A}}\tilde{\boldsymbol{D}}^{-\frac{1}{2}}\boldsymbol{X}\boldsymbol{W}^{(0)})\boldsymbol{W}^{(1)}). \tag{6-19}$$

与图像、信号的解码器不同，GAE 将 GCN 模型得到的编码向量 $\boldsymbol{Z}$ 作了内积，得到重构邻接矩阵 $\hat{\boldsymbol{A}}=\sigma(\boldsymbol{Z}\boldsymbol{Z}^{\mathrm{T}})$。随后将重构邻接矩阵用于预测目标连边是否存在。当重构邻接矩阵 $\hat{\boldsymbol{A}}$ 中的 $\hat{a}_{ij}$ 值大于阈值时，可以认为节点 v_i 和 v_j 之间存在连边，否则不存在。通常选取的阈值为 0.5。

接下来，确定攻击的损失函数。由于攻击者的目的就是改变 GAE 模型的预测结果，换而言之就是反转重构矩阵的结果，让预测结果与原始标签尽可能不一致，因此攻击损失函数定义如下：

$$\mathcal{L}_{atk} = (y_{ij} - \hat{a}_{ij})^2, \tag{6-20}$$

其中 y_{ij} 表示连边的真实标签，即如果 $y_{ij}=1$，节点 v_i 和 v_j 之间存在连边，否则不存在。攻击损失函数除了可以设计成公式(6-20)之外，还可以使用交叉熵：

$$\mathcal{L}_{atk} = -y_{ij}\ln(\hat{a}_{ij}) - (1 - y_{ij})\ln(1 - \hat{a}_{ij}), \tag{6-21}$$

上述两种攻击损失函数都能体现目标链路的预测结果与原始标签之间的差异。此时攻击者只需要通过最大化攻击损失函数来指导修改网络结构，生成对抗网络。要找到对损失函数影响最大的连边，一个简单的方法就是对损失函数进行求导，通过梯度矩阵反映每一条连边对损失函数的影响，即

$$\boldsymbol{g}_{ij} = \frac{\partial \mathcal{L}_{atk}}{\partial \boldsymbol{A}} = 2(1 - \hat{a}_{ij})\frac{\partial \hat{a}_{ij}}{\partial \boldsymbol{A}} = 2(1 - \hat{a}_{ij})\frac{\partial f(a_{ij})}{\partial \boldsymbol{A}}, \tag{6-22}$$

其中 $\boldsymbol{g}_{ij}$ 表示针对节点对 (v_i, v_j) 的梯度矩阵。由于输入网络是无权无向的，即邻接矩阵 $\boldsymbol{A}$ 为对称矩阵，为了避免同一连边所对应的两个梯度值 $\boldsymbol{g}_{ij}$ 和 $\boldsymbol{g}_{ji}$ 不一致的问题，对得到的梯度矩阵进行预处理，保证用于指导连边修改的梯度矩阵是对称的。

最后，根据得到的梯度矩阵修改网络结构。具体的连边修改规则如下：由于攻击者的目的是最大化攻击损失函数，因此在选择连边的过程中应该优先选择梯度绝对值最大的连边，这样可以确保对目标连边的影响最大。除此之外，增删连边还需满足：当梯度值为正值，且原始网络中不存在该连边时，添加该连边；当梯度值为负值，且原始网络中存在该连边时，删除该连边。

该梯度攻击方法不仅可以用于静态链路预测模型，也可以应用于动态链路预测模型，即时间梯度攻击(Time-aware Gradient Attack，TGA)[5]。两种方法的主要区别在于目标模型不一致，但攻击方法的本质是相同的，都包含了设计攻击损失函数、计算梯度矩阵以及根据梯度矩阵修改连边这几个步骤。关于时间梯度攻击方法这里不做详细介绍，感兴趣的读者请参考文献[5]。

6.4 针对社团检测的对抗攻击

社团检测是一种在网络中找出关系紧密的节点集合(社团)的技术。目前已有多种社团检测方法，以及关于算法鲁棒性的探究。本节将介绍两种针对社团

检测的对抗攻击方法:启发式攻击方法和基于进化计算的攻击方法。

6.4.1 启发式攻击方法

这里将介绍两种针对社团检测的启发式攻击方法,攻击者可以从单个节点或节点集合两个不同的角度出发,设计两种完全不同的启发式攻击方法。

1. 针对单个节点的启发式方法

常见的影响力传播模型,例如独立级联模型、线性阈值模型,在开始时,先挑选网络中影响力较大的节点作为初始节点集合,随着算法的推进,根据节点在网络中的重要程度逐步扩大节点集合。由此可见,攻击者如果要社团检测算法只在某个节点上出现错误,那么需要修改网络结构减少这个节点在整个网络中的影响,此外,为了提高算法的隐匿性,还需要尽可能减少上述操作对其他节点的影响。如何判断节点在整个网络中的重要程度?通常主要采用度中心性、介数中心性和接近中心性 3 个指标来评判节点对整个网络的影响。就度中心性而言,目标节点的度值越大,受到影响的节点也就越多,社团检测算法自然更加关注该目标节点,而该目标节点也将更难误导社团检测算法。介数中心性则是指一个节点担任其他两个节点之间最短路径桥梁的次数。一个节点充当“中介”的次数越高,它的介数中心性就越大。接近中心性体现的是一个节点与其他节点的近邻程度。一个具有高接近中心性的节点,距离任何其他节点都较近,在空间上也体现在中心位置上。

直接计算所有节点的中心性指标,并根据中心性指标的定义进行网络结构的修改是不切实际的,其原因在于想要根据中心性指标反推出每一条连边对目标节点的影响是一个 NP 问题,且计算复杂,工作量大。对此,我们根据中心性指标提出了启发式的攻击方法 ROAM(Remove One, Add Many)。为了提高算法的隐匿性,规定连边修改操作不可超过 m 次。针对目标节点 v_t,攻击者主要进行如下两个步骤的操作:① 删除目标节点 v_t 与其邻居节点 v_i 之间的连边;② 剩余的 $m-1$ 次操作均是增加邻居节点 v_i 与其他节点 v_j 之间的连边,其中节点 v_j 是目标节点 v_t 的邻居;若满足要求的 v_j 节点数量少于 $m-1$,则增加邻居节点 v_i 与所有满足要求的 v_j 节点之间的连边。

操作①是一个删边操作,直接减小了目标节点 v_t 的邻居节点的数量,即减少了目标节点 v_t 的度值,由于操作②中的所有增边操作都不再涉及目标节点 v_t,因此最后生成的对抗样本中目标节点 v_t 的度值一定小于原始样本中目标节点 v_t 的度值,可以减少目标节点 v_t 的度中心性。为了尽可能减少目标节点 v_t 的介数中心性,在挑选邻居节点 v_i 时规定邻居节点 v_i 的度值是所有邻居节点中度值最大的。邻居节点 v_i 的度值越大,连边 (v_t, v_i) 成为目标节点 v_t 与其他节点之间最短路径中的一部分的概率也就越高，因此删除连边(v_t,v_i)可以减少目标节点 v_t 的介数中心性和接近中心性。但是这一操作也将剥夺邻居节点 v_i 对目标节点 v_t 的影响。

操作②最主要的目的就是弥补由于操作①造成的邻居节点 v_i 对目标节点 v_t 影响不足的情况。通过增加 $m-1$ 条满足要求的连边，增加邻居节点 v_i 对目标节点 v_t 的影响。由于增边过程并不涉及目标节点 v_t，因此对目标节点 v_t 的度中心性并不会产生任何影响，但是在增加连边(v_i,v_j)之后，原始的邻居节点 v_i 成为目标节点 v_t 的二阶邻居，与删边之后的网络相比，目标节点 v_t 的介数中心性和接近中心性都有所增加，但是都比原始的网络小。为了减少增边操作对目标节点 v_t 的中心性的影响，在选取节点 v_j 时要求节点 v_j 的度值尽可能小。

2. 针对节点集合的启发式方法

如果说，针对单个节点的攻击方法是保护个人信息被过度挖掘，那么针对节点集合的攻击方法则是保护一个组织关系，防止其被算法检测。在设计攻击算法时，受模块度的启发，提出了针对节点集合的启发式攻击方法 DICE (Disconnect Internally, Connect Externally)。具体来说，模块化定义了社团内部紧密连接和社团之间稀疏连接的结构。因此，社团检测算法通常被设计用来搜索一个最大化模块度的结构。显然，攻击者只要减少社团内部的连边，增加社团之间的连边就可以很好地欺骗社团检测算法。因此 DICE 主要分为两个步骤：删除 m 条目标社团内节点之间的连边；增加 $n-m$ 条目标社团内部的节点与其他社团节点之间的连边，其中 n 表示允许进行的操作次数。

6.4.2　基于进化计算的攻击方法

这里主要介绍基于遗传算法的 Q-Attack 攻击方法[9]。遗传算法是根据生物学中遗传过程设计的，利用选择、交叉、变异等操作使相对比较优秀的基因能够保留下来。遗传算法一般包含编码、种群初始化、适应度函数计算、选择算子、交叉算子及变异算子等部分。基于遗传算法的 Q-Attack 攻击执行过程如图 6-4 所示。

1. 编码

使用遗传算法解决问题的首要任务是进行编码操作，编码方式的选择不仅直接影响到交叉算子、变异算子的设计，很大程度上也将决定遗传算法的计算效率，因此需要针对网络数据设计特有的编码方式。由于这里采用修改网络结构生成对抗样本，即修改网络的连边，显然最简单的方法就是将网络中的每一条连边作为一个基因。在网络中，每一条连边都可以由两个节点来唯一表示。因此得到了适用于网络数据的编码方式：对网络中的每一个节点进行标号，网络中的

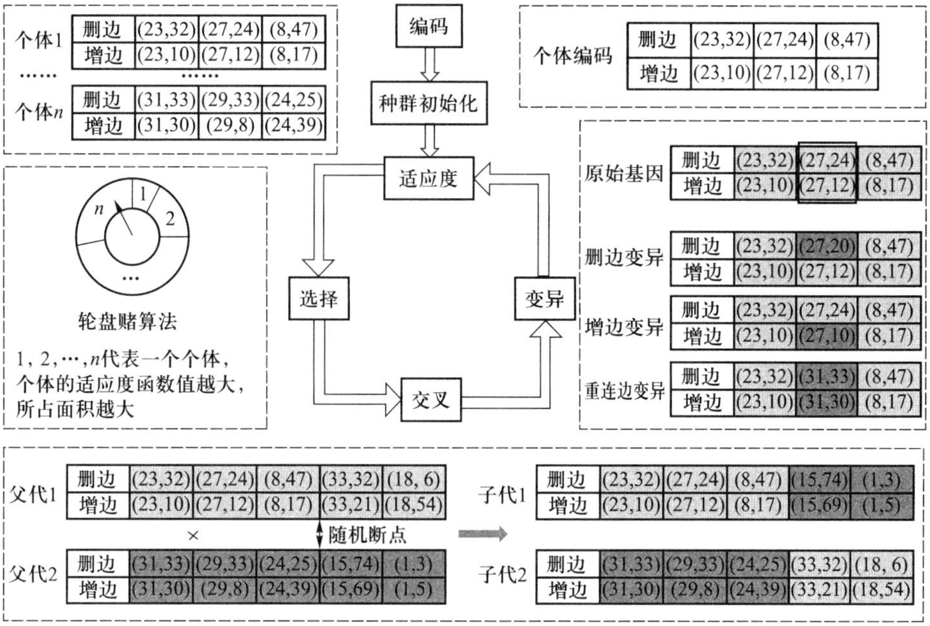

图 6-4 基于遗传算法的 Q-Attack 攻击执行过程

每一条连边可以由两个节点的标号唯一确定，即(i,j)，其中 i,j 分别表示节点 v_i 和 v_j 的标号。(i,j)就是其中的一个基因。

为了提高攻击方法的隐匿性，这里采用了重连边的攻击策略：选定一个节点 v_i，删去包含该节点的一条连边(v_i,v_j)，增加一条该节点的连边(v_i,v_s)。因为每一个基因里面需含有两条连边，且两条连边分别满足$(v_i,v_j)\in E$，$(v_i,v_s)\notin E$，此外两条连边必须含有一个相同的节点。上述两个条件有一个不满足即认为是不合法基因。其中染色体的长度表示重连边的次数。

2. 种群初始化

在开始使用遗传算法进行寻优之前，需进行种群初始化。设定种群大小为 m_{pop}，即随机选定 m_{pop} 个合法个体。合法个体需要满足以下两个条件：个体中的每一个基因合法；个体中的基因不冲突，即不存在增加同一条连边或者删除同一条连边的情况。每一个合法个体代表了一种合理的网络修改方式。

3. 适应度函数计算

在社团检测算法中，模块度 Q 是一种用于评估社团划分的全局目标函数，用于衡量社团划分的好坏。模块度 Q 的计算方法参见第 4 章的公式(4-2)。对于社团检测来说，模块度 Q 的值越接近于 1，说明划分出的社团结构强度越强，而攻击者的目的正好与此相反，攻击者认为模块度 Q 的值越小，那么该攻击方法越有效，在遗传算法中也就是模块度 Q 值越小，个体越优秀，更加适合生存。因此根据模块度 Q 设计了适应度函数：

$$fitness = e^{-Q}. \tag{6-23}$$

4. 选择算子

此处选择轮盘赌算法作为选择算子。轮盘赌算法也称为比例选择算子，其核心思想是各个体被选中的概率与其适应度大小成正比。具体的操作步骤为：首先计算群体中每一个个体的适应度 $fitness(i)$，$i=1,2,\cdots,m_{pop}$；然后计算每一个个体被遗传到下一代群体的概率：

$$p_i = \frac{fitness(i)}{\sum_{j=1}^{m_{pop}} fitness(j)}. \tag{6-24}$$

5. 交叉算子

生物个体通过交叉染色体，将父代优秀的基因遗传给子代，整个种群能够更加适应所生存的环境。常见的交叉算法有单点交叉、多点交叉及洗牌交叉等多种交叉算法。这里选择最简单的单点交叉算法。随机产生一个交叉断点，将断点之后的基因进行交换，得到新的个体。值得注意的是，在交叉过程中要进行合法验证，避免交叉后产生的个体是不合法的。交叉算法由交叉概率 P_c 控制。

6. 变异算子

变异算子的存在是为了在一定程度上避免算法陷入局部最优。变异算子可以产生新的连边，为生成对抗样本提供新的解决方法。主要有 3 种变异的方法：删除连边变异、增加连边变异和重连边变异。删除连边变异和增加连边变异都只是分别修改删边基因和增边基因，而重连边变异则是修改整个基因。变异算子由变异概率 P_m 控制。

由于遗传算法存在交叉算子与变异算子，在父代中具有高适应性的个体可能会消失，因此增加了一个精英机制：在进化过程中，用双亲中最好的 10%的个体替代后代中最差的 10%的个体，以保持优良基因的延续。

不断迭代上述过程，直到预测结果发生变化，生成不易被察觉的对抗样本。

6.5 针对图分类的对抗攻击

目前针对图分类的对抗攻击算法相对较少,本节主要介绍基于强化学习的攻击以及后门攻击两种攻击方法。

6.5.1 基于强化学习的攻击方法

强化学习强调依据环境指定行动策略,以取得最大化的预期收益。深度强化学习是采用深度神经网络作为值函数估计器的一类方法,主要优势在于它能够利用深度神经网络对状态特征进行自动抽取,避免了人工定义状态特征带来的不准确性,使得智能体能够在更原始的状态上进行学习。这里介绍如何将强化学习应用到网络图对抗攻击中[13],并使用马尔可夫决策过程(Markov Decision Process,MDP)对攻击过程进行建模。基于强化学习的原理图如图 6-5 所示。具体建模过程如下。

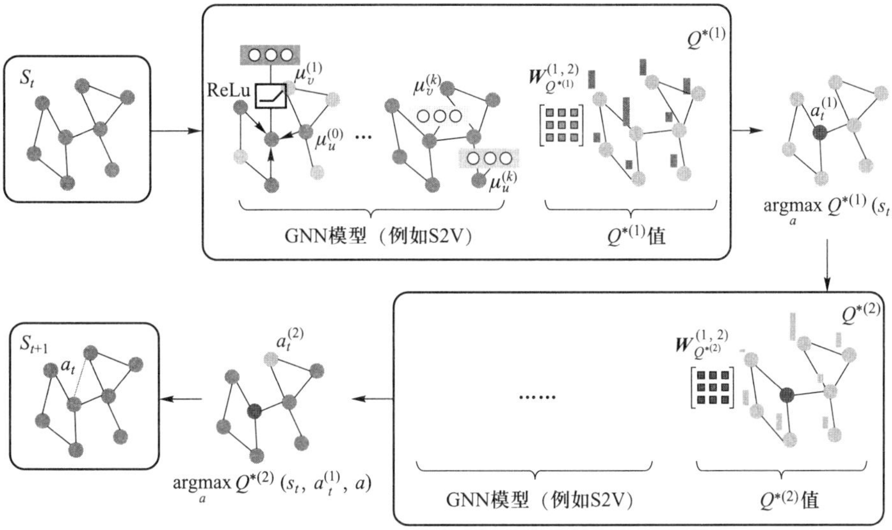

图 6-5 基于强化学习的原理图(取自文献[13])

(1) 动作(Action)。攻击者采用结构攻击策略,仅修改网络的拓扑结构,攻击者每次修改只能添加网络中的一条连边。网络中共有 N 个节点,因此每一次的动作都需从 $O(N^2)$ 的空间中搜索。a_t 表示 t 时刻的特定动作。

(2) 状态(State)。修改后的网络 G' 表示当前状态,原始网络 G 表示初始状态,s_t 表示 t 时刻的特定状态。

(3) 奖励(Reward)。奖励有助于攻击者欺骗深度学习模型,因此只能在 MDP 结束时获得奖励。奖励定义如下:

$$r(G') = \begin{cases} 1, & f(G') \neq y, \\ -1, & f(G') = y. \end{cases} \tag{6-25}$$

其中,$f(\cdot)$ 表示分类算法,y 表示网络的类标。注意,在 MDP 过程中,任何动作都不能得到奖励。

(4) 终止(Terminal)。当攻击者修改的连边数量达到 m 时,MDP 才会停止。如果修改少于 m 条连边就能使该网络图的预测结果发生变化,攻击者不会停止决策过程,但后续修改的连边被认为是无效连边。

马尔可夫决策过程从原始网络开始,即 $s_1=G$,整个决策过程可以表示为 $(s_1,a_1,r_1,\cdots,s_m,a_m,r_m,s_{m+1})$,$s_{m+1}$ 表示原始网络在修改了 m 条连边后的对抗网络,即终止时的状态。在整个决策过程中,除了 r_m 是非零的值,其他奖励为 0,即 $r_t=0, \forall t \in \{1,2,\cdots,m-1\}$。考虑到网络数据的离散性,此处采用 Q-learning 来求解马尔可夫决策过程。Q-learning 的主要优势是使用时间差分法进行离线学习,并采用 bellman 方程对马尔可夫过程求解最优策略:

$$Q^*(s_t,a_t) = r(s_t,a_t) + \gamma \max_{a'} Q^*(s_{t+1},a'). \tag{6-26}$$

这也暗示了一种贪婪策略:

$$\pi(a_t \mid s_t;Q^*) = \underset{a_t}{\operatorname{argmax}}\, Q^*(s_t,a_t). \tag{6-27}$$

本方法中规定 $\gamma=1$,由于动作 a_t 的搜索空间过大将影响强化学习算法的计算复杂度,通过优化动作 a_t,如图 6-5 所示,可以将原来搜索所有连边转变成为搜索节点对,即 $a_t=(a_t^{(1)},a_t^{(2)})$,$a_t^{(1)}$ 和 $a_t^{(2)}$ 分别表示搜索两个节点,计算复杂度从原来的 $\mathcal{O}(N^2)$ 下降为 $\mathcal{O}(N)$,Q-learning 的新公式如下:

$$\begin{aligned} Q^{*(1)}(s_t,a_t^{(1)}) &= \max_{a_t^{(2)}} Q^{*(2)}(s_t,a_t^{(1)},a_t^{(2)}), \\ Q^{*(2)}(s_t,a_t^{(1)},a_t^{(2)}) &= r(s_t,a_t=(a_t^{(1)},a_t^{(2)})) + \gamma \max_{a_t^{(1)}} Q^{*(1)}(s_t,a_{t+1}^{(1)}). \end{aligned} \tag{6-28}$$

上述的强化学习过程是基于一个网络马尔可夫决策操作,由于图分类任务中含有多个网络,针对每一个网络都需要设计一个马尔可夫决策过程,显然这是不切实际的。这里可以采用一个可行但是具有挑战的操作:只学习一个马尔可夫决策过程,并将该过程的参数转移到其他马尔可夫决策过程中,即 $Q_t^{*(1)}=$

$Q^{*(1)}, Q_t^{*(2)} = Q^{*(2)}$。

在修改了动作操作之后，$Q_t^{*(1)}$ 从对 $\hat{G}_t$ 中的连边进行打分转变成对 $\hat{G}_t$ 中每一个节点对进行打分，并采用 GNN 模型的节点嵌入向量进行实例化：

$$
\begin{aligned}
f_t^{*(1)} &= \boldsymbol{W}_{Q^{*(1)}}^{(1)} \sigma\left(\boldsymbol{W}_{Q^{*(1)}}^{(2)\mathrm{T}}\left[\boldsymbol{Z}_{a_t^{(1)}}, \boldsymbol{Z}(s_t)\right]\right), \\
f_t^{*(2)}(s_t, a_t^{(1)}, a_t^{(2)}) &= \boldsymbol{W}_{Q^{*(2)}}^{(1)} \sigma\left(\boldsymbol{W}_{Q^{*(2)}}^{(2)\mathrm{T}}\left[\boldsymbol{Z}_{a_t^{(1)}}, \boldsymbol{Z}_{a_t^{(2)}}, \boldsymbol{Z}(s_t)\right]\right),
\end{aligned} \tag{6-29}
$$

其中 $\boldsymbol{Z}_{a_t^{(1)}}$ 表示节点 $a_t^{(1)}$ 的嵌入向量，$\boldsymbol{Z}(s_t)$ 表示 s_t 状态下整个网络图的嵌入向量。

6.5.2 后门攻击方法

后门攻击是一种借助触发器实现目标类攻击的攻击方法，该方法最初被应用在图像领域[21-25]，且取得较好的攻击效果。此处介绍针对网络图的后门攻击方法[26]，该攻击方法是通过向网络注入子图实现攻击。

常见的中毒攻击不仅会使中毒样本分类出错，也能干扰在干净样本上的分类结果。而后门攻击方法是在不影响干净测试数据精度的前提下，尽可能使得中毒样本的分类出错，这也增加了检测难度。图 6-6 阐述了基于子图的后门攻击方法的原理。

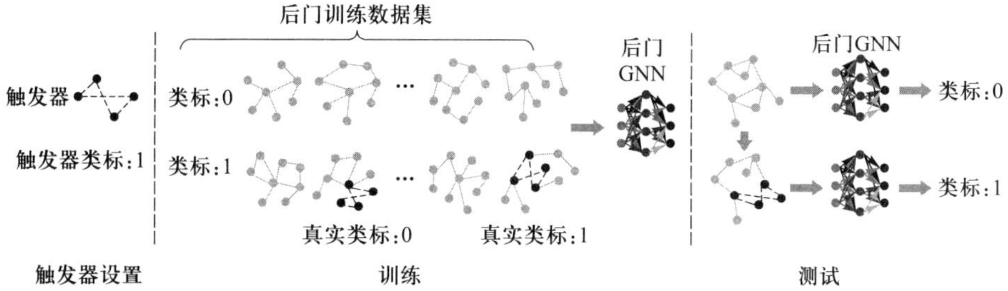

图 6-6 基于子图的后门攻击方法原理(取自文献[26])

攻击者将精心设计的子图(触发器)注入从训练数据中随机选择的目标图中，并将目标图的标签改为攻击者设定的触发器类标。注入子图的基本操作如下：如图 6-6 所示，该触发器包含 4 个节点，再从目标图中随机选取 4 个节点，删除这 4 个节点之间的连边，并将子图(触发器)的连接形式映射到目标图中，完成将子图(触发器)注入目标图的操作。紧接着，将修改后的数据集输入到干净的图神经网络(GNN)中进行训练，训练得到的神经网络称为后门 GNN。后门 GNN 可以学习触发器与触发器类标之间的关系，因此将含有触发器的测试图预测为触发器类标的概率将大大增大。显然，攻击的性能与子图结构的设置紧密相关，换句话说，子图(触发器)的设计成为后门攻击是否能够成功的关键。值得一提的是,使用全连接子图作为触发器是不合理的,主要有以下两个方面的原因:大多数真实网络都相对比较稀疏;在真实网络中很少见到全连接网络。因此使用全连接网络作为触发器会增大被检测出的风险。因此出现了随机生成子图的方法,主要涉及 4 个参数:触发器大小、触发器密度、触发器合成方法和中毒强度。具体定义如下:

(1) 触发器大小 t 和触发器密度 ρ。将子图(触发器)的节点数量设定为触发器的大小 n_{size}。当触发器大小设定为 n_{size} 时,触发器中最多可以包含 $n_{size}(n_{size}-1)/2$ 条连边,假设 e 表示子图(触发器)中真实的连边数量,则规定触发器密度 $\rho=2e/n_{size}(n_{size}-1)$。

(2) 触发器生成方法。触发器生成方法是指生成具有给定触发器大小和触发器密度的子图。生成网络的模型众多,此处采用最常用的三种生成子图的模型:随机网络生成模型[27]、小世界网络生成模型[28]以及优先连接网络生成模型[29](也称无标度网络生成模型)。根据上述三种网络生成模型分别可以设计以下 3 种触发器:

① 随机触发器。当给定子图节点数量 t,生成过程设定任意两个节点之间的连接概率 p,当 $p=\rho$ 时,生成的子图就是攻击者所期望的子图。

② 小世界触发器。小世界网络的一个显著特点是平均聚类系数大,平均路径长度小。生成指定大小和密度的小世界网络的步骤如下:生成含有 t 个节点的圆环,其中每个节点与它左右相邻的各 k 个节点相连;以固定概率随机重新连接网络中的每条边,即将边的一个端点保持不变,而另一个端点取为网络中随机选择的一个节点。同时规定,任意两个不同的节点之间至多只能有一条边,且每个节点都不能有边与自身相连。当 $k=(t-1)\rho$ 时,生成的小世界网络的密度即为 ρ。

③ 无标度触发器。优先连接网络生成模型大部分节点的度值都很小,但是个别节点的度值很大,称为 Hub 节点。优先连接网络的生成过程如下:从一个具有 n 个节点的连通网络开始,每次引入一个新的节点,并且与 n 个已经存在的度值相对较大的节点连接,当 $n=\mathrm{ceil}\left(\dfrac{n_{size}-\sqrt{n_{size}^{2}-2\cdot n_{size}\cdot(n_{size}-1)\cdot\rho}}{2}\right)$ 时,优先连接网络的密度满足触发器要求。

(3) 中毒强度 γ。后门攻击方法是通过将子图注入选定的训练图中,同时将它们的类标更改为触发器类标的方法使模型中毒。因此,中毒密度定义为中毒数据与所有训练数据的比值。

6.6 实验和分析

6.6.1 基本实验结果

本节使用上述介绍的攻击方法对常见的数据集进行攻击,并使用第 6.1.2 节中介绍的评价指标来衡量不同攻击算法的性能。

1. 节点分类实验

实验使用两个引文网络数据集 Cora 和 Citeseer 来验证攻击算法的有效性。

(1) NETTACK。NETTACK 攻击属于目标攻击,针对每一个目标节点生成一个对抗网络,因此采用攻击成功率来评价该攻击算法的有效性。为了提高算法的隐匿性,实验中设置修改的连边数量不得超过全部连边数量的 5%,即 $AML \leqslant 5\%$。实验结果显示 NETTACK 在 Cora 数据集和 Citesser 数据集上的攻击成功率分别为 98.03%和 97.63%。由此可见,在保证攻击算法有效的前提下,NETTACK 攻击方法可以有目的地改变大多数节点的预测结果。

(2) Meta-Self。与 NETTACK 攻击一致,实验中设 $AML \leqslant 5\%$。由于该方法属于非目标攻击,即针对测试集中的所有节点只生成一个对抗网络,但可以降低模型的整体测试性能,攻击成功率并不适用于 Meta-Self,可以采用错分率来进行评价。在攻击之前,GCN 模型在两个数据集上的错分率分别为 16.6%和 28.5%;采用 Meta-Self 攻击之后,错分率分别上升至 24.5%和 34.6%。

上述两种攻击方法的一个显著区别在于 NETTACK 每一次攻击的目的只是改变其中几个节点的预测结果,而 Meta-Self 的目的则是降低节点分类算法的整体精度。因此,从评价指标的数值上观察,NETTACK 在目标节点上的攻击效果必然会比 Meta-Self 的攻击效果好,但是 Meta-Self 对节点的影响范围通常比 NETTACK 大。

2. 链路预测实验

实验使用两个不同类型的数据集验证基于梯度的攻击方法的攻击效果:引文网络数据集 Cora 和软件数据集 Apache。梯度攻击方法也是一种目标攻击,针对每一条目标连边生成一个对抗网络,因此采用攻击成功率来评价该攻击算法的攻击性能。为了满足算法的隐匿性,增加了与节点分类算法一致的限定要求,即 $AML \leqslant 5\%$。实验结果表明,两个数据集上的攻击成功率分别为 96.03%和 95.42%,且在攻击过程中,平均修改 4 条连边就可以实现攻击目的。可见梯度攻击算法可以快速找到对攻击算法函数影响最大的连边，保证在修改最少连边的前提下达到攻击目的。

3. 社团检测实验

实验在 Polbooks 数据集上测试 Q-Attack 攻击的攻击效果，采用的目标模型是 Infomap 社团检测算法，采用社团检测中的模块度 Q 评价攻击效果。对于原始网络，检测算法将其划分为 6 个社团，模块度 Q 值为 0.523；生成的对抗网络被划分为 8 个社团，其 Q 值为 0.486。整个攻击过程攻击者只修改了 9 条连边。由此可见，基于 GA 的攻击方法是有效的，它会削弱社团结构的强度，并降低社团检测结果与真实标签之间的相似性。

4. 图分类算法实验

实验主要验证基于强化学习攻击方法的攻击效果，与文献[13]一致，利用 Erdös-Renyi 随机网络模型生成 15 000 个合成网络，并根据网络图的内部结构特征对其进行标记。15 000 个合成网络的规模并不相同，主要划分为三大类：$N \in [15,20]$，$N \in [40,50]$，$N \in [90,100]$，其中 N 表示合成网络的节点数量。这里，采用模型的错分率来观察攻击方法的有效性。针对这三类网络的原始错分率分别为 2.33%、5.33%和 3.33%。在采取强化学习攻击方法之后，这三类网络的错分率分别上升至 56.00%、41.33%和 37.33%，表明强化学习的攻击方法有效。在相同攻击成本下，当网络规模增大时，其攻击效果有所下降。

6.6.2　实验结果可视化

这里将展示节点分类任务下的两种攻击方法，选择使用 Cora 数据集。为了清晰地展示两种攻击方法下的修改策略，选择包含目标节点和修改连边的子图网络进行可视化。如图 6-7 所示，左图是原始网络的子图网络，节点的颜色代表不同的类标，红色方框标注的节点是目标节点。在原始网络中，模型的预测结果为绿色，在 NETTACK 和基于元梯度攻击策略下，分别增加 3 条连边（如右图中的红色连边所示），就可以使得目标节点在原始模型中的预测结果发生转变，转变为深蓝色。虽然两种攻击方法修改策略稍有不同，但是其效果是一致的。当然，两种攻击方法也有不同之处，NETTACK 攻击方法主要降低了目标节点的预测精度，而基于元梯度的攻击方法希望在修改连边数量确定的情况下，改变尽可能多的节点标签。

观察攻击前后的网络可知，无论哪一种攻击方法都是增加两个相关度不大的节点之间的连边，或者删除相关度较大的节点之间的连边，以此改变目标节点的预测结果。实际上，不仅是上述两种攻击方法，大部分的攻击方法都存在这样的现象，倾向于连接关联度不大的两个节点产生连边来欺骗网络图数据挖掘模

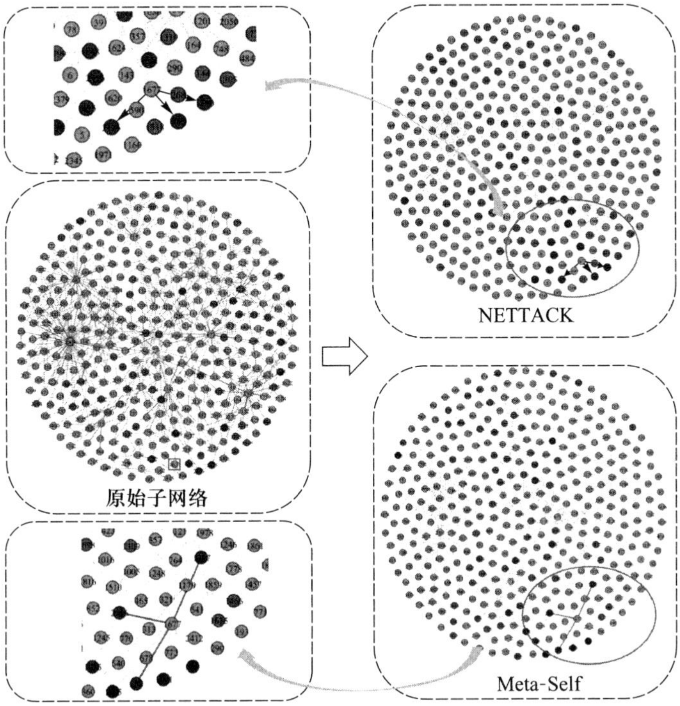

图 6-7 NETTACK 和基于元梯度攻击方法的结果展示(见彩图)

型。显然在这样的情况下,当修改的连边数量过大时,对抗样本还是极易被识别的,因此设定扰动裕量以及设定扰动条件显得十分重要。

6.7 本章小结

本章主要介绍了网络数据挖掘领域中的对抗攻击方法。对抗攻击本质上可以看作是一个寻优问题:攻击者如何通过修改网络的部分结构或者特征,才能以最快的速度达到攻击的目的,即大幅度减小模型的精度,同时该修改不易被察觉。在寻优问题当中,最常见的就是使用梯度的方式,寻找最快达到目标的方向,这也是为什么基于梯度的攻击方法最为常见。然而由于数据的特殊性,基于梯度的攻击方法在网络图的攻击上受到了一定的限制。部分研究逐渐将目光转移到其他优化算法上，例如遗传算法和启发式方法。当然也有研究另辟蹊径，使用奇异值分解等方法，从数学的层面来解决这一优化问题。

网络上的对抗攻击方法体系虽然还没有成熟，但是应该引起足够的重视，还应该思考对抗攻击方法的本质，为什么只需要修改几条连边就可以彻底改变图数据挖掘算法的结果？对抗攻击以及第 7 章即将介绍的对抗防御，两者互相博弈，螺旋上升。在这条道路上，我们期望寻找问题的答案，最终全面提升算法的各方面性能。

参考文献

[1] Zügner D, Günnemann S. Adversarial attacks on graph neural networks via meta learning[J/OL]. arXiv preprint arXiv:1902.08412, 2019.

[2] Chen J, Chen Y, Zheng H, et al. MGA: Momentum gradient attack on network [J]. IEEE Transactions on Computational Social Systems, 2020, 8(1): 99-109.

[3] Wu H, Wang C, Tyshetskiy Y, et al. Adversarial examples for graph data: Deep insights into attack and defense [C]//International Joint Conference on Artificial Intelligence, Macao, 2019: 4816-4823.

[4] Chen J, Lin X, Shi Z, et al. Link prediction adversarial attack via iterative gradient attack[J]. IEEE Transactions on Computational Social Systems, 2020, 7(4): 1081-1094.

[5] Chen J, Zhang J, Chen Z, et al. Time-aware gradient attack on dynamic network link prediction[J]. IEEE Transactions on Knowledge and Data Engineering, Early access, 2021.

[6] Tang H, Ma G, Chen Y, et al. Adversarial attack on hierarchical graph pooling neural networks[J/OL]. arXiv preprint arXiv:2005.11560, 2020.

[7] Li J, Xie T, Liang C, et al. Adversarial attack on large scale graph[J]. IEEE Transactions on Knowledge and Data Engineering, Early access, 2021.

[8] Ma J, Ding S, Mei Q. Black-box adversarial attacks on graph neural networks with limited node access[J/OL]. arXiv preprint arXiv:2006.05057, 2020.

[9] Chen J, Chen L, Chen Y, et al. GA-based Q-attack on community detection[J]. IEEE Transactions on Computational Social Systems, 2019, 6(3): 491-503.

[10] Chen J, Chen Y, Chen L, et al. Multiscale evolutionary perturbation attack on community detection [J]. IEEE Transactions on Computational Social

Systems, 2020, 8(1): 62-75.

[11] Yu S, Zheng J, Chen J, et al. Unsupervised euclidean distance attack on network embedding[C]//2020 IEEE Fifth International Conference on Data Science in Cyberspace, Hong Kong, 2020: 71-77.

[12] Sun Y, Wang S, Tang X, et al. Node injection attacks on graphs via reinforcement learning[J/OL]. arXiv preprint arXiv:1909.06543, 2019.

[13] Dai H, Li H, Tian T, et al. Adversarial attack on graph structured data[C]// Proceedings of the International Conference on Machine Learning, 2018: 1115-1124.

[14] Ma Y, Wang S, Wu L, et al. Attacking graph convolutional networks via rewiring[J/OL]. arXiv preprint arXiv:1906.03750, 2019.

[15] Fan H, Wang B, Zhou P, et al. Reinforcement learning-based black-box evasion attacks to link prediction in dynamic graphs[J/OL]. arXiv preprint arXiv:2009.00163, 2020.

[16] Zügner D, Akbarnejad A, Günnemann S. Adversarial attacks on neural networks for graph data [C]//Proceedings of the 24th ACM SIGKDD International Conference on Knowledge Discovery & Data Mining, London, 2018: 2847-2856.

[17] Yu S, Zhao M, Fu C, et al. Target defense against link-prediction-based attacks via evolutionary perturbations[J]. IEEE Transactions on Knowledge and Data Engineering, 2019: 756-767.

[18] Zhou K, Michalak T P, Rahwan T, et al. Attacking similarity-based link prediction in social networks[J/OL]. arXiv preprint arXiv:1809.08368, 2018.

[19] Bojchevski A, Günnemann S. Adversarial attacks on node embeddings via graph poisoning[C]// Proceedings of the 36th International Conference on Machine Learning, Stockholm, 2019: 695-704.

[20] Chang H, Rong Y, Xu T, et al. A restricted black-box adversarial framework towards attacking graph embedding models [C]//AAAI Conference on Artificial Intelligence, New York, 2020.

[21] Waniek M, Michalak T P, Wooldridge M J, et al. Hiding individuals and communities in a social network[J]. Nature Human Behaviour, 2018, 2(2): 139-147.

[22] Gu T, Dolan-Gavitt B, Garg S. Badnets: Identifying vulnerabilities in the machine learning model supply chain [J/OL]. arXiv preprint arXiv: 1708.

06733,2017.

[23] Chen X, Liu C, Li B, et al. Targeted backdoor attacks on deep learning systems using data poisoning[J/OL]. arXiv preprint arXiv:1712.05526,2017.

[24] Yao Y, Li H, Zheng H, et al. Latent backdoor attacks on deep neural networks [C]//Proceedings of the 2019 ACM SIGSAC Conference on Computer and Communications Security, London, 2019: 2041-2055.

[25] Salem A, Wen R, Backes M, et al. Dynamic backdoor attacks against machine learning models[J/OL]. arXiv preprint arXiv:2003.03675,2020.

[26] Zhang Z, Jia J, Wang B, et al. Backdoor attacks to graph neural networks [C]//Proceedings of the 26th ACM Symposium on Access Control Models and Technologies, Barcelona, 2021: 15-26.

[27] Janson S, Luczak T, Rucinski A. Random Graphs[M]. New York: John Wiley & Sons, 2011.

[28] Watts D J, Strogatz S H. Collective dynamics of 'small-world' networks[J]. Nature, 1998, 393(6684): 440-442.

[29] Barabási A L, Albert R. Emergence of scaling in random networks [J]. Science, 1999, 286(5439): 509-512.

第 7 章　对抗防御

攻击者[1-9]和防御者[10-23]就像在进行一场永不停歇的竞赛，在每一轮比赛中，双方都试图分析对方的弱点，并制定最佳策略来战胜对手。在推荐网络、金融网络及交通网络等领域中，各种攻击方法层出不穷，虚假信息的大量涌现给网络应用带来了极大的威胁。为了应对这一挑战，分析和学习恶意攻击者的扰动机制以及攻击特性是实现对抗防御的重中之重，只有深入发掘攻击者的意图和手段才能真正做到有的放矢[24-26]。图数据挖掘领域现有的对抗防御方法可分为以下 5 类[27]：对抗训练[15-18]、图净化[19,20]、注意力机制[11,12]、鲁棒性验证[10,21,22]和对抗检测[13,14,23]。针对每种防御方法，我们将选择两个有代表性的算法进行介绍，并对这些防御方法进行对比分析和总结。

7.1　对抗训练

对抗训练的核心思想是在正常训练过程中将对抗样本混入训练样本进行学习，并尽可能地使其分类正确，以提高训练模型的鲁棒性。由于良好的效果以及便于操作的特点，对抗训练在图像攻防领域被广泛使用。与图像领域不同的是，网络领域的图对抗训练需要考虑网络的拓扑结构信息对对抗扰动的传播效应。目前已有一些工作[28]关注网络图的对抗训练研究。此外还有研究发现，在对抗训练后结合一些平滑操作能够进一步提高模型的鲁棒性[18]。下面将详细介绍图对抗训练以及平滑对抗训练。

7.1.1　图对抗训练

对抗训练已经被证明可以稳定神经网络并增强其对标准分类任务的鲁棒性[16,17]。在训练过程中，修改原始模型的目标函数并通过添加正则化项修改原始模型的目标函数实现对对抗样本的正确分类。如图 7-1 所示，以 GNN 的嵌入过程及其传播过程为例，在节点分类任务中，对目标节点施加特征扰动可影响这些节点及邻居节点的分类精度。

由于图网络中的非欧氏空间拓扑结构特征，存在节点间邻接关系所带来的影响，因此在图神经网络模型的训练过程中直接套用图像领域的对抗训练思想是不适合的。图对抗训练[28]（Graph Adversarial Training，GraphAT）通过动态生成扰动并在目标函数中添加正则化项来抵抗干扰，可以被视为基于图结构的动态正则化方案。将图对抗训练应用于图卷积网络（GCN）后的 GCN 模型比常规训练后的 GCN 模型具有更高的分类准确性和鲁棒性。接下来将介绍图对抗训练的原理及推导过程，并进一步引入 GraphAT 的扩展版本——虚拟图对抗训练（GraphVAT），与 GraphAT 相比，它增加了虚拟对抗正则化项，在一定程度上提升了防御效果。

1. 图对抗训练

相较于图像领域的对抗训练，GraphAT 的独特之处在于防御通过节点连接关系传播的特征扰动，并在对抗训练中考虑了图结构。标准化的 GraphAT 的公式如下：

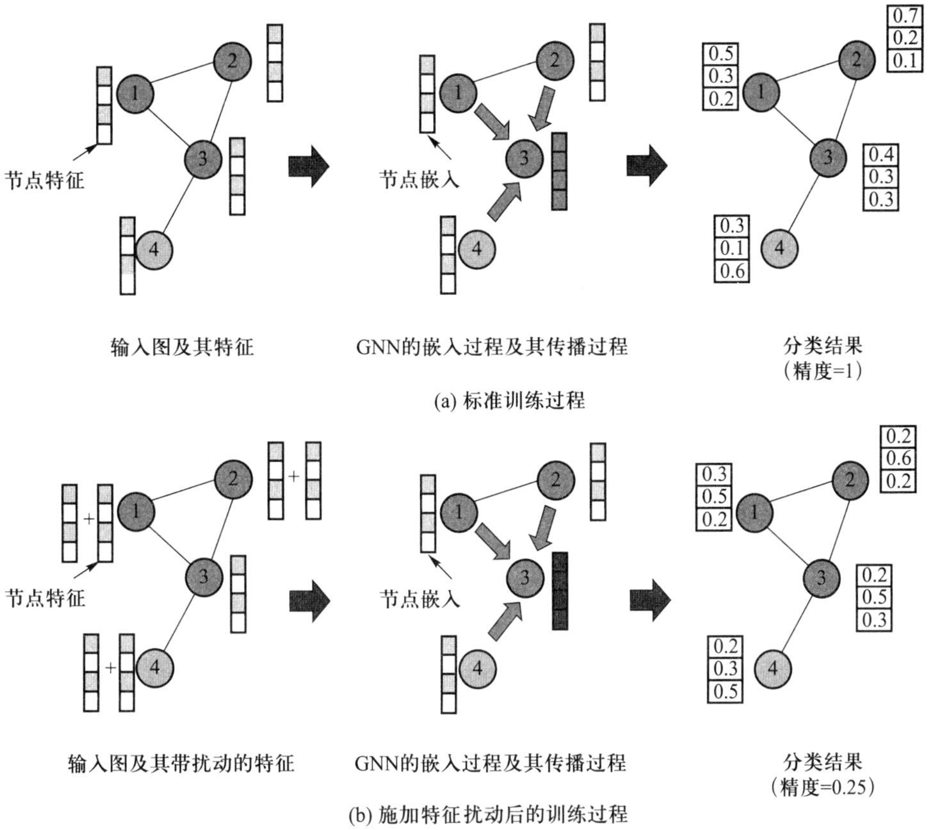

图 7-1　对目标节点施加特征扰动可影响图神经网络的分类精度(取自文献[28])

$$
\begin{aligned}
&\min:\mathcal{L}_{GAD} = \mathcal{L} + \beta \sum_{i=1}^{N} \sum_{j \in \mathcal{N}_i} d(f(X_i + \boldsymbol{r}_i^g, G \mid \boldsymbol{\Theta}), f(X_i, G \mid \boldsymbol{\Theta})), \\
&\max:\boldsymbol{r}_i^g = \underset{\boldsymbol{r}_i, \|\boldsymbol{r}_i\| \leqslant \epsilon}{\operatorname{argmax}} \sum_{j \in \mathcal{N}_i} d(f(X_i + \boldsymbol{r}_i, G \mid \hat{\boldsymbol{\Theta}}), f(X_i, G \mid \hat{\boldsymbol{\Theta}})),
\end{aligned}
\tag{7-1}
$$

其中,$\mathcal{L}_{GAD}$为训练目标函数,具体包括两项:来源于原始模型的标准目标函数 $\mathcal{L}$ 和图对抗正则化项。图对抗正则化项最小化对抗样本的分类概率与其连接的正常样本分类概率之间的差异,以此倾向于将对抗样本分类为与其连接的样本一致的类别。$\boldsymbol{\Theta}$ 表示模型可学习的参数,$\mathcal{N}_i$ 表示节点 v_i 的邻居节点集合,$d(\cdot)$表示一个非负函数,用于测量两个预测之间的差异(例如 KL[29]),β 用来控制正则化项的大小,$\boldsymbol{r}_i^g$ 表示原始图的对抗扰动,它是通过扰动正常样本 i 的特征而产生的,$f(X_i,G \mid \boldsymbol{\Theta})$表示模型对于样本 i 的预测概率向量,ϵ 是控制扰动幅度的超参数,通常使用较小的值,其目的是使对抗样本的特征分布更接近正常样本的特征分布。

总的来说，GraphAT 的每次迭代可以视为极大极小过程。首先，GraphAT 的每次迭代通过最大化施加扰动的节点 i 与其连接节点之间的模型预测差异以破坏节点 i 与其连接节点的平滑性来得到对抗扰动，将扰动添加到正常样本 i 的输入特征中，以此构造对应的图对抗正则化项；接下来，将这个图对抗正则化项加入原始的目标损失函数中，最小化新的损失函数以抵御对抗扰动从而提高模型的鲁棒性。图 7-2 描述了 GraphAT 的训练过程。

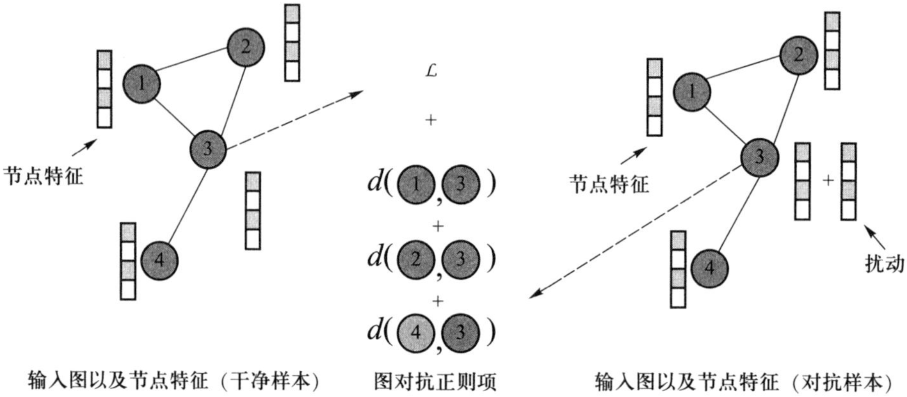

图 7-2　GraphAT 的训练过程（取自文献[28]）

2. 虚拟图对抗训练

GraphVAT 进一步增强了模型的鲁棒性。GraphVAT 的灵感来自虚拟对抗训练（Virtual Adversarial Training）[30]。通过构建虚拟对抗样本，并将虚拟对抗正则化项添加到训练目标函数中以进一步提高模型的鲁棒性。与仅考虑标记干净样本的标准对抗训练相比，虚拟对抗训练还倾向于使模型对无标签的正常节点作出一致的预测。标准化的 GraphVAT 公式为

$$
\begin{aligned}
\min: \mathcal{L}_{GADv} &= \mathcal{L} + \alpha \sum_{i=1}^{N} d(f(X_i + \boldsymbol{r}_i^v, G \mid \boldsymbol{\Theta}), \tilde{y}_i) \\
&\quad + \beta \sum_{i=1}^{N} \sum_{j \in \mathcal{N}_i} d(f(X_i + \boldsymbol{r}_i^g, G \mid \boldsymbol{\Theta}), f(X_j, G \mid \boldsymbol{\Theta})), \\
\max: \boldsymbol{r}_i^v &= \underset{r_i', \| r_i' \| \leqslant \epsilon'}{\operatorname{argmax}}\, d(f(X_i + \boldsymbol{r}_i', G \mid \hat{\boldsymbol{\Theta}}), \tilde{\boldsymbol{y}}_i), \\
\max: \boldsymbol{r}_i^g &= \underset{r_i, \| r_i \| \leqslant \epsilon}{\operatorname{argmax}} \sum_{j \in \mathcal{N}_i} d(f(X_i + \boldsymbol{r}_i, G \mid \hat{\boldsymbol{\Theta}}), f(X_j, G \mid \hat{\boldsymbol{\Theta}})),
\end{aligned} \tag{7-2}
$$

其中，$\alpha \sum_{i=1}^{N} d(f(X_i + \boldsymbol{r}_i^v, G \mid \boldsymbol{\Theta}), \tilde{y}_i)$ 为虚拟对抗正则项，$\beta \sum_{i=1}^{N} \sum_{j \in \mathcal{N}_i} d(f(X_i + \boldsymbol{r}_i^g,$

$G \mid \boldsymbol{\Theta}), f(X_j, G \mid \boldsymbol{\Theta}))$ 为图对抗正则项，$\boldsymbol{r}_i'$表示虚拟对抗性扰动。对于带标签节点和无标签节点，$\tilde{\boldsymbol{y}}_i$ 表示真实标签以及模型预测的结果：

$$\tilde{\boldsymbol{y}}_i = \begin{cases} \hat{\boldsymbol{y}}_i, & i \leqslant m(\text{带标签节点}), \\ f(X_i, G \mid \hat{\boldsymbol{\Theta}}), & m < i \leqslant n(\text{无标签节点}). \end{cases} \tag{7-3}$$

其中，带标签节点下标范围为$[0,m]$，无标签节点下标范围为$(m,n]$。虚拟对抗正则化项旨在提高对目标样本自身的分类鲁棒性，而图对抗正则项旨在抵御扰动传播造成的平滑性破坏。虚拟图对抗训练同样可以视作极大极小化过程，只是增加了最小化虚拟对抗正则项的目标。因此在 GraphVAT 训练过程中，每次迭代都会生成图对抗扰动和虚拟对抗扰动，并以此生成对应的图对抗正则化项以及虚拟对抗正则化项。

总体来说，GraphAT 以及 GraphVAT 的优势在于它们不会影响 GCN 模型训练过程的收敛速度。同时，经过对抗训练后的模型对图结构的预测更平滑，因此具有更强的泛化能力和鲁棒性。

7.1.2 平滑对抗训练

目前大多数基于对抗训练的算法都将重点放在全局防御上，通常无法防御对于目标节点的攻击。平滑对抗训练（SAT）[18]考虑了这一问题，它采用对抗训练方法来增强 GCN 模型的防御能力，包括两种对抗训练策略：保护所有节点的全局对抗训练和保护特定节点的目标对抗训练。平滑对抗训练还包括两种平滑策略：蒸馏平滑方法和平滑交叉熵损失函数。对于 GCN，在模型训练后执行进一步的平滑操作将有效地提高模型泛化能力。以下将详细介绍这些技术。

1. 全局对抗训练

全局对抗训练（Global-AT）在 GCN 训练过程中动态地增删一些连边从而使训练后的 GCN 模型具有更强的鲁棒性。在 Global-AT 中，迭代生成对抗网络方法如下：通过对训练节点集合 $V^T = \{v_1, v_2, \cdots, v_m\}$ 实施对抗攻击方法来选择对抗连边。具体来说，对于 V^T中的所有节点，按照以下步骤生成对抗邻接矩阵 $\hat{\boldsymbol{A}}^t$：

（1）对抗连边的选择。使用对抗攻击方法来选择对抗连边，以最大化训练 GCN 模型在 V^T中的负交叉熵损失。这些对抗连边表示为矩阵 $\boldsymbol{\Lambda}$，其大小与邻接矩阵 $\boldsymbol{A}$ 相同，元素 $\boldsymbol{\Lambda}_{ij} \in \{-1, 0, 1\}$ 表示连边的修改，$\boldsymbol{\Lambda}_{ij} = 1$ 表示在节点 v_i 以及 v_j 之间添加对抗连边；$\boldsymbol{\Lambda}_{ij} = -1$ 表示删除 v_i 与 v_j 之间的连边；$\boldsymbol{\Lambda}_{ij} = 0$ 表示不修改 v_i 与

v_j 之间的连边关系。

(2) 更新对抗网络。生成对抗邻接矩阵 $\boldsymbol{\Lambda}$ 之后，从 $t-1$ 轮对抗网络更新至 t 轮对抗网络，更新过程定义为

$$\hat{\boldsymbol{A}}^{t}=\hat{\boldsymbol{A}}^{t-1}+\boldsymbol{\Lambda}. \tag{7-4}$$

(3) 重训练 GCN。根据更新的对抗网络，训练 GCN 模型并输出最终的分类结果。

2. 目标对抗训练

目标对抗训练(Target-AT)与全局对抗训练的过程类似，与全局对抗训练的不同之处在于，Target-AT 的核心是仅仅保护带有特定标签的节点。也就是说，给定目标标签 c_p，攻击方法仅针对具有这些标签的节点集合 V^{c_p} 生成一些对抗连边，其余步骤与 Global-AT 相同。

3. 蒸馏平滑方法

蒸馏平滑方法(Smoothing Distillation, SD)旨在利用 GCN 输出的软标签并结合真实标签重新训练 GCN，其思想来自净化模型[31]。软标签是使用规范训练的 GCN 模型标记那些未标记节点得到的标签。净化模型包括两个模块：第一个模块是 GCN 模型生成软标签；第二个模块是净化模块，使用数据的软标签而不是硬标签(即数据的真实标签)来训练分类器。通过上述两个模块的共同作用，净化模型可以有效地提高分类器的鲁棒性。与正常训练的 GCN 模型相比，蒸馏平滑后的 GCN 模型在一定程度上提高了鲁棒性，且不丢失原有模型的分类精度。同时，净化提取信息有助于过滤故意添加到网络的扰动，进一步提高模型的鲁棒性。图 7-3 描述了蒸馏平滑方法的训练过程，其中初始 GCN 模型和净化后的 GCN 模型都保持相同的模型结构。

SD 的训练过程如下：

(1) 训练初始 GCN 模型。对于给定的训练集 $V^T=\{v_1,v_2,\cdots,v_m\}$ 以及真实标签矩阵 $\boldsymbol{Y}$，训练初始的 GCN 模型。

(2) 通过软标签编码节点。使用软标签 $\boldsymbol{Y}'$ 对所有训练节点标签上的置信概率进行编码。

(3) 训练净化后的 GCN 模型。基于软标签矩阵 $\boldsymbol{Y}'$ 和真实标签矩阵 $\boldsymbol{Y}$ 共同训练净化模型，并将新的软损失添加到目标函数中。目标函数 $\mathcal{L}_{all}$ 由软损失函数 $\mathcal{L}_s$ 和原始损失函数 $\mathcal{L}$ 组成，定义为

$$\mathcal{L}_{all}=\frac{\tau^2\mathcal{L}_s}{\tau^2+1}+\frac{\tau}{\tau^2+1}, \tag{7-5}$$

其中，

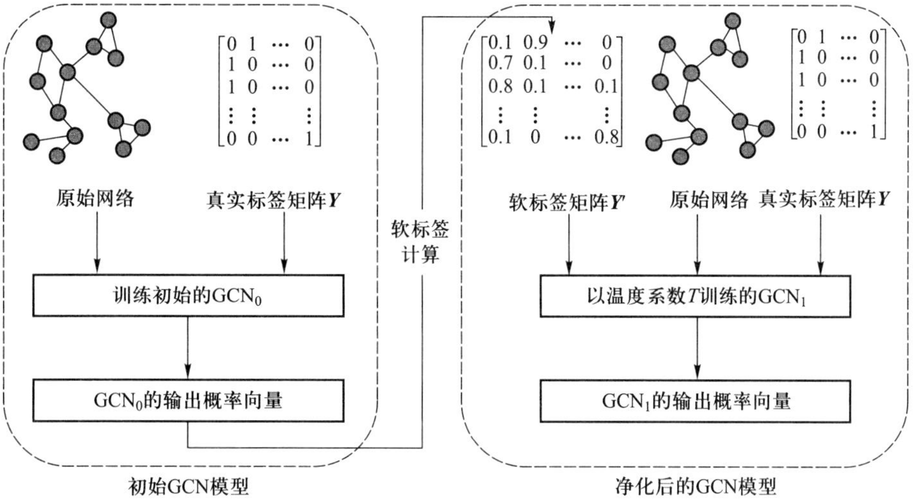

图 7-3 蒸馏平滑方法的训练过程(取自文献[18])

$$\mathcal{L}_s = -\sum_{l=1}^{|V^T|}\sum_{k=1}^{K} \boldsymbol{Y}'_{lk}\ln(\boldsymbol{Y}''_{lk}), \tag{7-6}$$

其中,$\boldsymbol{Y}''$表示提取的 GCN 模型的输出。注意,在损失函数中,使用带有温度系数 τ 的 Softmax 函数。$C=\{c_1,c_2,\cdots,c_K\}$代表网络中的节点标签类别,K 代表标签种类的数量。

4. 平滑交叉熵损失函数

平滑交叉熵损失函数(Smoothing Cross-Entropy Loss Function,SCEL)受模型正则化方法的启发[28]而提出。SCEL 引导 GCN 模型返回对真实标签的高置信度值,同时在错误的标签上给每个节点一个平滑的置信度分布。SCEL 定义为

$$\mathcal{L}_{\text{smooth}} = -\sum_{l=1}^{|V^T|}\sum_{k=1}^{K} \hat{\boldsymbol{Y}}_{lk}\ln(\boldsymbol{Y}'_{lk}), \tag{7-7}$$

其中,$\hat{\boldsymbol{Y}}$ 代表平滑矩阵,如果节点 v_l 属于类别 c_k,那么 $\hat{\boldsymbol{Y}}_{lk}=1$,否则 $\hat{\boldsymbol{Y}}_{lk}=\frac{1}{K}$。

总体而言,上述防御方法的优势在于可以根据攻击者的攻击倾向在全局攻击或目标攻击下进行动态选择,同时可以组合各种防御方法以获得更好的防御效果,例如同时使用全局对抗训练以及蒸馏平滑方法;不足之处是其中的某些技术将在一定程度上损失原始网络的分类性能。

7.2 图净化

图净化方法通常用于防御中毒攻击,即发生在训练过程中的对抗攻击。中毒攻击往往发生在模型训练时,通过将污染的图数据输入模型使模型参数训练出错。为了防御中毒攻击,在模型训练前净化被攻击的图数据可以直接削弱中毒的影响。换句话说,这类方法在数据处理阶段对输入的网络图进行预处理来实现中毒攻击的防御,但这通常会在一定程度上损失部分干净图数据的信息。GCN-Jaccard[29]通过评估节点之间的特征相似度来评估节点间的连边是否有被恶意添加的风险,最终删除特定的节点间连边来净化图。GCN-SVD[30]通过矩阵奇异值分解技术将邻接矩阵进行低秩近似,从而忽略攻击所造成的高秩扰动。接下来将详细介绍上述两种图净化方法。

7.2.1 GCN-Jaccard

GCN-Jaccard 是一种利用 Jaccard 指标计算节点特征之间的相似性并以此抵抗攻击的防御算法。由于 GCN 模型强烈依赖于图结构和局部特征聚合,因此当网络的拓扑信息被恶意修改后,GCN 就会受到攻击。该防御方法的灵感来自对当前攻击方法特点的观察:

(1) 修改连边通常是比修改特征更有效的攻击方法。如果攻击者仅攻击或干扰节点的特征,通常很难影响节点的分类标签。

(2) 攻击者更倾向于添加连边而不是删除连边。同时,大多数攻击者倾向于将目标攻击节点连接到具有不同特征以及不同标签的另一个节点上。

(3) 目标节点的邻居节点越多,通常就越难以受到攻击。可以观察到无论是干净的图或是被攻击的图,度值较高的节点通常具有较高的分类精度。

因此,基于以上攻击特点,通过观察节点之间的特征相似性可以评估被攻击的可能性。Jaccard 相似度衡量的是节点 u 和节点 v 的特征重叠情况,Jaccard 相似度评分能够评估节点之间的特征相似度。对于给定的两个节点 u 和 v 以及 n 维的二值特征,Jaccard 相似度定义如下:

$$J_{u,v} = \frac{M_{11}}{M_{01} + M_{10} + M_{11}}, \tag{7-8}$$

其中,M_{11}表示 u 和 v 都具有的特征数,M_{10}表示节点 u 具有但节点 v 不具有的特征数,M_{01}表示节点 v 具有但节点 u 不具有的特征数,M_{00}表示两个节点都不具有的特征数。

GCN-Jaccard 的核心思想是:正常的节点通常不会连接到许多与其并不相似的节点。具体防御过程如下:对于邻接矩阵 $\boldsymbol{A}$,计算图中连接节点之间的特征相似度得分,最终将相似度小于特定值的连边作为删除的候选集。整个防御过程如图 7-4 所示。

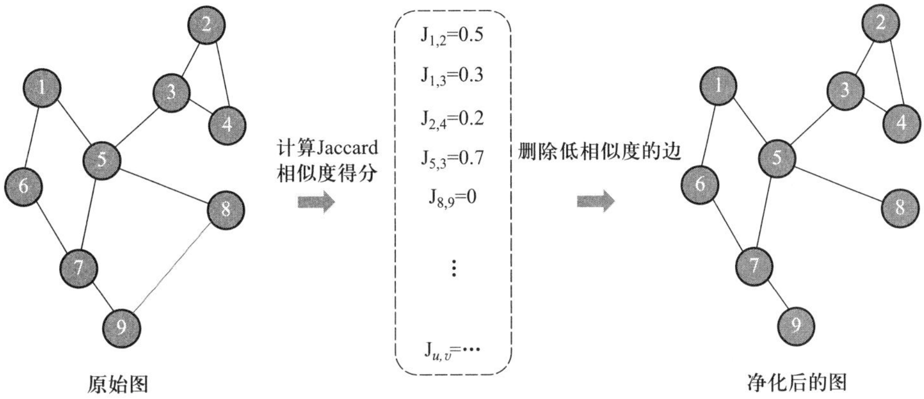

图 7-4 GCN-Jaccard 防御过程

该方法简单有效,仅将 Jaccard 相似度得分较低的节点间连边作为删除的候选集,即可以达到良好的防御效果。虽然原始网络中可能的确存在类似的连边,但实验表明删除这些连边对于目标样本预测精度几乎没有损失。此外,该防御机制基于给定网络的预处理,时间开销几乎可以忽略不计。

7.2.2 GCN-SVD

另一种旨在修复网络邻接矩阵从而使 GCN 模型抵御攻击的防御方法是 GCN-SVD[20],该方法是针对存在高秩攻击特点的 NETTACK 攻击方法[2]提出的一种图净化方法。具体而言,NETTACK 攻击方法在网络攻击中表现出一种非常特殊的行为:仅影响网络邻接矩阵矩阵分解后的高秩(低奇异值)奇异成分。邻接矩阵通过奇异值分解后的低秩部分可以表示矩阵的重要信息,类似于向量分解中基底的概念。因此,网络邻接矩阵的低秩近似(仅使用较大奇异值对应的分量进行网络重构)可以极大地降低 NETTACK 攻击的影响,并提高 GCN 模型在受到对抗攻击时的性能。

奇异值分解(SVD)是当前最流行的矩阵分解技术之一,也是该防御方法的基础技术，它可以将矩阵分解为秩为 1 的矩阵之和。设 $\boldsymbol{A} \in R^{I \times J}$ 为一个实值矩阵。$\boldsymbol{A}$ 的 SVD 计算如下：

$$\boldsymbol{A} = \boldsymbol{U}\boldsymbol{\Sigma}\boldsymbol{V}^{\mathrm{T}}, \tag{7-9}$$

其中，$\boldsymbol{U} \in R^{I \times I}$ 称为左奇异矩阵，$\boldsymbol{V} \in R^{J \times J}$ 称为右奇异矩阵，$\boldsymbol{\Sigma} \in R^{I \times J}$ 为一个非负对角矩阵，例如 $\boldsymbol{\Sigma}_{i,i} = \sigma_i$，其中 σ_i 是第 i 个奇异值并且 $\sigma_1 \geqslant \sigma_2 \geqslant \cdots \geqslant \sigma_{\min}(I,J)$。

使用 SVD 的目的是提取矩阵最重要的特征：在许多情况下，前 10% 甚至前 1% 的奇异值之和占总奇异值之和的 99% 以上。换句话说，可以用前 r 个奇异值来近似原始矩阵。矩阵 $\boldsymbol{A}$ 的 r 阶近似矩阵计算如下：

$$\boldsymbol{A}_r = \boldsymbol{U}_r\boldsymbol{\Sigma}_r\boldsymbol{V}_r^{\mathrm{T}} = \sum_{i=1}^{r} \boldsymbol{u}_i\boldsymbol{\sigma}_i\boldsymbol{v}_i^{\mathrm{T}}, \tag{7-10}$$

其中，$\boldsymbol{A}_r$ 是 $\boldsymbol{A}$ 根据 SVD 生成的 r 阶近似矩阵，$\boldsymbol{U}_r$ 和 $\boldsymbol{V}_r$ 是包含了前 r 个奇异值向量的矩阵，$\boldsymbol{\Sigma}_r$ 是仅包含前 r 个奇异值的对角矩阵。

NETTACK 施加的扰动可被视为高秩扰动。通过观察干净图和被攻击图的邻接矩阵的奇异值分解，可以发现奇异值在低秩时非常接近而在高秩时相差甚远，这意味着对邻接矩阵进行分解时，对抗样本的低秩近似值与干净样本没有太大区别。为了抵御高秩扰动，首先计算邻接关系的低秩近似值矩阵，然后使用低秩近似值矩阵重新训练 GCN，最终通过选择适当的秩 r 生成近似邻接矩阵，从而提高 GCN 的性能。图 7-5 描述了 GCN-SVD 如何使用奇异值分解来净化被攻击的图。

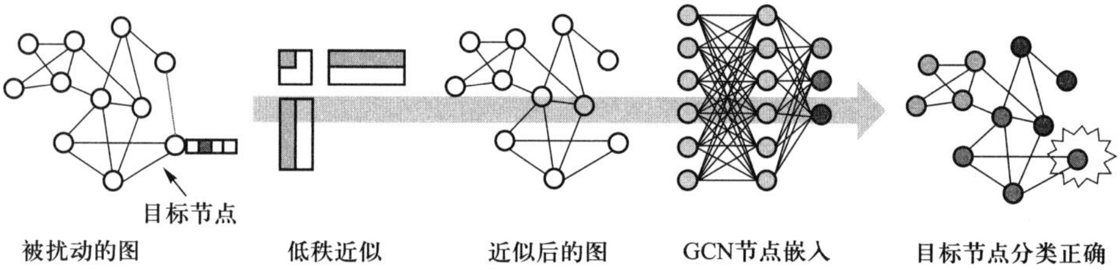

图 7-5　GCN-SVD 净化过程(取自文献[20])

通过使用不同的 r 值来评估防御效果，通常 $r=10$ 时具有较好的防御表现，更多推导细节可参见文献[20]。GCN-SVD 防御模型只通过邻接矩阵的奇异值分解并使用矩阵近似来执行防御，几乎没有需要训练的参数。这种防御机制的缺点在于会在一定程度上降低正常样本的分类精度。

7.3 注意力机制

与试图消除干扰的图净化方法不同，注意力机制的防御方法主要是通过惩罚对抗连边或节点来训练一个鲁棒的 GNN 模型。这类方法都是学习一种注意力机制，该机制能够在区分恶意连边（或节点）与干净连边（或节点）的基础上，通过分配较低的注意力权重来减少对抗扰动对 GNN 模型的影响。下面将详细介绍两种基于注意力机制的防御方法：惩罚聚合 GNN[11]（Penalized Aggregation GNN，PA-GNN）和鲁棒图卷积网络[12]（Robust Graph Convolutional Network，RGCN）。

7.3.1 惩罚聚合 GNN

当对抗样本被输入 GNN 模型时，聚合函数往往会将虚假生成的邻居作为正常的邻居处理，继续传播该错误消息并迭代更新到其他节点，最终使得模型产生错误的输出。如果通过对抗连边的消息能够被成功过滤或者抑制，那么目标模型将几乎不会受到恶意攻击的影响。PA-GNN 通过探索干净连边和惩罚虚假连边来增强 GNN 模型的鲁棒性。

PA-GNN 将无目标中毒攻击作为监督知识，结合元优化算法和注意力机制实现有目标中毒攻击的有效防御。具体而言，PA-GNN 通过对干净图进行模拟攻击（无目标攻击）产生监督知识，提高模型识别对抗连边的能力；接着引入注意力机制对识别出的对抗连边进行惩罚，实现针对无目标攻击的有效防御：

$$\boldsymbol{a}_{ij}^{\ell}=\mathrm{LeakyReLU}((\boldsymbol{a}^{\ell})^{\mathrm{T}}[\boldsymbol{W}^{\ell}\boldsymbol{h}_i^{\ell}\oplus\boldsymbol{W}^{\ell}\boldsymbol{h}_j^{\ell}]),\tag{7-11}$$

其中，$\boldsymbol{a}_{ij}^{\ell}$是 v_i 和 v_j 在第 ℓ 层的节点特征的自注意力系数，$\boldsymbol{a}^{\ell}$ 是注意力参数，$\boldsymbol{W}^{\ell}$ 是模型参数。此外，这里的注意力系数只对节点的一阶邻居节点进行计算和分配。

但是当面对更具隐蔽性和针对性的有目标中毒攻击时，只运用监督知识和惩罚机制是远远不够的。因此，PA-GNN 又引入了元学习算法，为训练集中的每个图分配一个单独的元优化学习任务 τ_i，该学习任务包含两个要求：需要满足节点的正确分类；需要能够给扰动边分配较低的注意力系数。任务 τ_i 的损失函数表示为 $\mathcal{L}_{\tau_i}$，由分类损失函数 $\mathcal{L}_{cls}$和惩罚干扰连边损失函数 $\mathcal{L}_{dist}$组成：

$$\mathcal{L}_{\mathcal{T}_i}=\mathcal{L}_{cls}+\lambda\mathcal{L}_{dist},$$
$$\mathcal{L}_{cls}=-\sum_{v\in V^L}y_v\log\hat{\boldsymbol{y}}_v,\tag{7-12}$$
$$\mathcal{L}_{dist}=-\min\Big(\eta,\mathop{\mathbb{E}}_{\substack{e_{ij}\in\mathcal{E}\backslash\mathcal{P}\\1\leqslant\ell\leqslant L}}a_{ij}^{\ell}-\mathop{\mathbb{E}}_{\substack{e_{ij}\in\mathcal{P}\\1\leqslant\ell\leqslant L}}a_{ij}^{\ell}\Big),$$

其中,λ 为平衡损失函数 $\mathcal{L}_{cls}$ 和 $\mathcal{L}_{dist}$ 的系数,η 是控制两个分布平均值之差的超参,$\mathbb{E}$表示数学期望,$\mathcal{P}$ 表示图中的干扰连边,$\mathcal{E}\backslash\mathcal{P}$ 表示图中的正常连边,y_v、$\hat{y}_v$ 分别表示节点 v 的真实标签和预测标签,L 为 GNN 网络的总层数。

PA-GNN 的整体框架如图 7-6 所示。首先,对原始干净图 $G_1,\cdots,G_\gamma$ 进行模拟攻击试验,利用元优化算法训练每个图的模型参数 $\boldsymbol{\theta}_i'(i=1,2,\cdots,\gamma)$,然后综合所有图的参数 $\boldsymbol{\theta}_i'$得到模型的更新参数 $\boldsymbol{\theta}^*$,最后通过最小化分类损失函数将训练的模型初始化调整到目标中毒图上。具体的 PA-GNN 训练过程算法见算法 7-1。总之,PA-GNN 结合元学习算法和注意力机制,能够在训练数据有限的情况下抵抗有目标中毒攻击的恶意影响,并且该方法被证明对于基于节点分类任务的随机攻击、非目标攻击和目标攻击三种中毒攻击都有很好的抵抗效果。

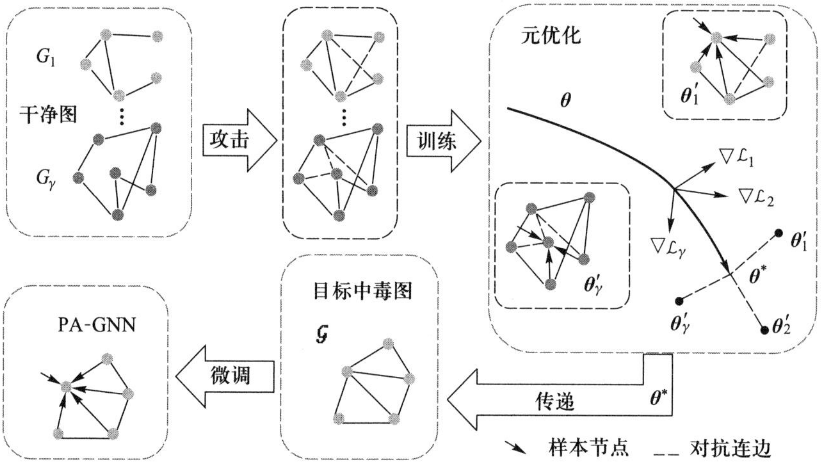

图 7-6　PA-GNN 框架(取自文献[11])

算法 7-1　PA-GNN 训练过程算法	
输入:	目标中毒图 $\mathcal{G}$ 和图 $G_1,\cdots,G_\gamma$;
输出:	模型参数 $\boldsymbol{\theta}$;

随机初始化 $\boldsymbol{\theta}$

for $G_i = G_1, \cdots, G_\gamma$ do

  利用元梯度攻击生成对抗连边集 $\mathcal{P}_i$

end

while not *early-stop* do

  for $G_i = G_1, \cdots, G_\gamma$ do

    划分 G_i 中带标签的节点集为支持集 $\mathcal{S}_i$ 和询问集 $\mathcal{Q}_i$

    运用训练集 $\mathcal{S}_i$ 和元优化损失函数 $\mathcal{L}_{\tau_i}$ 评估 $\nabla_\theta \mathcal{L}_{\tau_i}(\boldsymbol{\theta})$

    通过梯度下降计算自适应参数 $\boldsymbol{\theta}_i'$

      $\boldsymbol{\theta}_i' \leftarrow \boldsymbol{\theta} - \boldsymbol{\alpha} \nabla_\theta \mathcal{L}_{\tau_i}(\boldsymbol{\theta})$

  end

  在 $\{\mathcal{Q}_1, \cdots, \mathcal{Q}_\gamma\}$ 上更新参数 $\boldsymbol{\theta}$

      $\boldsymbol{\theta} \leftarrow \boldsymbol{\theta} - \boldsymbol{\beta} \nabla_\theta \sum_{i=1}^{\gamma} \mathcal{L}_\gamma(\boldsymbol{\theta}_i')$

end

使用分类损失函数 $\mathcal{L}_c$ 在目标中毒图 $\mathcal{G}$ 上微调 $\boldsymbol{\theta}$

7.3.2 鲁棒图卷积网络

与现有防御方法不同，鲁棒图卷积网络在卷积层采用高斯分布作为节点的隐藏表示，并根据节点邻域的方差变化来分配注意力权重。同时，RGCN 通过采样过程和正则化，明确地考虑了均值和方差向量之间的数学相关性。

图 7-7 显示了 RGCN 的整体框架。定义 $\boldsymbol{H}^{(\ell)} = [\boldsymbol{h}_1^{(\ell)}, \boldsymbol{h}_2^{(\ell)}, \cdots, \boldsymbol{h}_N^{(\ell)}] \sim N(\boldsymbol{\mu}_i^{(\ell)}, \mathrm{diag}(\boldsymbol{\sigma}_i^{(\ell)}))$ 为深度学习模型第 ℓ 层中所有节点的隐藏表示，其中 $\boldsymbol{h}_1^{(\ell)}$ 是节点 v_1 在第 ℓ 层的隐藏表示，$\boldsymbol{\mu}_i^{(\ell)}$ 为节点 v_i 的均值向量，$\mathrm{diag}(\boldsymbol{\sigma}_i^{(\ell)})$ 为方差向量，$N(\cdot)$ 是正态分布。将层次参数 $\boldsymbol{W}^{(\ell)}$ 和非线性激活函数 $\boldsymbol{\sigma}$ 分别应用于节点 v_i 的均值向量 $\boldsymbol{\mu}_i^{(\ell)}$ 和方差向量 $\mathrm{diag}(\boldsymbol{\sigma}_i^{(\ell)})$，得到如下基于高斯的图卷积层(Gaussian-based Graph Convolution Layer, GGCL)公式：

$$
\begin{aligned}
\boldsymbol{\mu}_i^{(\ell+1)} &= \sigma\left(\sum_{j \in \mathcal{N}(i)} \frac{1}{\sqrt{\tilde{d}_{ii} \tilde{d}_{jj}}} (\boldsymbol{\mu}_j^{(\ell)} \odot \boldsymbol{\alpha}_j^{(\ell)}) \boldsymbol{W}_\mu^{(\ell)}\right), \\
\boldsymbol{\sigma}_i^{(\ell+1)} &= \boldsymbol{\sigma}\left(\sum_{j \in \mathcal{N}(i)} \frac{1}{\tilde{d}_{ii} \tilde{d}_{jj}} (\boldsymbol{\sigma}_j^{(\ell)} \odot \boldsymbol{\alpha}_j^{(\ell)} \odot \boldsymbol{\alpha}_j^{(\ell)}) \boldsymbol{W}_\sigma^{(\ell)}\right),
\end{aligned}
\tag{7-13}
$$

其中，$\boldsymbol{\alpha}_j^{(\ell)}=\exp(-\gamma\boldsymbol{\sigma}_j^{(\ell)})$是节点 v_j 在第 ℓ 层的注意力权重。这里使用一个平滑的指数函数来控制方差对权重的影响，是为了防止对抗攻击在 GCN 中传播，根据邻域的方差为其分配不同的权重，因为方差越大表示潜在表征的不确定性越大，被攻击的可能性也就越大。

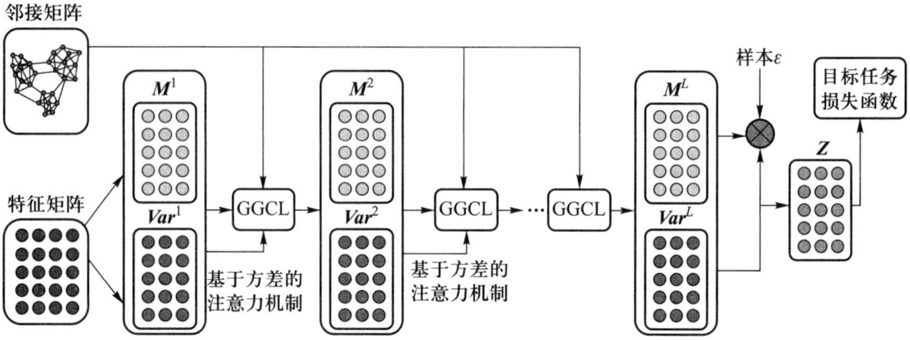

图 7-7　RGCN 框架(取自文献[12])

公式(7-13)的矩阵形式如下：

$$
\begin{aligned}
\boldsymbol{M}^{(\ell+1)} &= \sigma(\tilde{\boldsymbol{D}}^{-\frac{1}{2}}\tilde{\boldsymbol{A}}\tilde{\boldsymbol{D}}^{-\frac{1}{2}}(\boldsymbol{M}^{(\ell)}\odot\boldsymbol{B}^{(\ell)})\boldsymbol{W}_\mu^{(\ell)}),\\
\boldsymbol{Var}^{(\ell+1)} &= \sigma(\tilde{\boldsymbol{D}}^{-1}\tilde{\boldsymbol{A}}\tilde{\boldsymbol{D}}^{-1}(\boldsymbol{\Sigma}^{(\ell)}\odot\boldsymbol{B}^{(\ell)}\odot\boldsymbol{B}^{(\ell)})\boldsymbol{W}_\sigma^{(\ell)}),
\end{aligned}
\tag{7-14}
$$

其中，$\boldsymbol{W}_\mu$ 和 $\boldsymbol{W}_\sigma$ 分别为表示均值向量和方差向量的参数，$\boldsymbol{M}^{(\ell)}=[\boldsymbol{\mu}_1^{(\ell)},\cdots,\boldsymbol{\mu}_N^{(\ell)}]$ 和 $\boldsymbol{Var}^{(\ell)}=[\boldsymbol{\sigma}_1^{(\ell)},\cdots,\boldsymbol{\sigma}_N^{(\ell)}]$分别表示所有节点的均值和方差矩阵，$\tilde{\boldsymbol{A}}=\boldsymbol{A}+\boldsymbol{I}_N$，$\tilde{\boldsymbol{D}}=\boldsymbol{D}+\boldsymbol{I}_N$，$\boldsymbol{B}^{(\ell)}=\exp(-\gamma\boldsymbol{\Sigma}^{(\ell)})$，$\odot$表示向量的同或操作。此外，由于输入特征是一个向量而不是高斯分布，所以第一层可以用全连接层表示为

$$
\begin{aligned}
\boldsymbol{M}^{(1)} &= \sigma(\boldsymbol{H}^{(0)}\boldsymbol{W}_\mu^{(0)}),\\
\boldsymbol{Var}^{(1)} &= \sigma(\boldsymbol{H}^{(0)}\boldsymbol{W}_\sigma^{(0)}).
\end{aligned}
\tag{7-15}
$$

因为 RGCN 的隐藏表示是高斯分布，所以需要对最后一个隐藏层 $\boldsymbol{h}_1^{(L)}$ 进行采样，从而得到各个节点最终的特征向量 $\boldsymbol{z}_i$。进一步地，将 $\boldsymbol{z}_i$ 传递给 Softmax 函数以获得预测标签 $\hat{\boldsymbol{Y}}$：

$$
\begin{aligned}
\boldsymbol{z}_i &\sim N(\boldsymbol{\mu}_i^{(L)},\mathrm{diag}(\boldsymbol{\sigma}_i^{(L)})),\\
\hat{\boldsymbol{Y}} &= \mathrm{Softmax}(\boldsymbol{Z}),\boldsymbol{Z}=[\boldsymbol{z}_1,\cdots,\boldsymbol{z}_N].
\end{aligned}
\tag{7-16}
$$

RGCN 的联合损失函数 $\mathcal{L}$ 如公式(7-17)所示，由 $\mathcal{L}_{cls}$，$\mathcal{L}_{reg1}$ 和 $\mathcal{L}_{reg2}$ 三个部分组成，其中交叉熵损失函数 $\mathcal{L}_{cls}$ 是作为基本节点分类任务的目标函数。为了确保

学习到的隐藏表示是高斯分布，还使用了显式正则化 $\mathcal{L}_{reg1}$ 来约束第一层的表示。最后在原始 GCN 模型的基础上，使用 $\mathcal{L}_{reg2}$ 对第一层的参数进行 L2 正则化。

$$\begin{aligned}
\mathcal{L} &= \mathcal{L}_{cls} + \beta_1 \mathcal{L}_{reg1} + \beta_2 \mathcal{L}_{reg2}, \\
\mathcal{L}_{cls} &= -\sum_{v \in V^L} \sum_{c=1}^{C} \boldsymbol{Y}_{vc} \log \hat{\boldsymbol{Y}}_{vc}, \\
\mathcal{L}_{reg1} &= \sum_{i=1}^{N} KL(N(\boldsymbol{\mu}_i^{(1)}, \mathrm{diag}(\boldsymbol{\sigma}_i^{(1)})) \| N(\boldsymbol{0}, \boldsymbol{I})), \\
\mathcal{L}_{reg2} &= \| \boldsymbol{W}_{\mu}^{(0)} \|_2^2 + \| \boldsymbol{W}_{\sigma}^{(0)} \|_2^2.
\end{aligned} \tag{7-17}$$

其中，V^L 表示带标签的节点集，C 是总类别数，$\boldsymbol{Y}$ 是标签矩阵，$\hat{\boldsymbol{Y}} = \mathrm{Softmax}(\boldsymbol{H}^{(L)})$ 是最后一层 $\boldsymbol{H}^{(L)}$ 的预测值，$KL(\cdot \| \cdot)$ 为两个分布之间的 KL 散度，β_1 和 β_2 是控制不同正则化影响的超参数。具体的 RGCN 算法实现如算法 7-2 所示。

算法 7-2　RGCN 算法

输入：	图 G=(V,E)，特征矩阵 $\boldsymbol{X}$，层数 L，维度 $f_1, \cdots, f_L$，超参数 γ, β_1, β_2，目标任务损失函数 $\mathcal{L}_{cls}$；
输出：	隐藏表示和 RGCN 模型参数 $\boldsymbol{\theta} = \{\boldsymbol{W}_{\mu}^{(i)}, \boldsymbol{W}_{\sigma}^{(i)}\}_{i=0}^{L-1}$；

```
初始化所有参数 θ
重复以下步骤，直到损失函数 L 收敛：
  使用公式(7-15)计算 M^(1) 和 Var^(1)
  for ℓ = 1, …, L do
    使用公式(7-14)计算 M^(ℓ) 和 Var^(ℓ)
  end
  使用公式(7-16)对高斯分布 H^(L) 进行采样得到 Z
  使用公式(7-17)计算 L
  使用反向传播更新模型参数 θ
结束循环
```

7.4 鲁棒性验证

鲁棒性验证是一种较为新颖的防御方法，旨在解决一个问题：在图中，哪些节点在特定大小的扰动限制下，无论攻击者如何添加扰动，都保持鲁棒性，即节点的预测结果不改变。鲁棒性验证是量化计算目标节点的鲁棒性，利用 GNN 半监督的形式，根据给出的鲁棒性验证设计损失函数重训练模型，在保证分类精度的情况下提高 GNN 的鲁棒性，从而防止数据的微小扰动导致 GNN 预测错误。本节重点介绍节点分类任务中节点属性扰动[22]和图结构扰动[10]的鲁棒性验证方法。

7.4.1 节点属性扰动下的鲁棒性验证

图 7-8 给出了一个简单的例子，输入是一个包含 5 个节点和 6 条连边的完整网络，网络中每个节点的属性用一个三维向量表征。攻击者在实施攻击时，会根据目标选择指定属性进行修改，如图 7-8(a)中修改了 2 号节点的第一个特征和 4 号节点的第二个特征。将扰动后的网络输入 GNN 模型中进行训练，得到目标节点的预测结果。若扰动后的预测结果与扰动前的预测结果一致，即如图 7-8(a)所示，则认为该目标节点是鲁棒的；若预测结果发生了变化，如图 7-8(b)所示，此时分类裕度为负，则认为该节点是不鲁棒的。

由上述例子可知，鲁棒性验证就是在给定目标节点 v 以及 GNN 的前提下，限制添加的扰动大小，求目标节点在类别 y^* 与 y 之间的最坏情况分类裕度（仍能保持分类正确的预测概率裕量）：

$$\varepsilon^* = \min_{y \neq y^*} \log p(v, y^*) - \log p(v, y), \tag{7-18}$$

其中，y^* 代表模型预测的标签，y 表示其余任意标签，$p(\cdot)$ 表示预测为该标签的概率分布。

在实施攻击时需要设置合理的扰动限制，受此启发，该方法通过限制对原始属性的更改数量来定义可允许的扰动集，即在固定扰动大小的预算下所有可能存在的扰动情况的集合，并使用 L_0 范数计算对抗网络与原始网络的变化。同时，攻击者经常会改变目标节点 $L-1$ 跳邻域的节点属性来进行攻击。但是，可能我们并不希望过多地改变某个节点的多个属性，因此还需要限制局部扰动的大小。

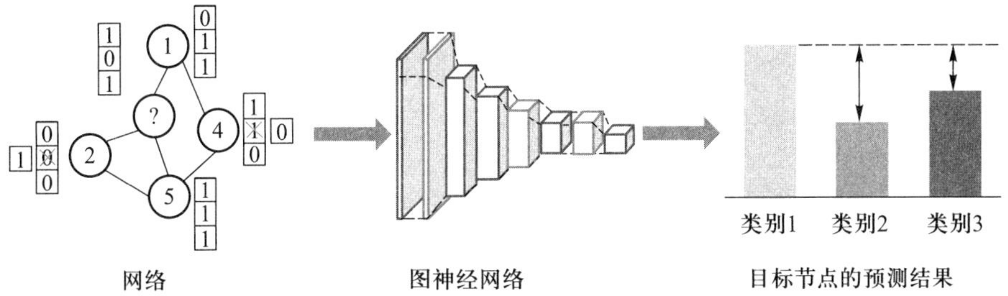

(a) 鲁棒节点在扰动下的预测结果

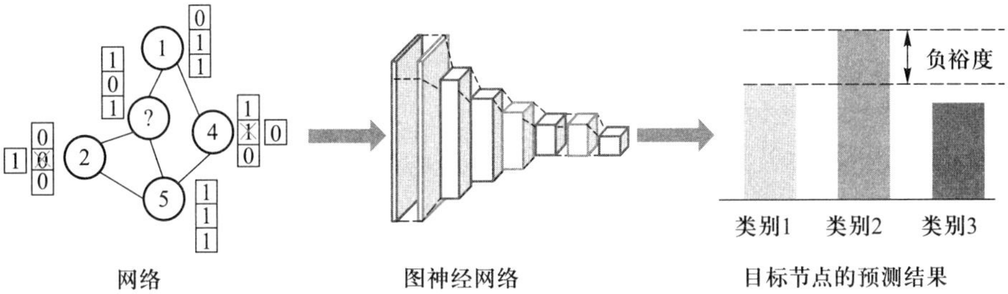

(b) 非鲁棒节点在扰动下的预测结果

图 7-8　节点在扰动下的预测结果

综上，节点属性上的 L_0 有界扰动遵循以下规则：在每个节点上最多可以更改 Δ_{local} 个属性，在所有节点上最多可以更改 Δ_{global} 个属性，其中 Δ_{local} 代表扰动的局部预算，Δ_{global} 代表扰动的全局预算。

如图 7-9 所示，图中不规则区域为添加扰动后目标节点的可能的预测情况集合，此时最坏情况下裕度为不规则区域到决策边界面的最小距离。要有效地找到式(7-18)的最小值有两个主要挑战：首先，图数据是离散的，很难进行优化；其次，由于神经网络中的非线性激活函数，GNN 在计算时是非凸的。但是，这些问题并不是无解的，可以通过对图神经网络和数据域执行特定的松弛操作来找到原始问题的最小值下边界，如图 7-9 中六边形规则区域，利用它与决策边界面的最小距离（最坏情况裕度的下边界）来替代原始最小值问题。如果最坏情况裕度的下边界为正，则可以肯定，对于一组可允许的扰动集，该目标节点是鲁棒的。由于具体的凸松弛操作涉及很多数学公式推理，本节不进行更多的介绍，感兴趣的读者可以参考文献[22]中的推导过程。

虽然能够对给定 GNN 进行鲁棒性验证在实际评价一个模型可信度时极具价值，但是我们更希望能通过鲁棒性验证帮助训练模型使其能够有效防御对抗攻击。考虑通常用于训练 GNN 节点分类任务中的训练目标：

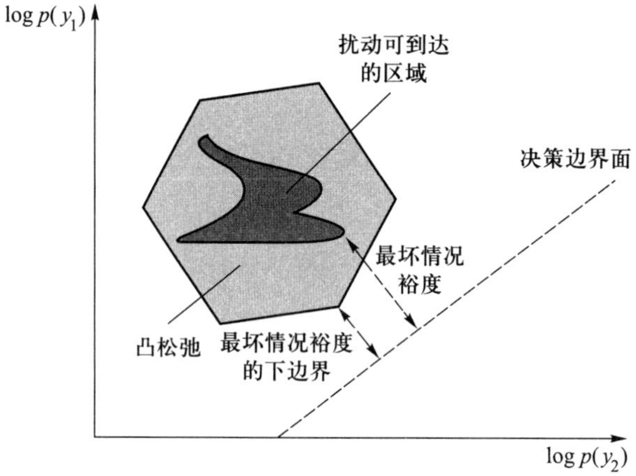

图7-9　鲁棒性验证中的凸松弛

$$\mathcal{L}_{normal} = \min \sum_{v \in V_L} \mathcal{L}(\boldsymbol{p}_v, y_v), \tag{7-19}$$

其中，$\mathcal{L}$ 是交叉熵函数，V_L 是图形中标记节点的集合，y_v 表示目标节点 v 的真实标签，$\boldsymbol{p}_v$ 代表模型对目标节点的预测分布。

在鲁棒性验证中我们已经得到了有效的下边界，但是它是没有经过优化的，并且 GNN 权重的下边界是可微的，利用这两个特性，就可以设计鲁棒铰链损失去优化训练期间的鲁棒性，结合式(7-19)，有

$$\mathcal{L}_{label} = \min \sum_{v \in V_L} \mathcal{L}(\boldsymbol{p}_v, y_v) + \sum_{v \in V_L} \mathcal{L}_{M_L}(-\boldsymbol{\varepsilon}_v^*, y_v), \tag{7-20}$$

$$\mathcal{L}_{unlabel} = \min \sum_{v \in V_L} \mathcal{L}(\boldsymbol{p}_v, y_v) + \sum_{v \in V_L} \mathcal{L}_{M_L}(-\boldsymbol{\varepsilon}_v^*, y_v) + \sum_{v \in V \setminus V_L} \mathcal{L}_{M_U}(-\boldsymbol{\varepsilon}_v^*, y_v), \tag{7-21}$$

其中，$\boldsymbol{\varepsilon}_v^*$ 表示目标节点 v 最坏情况裕度的下边界，$\mathcal{L}_{M_L}$ 表示有标签的节点训练时对应设计的损失函数，$\mathcal{L}_{M_U}$ 表示无标签的节点训练时对应设计的损失函数。首先使用式(7-20)中的目标函数在有标签的节点上训练 GNN，然后再用式(7-21)中的目标函数对所有的节点进行训练，直到函数收敛，即完成鲁棒训练。

这种鲁棒训练方法比原始训练方法更有效。根据实验结果，使用鲁棒训练可以在最佳条件下将原始鲁棒性提高4倍。

7.4.2　图结构扰动下的鲁棒性验证

图结构扰动（增删图中的连边）下的鲁棒性验证方法适用于图神经网络和标签（特征）传播模型，并且该算法能同时提高模型的鲁棒性和准确率。在图结构

扰动下，扰动的全局预算被定义为全图可改变的连边总数量，扰动的局部预算被定义为单个节点连边最多可改变数量。同时，可以将图中的连边分为固定连边集（攻击者无法改变）以及脆弱边集 $\mathcal{F}$。注意，脆弱边集 $\mathcal{F}$ 中既有原来存在的边也有原来不存在的边，即攻击者在执行攻击操作时既可以删边也可以增边。

与节点属性扰动下的鲁棒性验证不同，此处将寻找最坏情况下裕度转化为一个平均成本无限的马尔可夫决策过程（Markov decision process，MDP），也称为遍历控制问题。可以用强化学习基本框架来理解这个过程，如图 7-10 所示。MDP 基于一组交互对象即智能体和环境进行构建，所具有的要素包括状态、动作、策略和奖励。在 MDP 的模拟中，智能体能感知当前的系统状态，按策略对环境实施动作，从而改变环境的状态并得到奖励，奖励随时间的积累被称为回报。

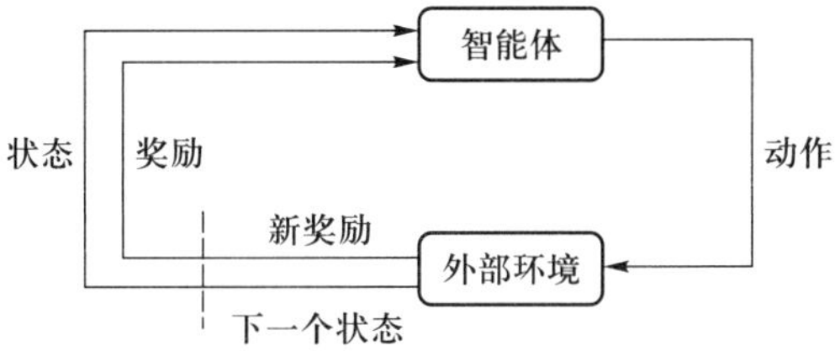

图 7-10　马尔可夫决策过程强化学习框架

在鲁棒性验证问题中，可以认为每个目标节点 v 对应一个状态，动作对应于可选的脆弱边子集 $\mathcal{F}^v$。由于用(1,0)两种状态表示是否存在连边，因此对于每个状态 v，拥有 $2^{|\mathcal{F}^v|}$个动作。虽然动作的数量是指数级的，但是仍然可以在多项式时间内有效地得到结果。将奖励设置为神经网络最后一个隐藏层的预测输出，将脆弱边集下的每个扰动图 $Q_{\mathcal{F}}$看作策略，在这里策略可以理解为：在当前状态下应该采用哪一个扰动图，并且在每次迭代中改进该策略，保证收敛到最优策略，从而收敛到脆弱边缘的最优配置（即最坏情况）。由此就可以通过计算式(7-18)得到局部预算下的最坏情况下裕度。

上面提到的策略只能处理局部预算的情况，无法处理扰动限制为全局预算的情况。为了解决这一问题，设计了一种替代方案，其主要步骤如下：

(1) 采用一种无约束的马尔可夫决策过程，通过给每条脆弱边添加一个辅助节点，构建辅助图从而降低操作复杂度；

(2) 用二次约束增加相应线性规划（Linear Program，LP）处理全局预算；

(3) 将重构线性化技术（Reformulation Linearization Technique，RLT）松弛应用于步骤(2)中生成的二次约束线性规划（Quadratically Constrained Linear Program，QCLP）。松弛处理可参考图 7-9 来帮助理解。

关于替代方案的具体证明推导过程请参考文献[10]。

在已经知道最坏(最小)裕度的情况下,重新设计目标损失函数,激励模型得到更加鲁棒的模型权重,从而提升模型鲁棒性。改进的损失函数定义为

$$\mathcal{L}_{RCE}=\mathcal{L}_{CE}(-\varepsilon^*),\tag{7-22}$$

其中,ε^* 为最坏情况下的裕度,L_{CE} 是对数上的标准交叉熵损失。为了避免 L_{RCE} 在最坏情况下扰动的高确定性产生,使用另一种鲁棒铰链损失函数来进行弥补。攻击者的目的是最小化最坏情况的裕度,因此鲁棒性训练会在训练过程中尝试将其最大化,所以在标准交叉熵损失中加入一个铰链损失惩罚项,具体为

$$\mathcal{L}_{CEM}=\mathcal{L}_{CE}+\sum_{y\neq y^*}\max(0,M_c-\varepsilon^*),\tag{7-23}$$

其中,M_c 为一个裕度常数,如果 $\varepsilon^*>M_c$,则节点 v 的第二项为负,进而证明目标节点 v 具有鲁棒性并且其裕度至少为 M_c。综合多个数据集下的实验结果[10]表明,这种方法不仅可以提升模型的防御效果,还可以提高模型的准确率。

7.5 对抗检测

检测图数据中的异常信息非常重要,比如检测虚假新闻、标记社交网络中的恶意用户以及发现金融网络的可疑交易等。目前大多数检测方法都限于节点级的样本检测,即只能检测出恶意生成的虚假连边或节点,并服务于各种节点级的图机器学习任务,例如使用链路预测及其变体来检测潜在的恶意连边[13,32],通过计算节点与其相邻节点的 Softmax 概率之间的 KL 散度[29]来检测对抗攻击[33],使用基于图的随机抽样和一致性方法来有效地检测大规模图中的异常节点[14]。此外还有基于图分类任务的对抗样本检测[23],其关键是通过子图网络(SGN)构造检测模型。下面将分别介绍基于节点分类和图分类的对抗检测方法。

7.5.1 基于节点分类的对抗检测

现有大多数对网络的攻击方法为了保证攻击的隐蔽性,仅对网络结构做微小的变动,或者保证网络的某一拓扑性质不变来对网络进行攻击,最终使得图神经网络在节点分类任务上出现差错。即使攻击者将对网络的扰动控制在一定程度,但仍然不可避免地改变了网络的拓扑结构属性,特别是被攻击节点的网络拓

扑结构[34]。

图 7-11 给出了一个简单的例子:Cora 数据集上的一个 3 阶子网络(干净图)与这一子网络被 NETTACK 攻击后的子网络(对抗图)之间的对比,选取了 4 个指标来对比它们之间的差异:节点度值、介数中心性、网络密度以及平均接近中心性。可以看到受到攻击的子网络的这 4 个网络拓扑结构属性被大幅改变。因此想到:通过网络拓扑结构属性来推测一个节点是否被攻击者攻击。图 7-12 展示了基于网络节点拓扑结构属性来对抗检测的方法框架。具体步骤为:① 从网络中提取网络拓扑结构属性;② 将网络拓扑属性横向拼接成特征向量,表征此节点;③ 将此特征向量输入随机森林分类器,得到预测结果。

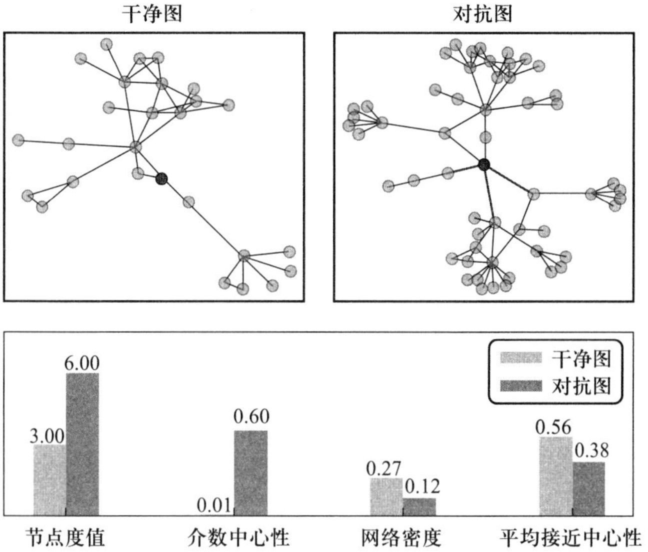

图 7-11　Cora 数据集上一个 3 阶子网络及其受 NETTACK 攻击后的 3 阶子网络的对比

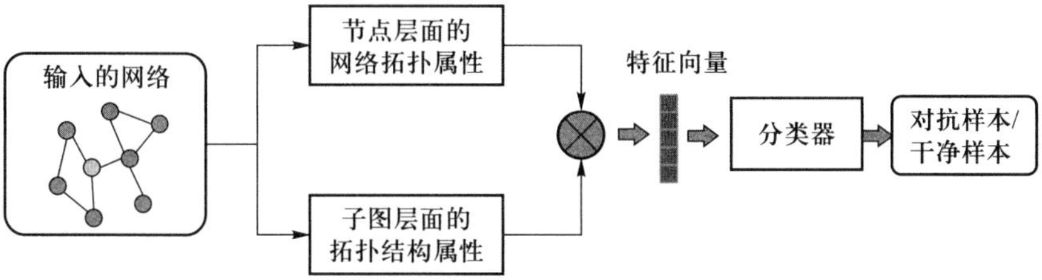

图 7-12　基于网络节点拓扑结构属性对抗检测方法框架

不同的攻击方法改变不同的网络拓扑结构属性，为了能够适应攻击方法的多样性，提取出的节点的网络拓扑属性需要尽可能多，能够尽可能覆盖攻击者造成的所有网络拓扑结构的变化。为此，此方法提取了两类节点的网络拓扑属性：节点层面的网络拓扑属性和子图层面的网络拓扑结构。其中，节点层面的网络拓扑结构属性有6个，分别为：节点的度(k_i)、聚类系数(C_i)、介数中心性(BC_i)、接近中心性(CC_i)、特征向量中心性(EC_i)以及邻居节点平均度值(D_{Ni})。

现有的攻击算法大多数是对二阶GCN模型进行攻击。二阶GCN模型提取节点的两跳邻居节点信息来得到此节点的嵌入向量，因此可以推测针对GCN攻击算法，通过改变由两跳邻居构成的子网络的拓扑结构来使节点嵌入向量产生改变，从而使GCN对节点的表达效果变差。受此启发，该方法还从原始网络提取了子图层面的网络拓扑结构属性，这里的子图为节点的两跳邻居构成的子网络。从子图中提取11个可能被攻击算法改变的网络拓扑结构属性：子图节点数量(N)、子图连边数量(M)、平均度值($\langle k\rangle$)、叶子节点占比(P_{leaf})、子图邻接矩阵最大特征值(λ)、子图网络密度(D_S)、平均聚类系数(C_{clus})、平均介数中心性(C_B)、平均接近中心性(C_C)、平均特征向量中心性(C_E)以及子图平均邻居度值(D_N)。其中，后5个指标定义为对子图中所有节点计算相应拓扑结构属性的平均值。

此方法优点在于实现简单，在应用中实施成本较低，能够对各种网络节点分类攻击方法进行检测，普适性较好。除此之外，利用对抗检测，可以找到改变最大的几个网络拓扑结构属性，它们往往隐含了攻击算法的攻击规律信息。通过找到改变最大的几个网络拓扑结构属性的共同点，可以分析出一类攻击算法的攻击规律。此方法也存在缺点：用于检测的分类器需要经过提前训练，训练所需的数据量往往比较大，现实情况中，在未知攻击者采用的攻击算法时，难以获取足够的对抗样本用于训练。

7.5.2　基于图分类的对抗检测

在图分类方面，基于SGN的对抗检测模型[23]可以有效地检测出图级的对抗样本并提高图分类模型的鲁棒性，总体框架如图7-13所示。特别地，该方法通过评估原始输入特征和经SGN转换的特征来检测虚假样本。如果原始输入样本的预测值与子图变换后的输入样本的预测值之差超过一定的阈值，鉴别器就会将输入识别为对抗样本，否则为干净样本。一般来说，SGN可以看作是对图的特征进行重构，提取图结构数据的潜在信息。

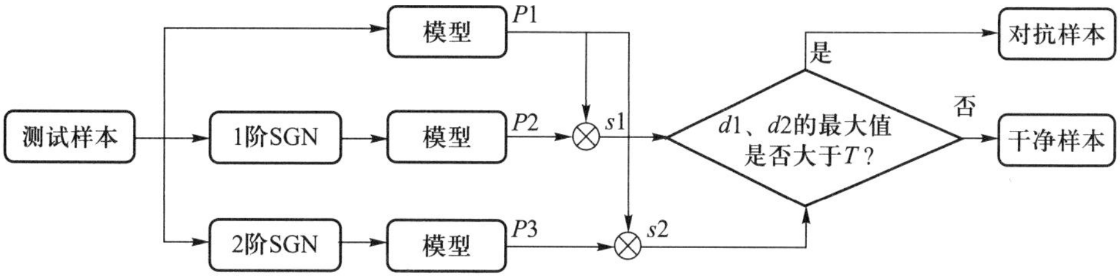

图 7-13 基于 SGN 的对抗检测模型框架(取自文献[23])

1. 基于 SGN 的对抗样本检测

基于子图网络的对抗样本检测模型的核心是通过比较子图重构前后的样本特征,找出区分对抗样本和干净样本的关键点。本质上干净样本重构前后的预测结果是相似的,而对抗样本则相差较大。

由图分类器生成的预测向量通常表示输入样本属于每个可能类别的概率分布。因此,将模型的原始样本预测值与重构样本的预测值进行比较,即比较对应的两个概率分布向量 $\boldsymbol{p}$。在这项工作中,选择原始预测向量和重构预测向量的 L_1 范数作为对抗样本和干净样本的差异度量指标:

$$g^{(x,x_{sgn})} = \| \boldsymbol{p}(x) - \boldsymbol{p}(x_{sgn}) \|_1. \qquad (7-24)$$

此外用来衡量概率分布的差异 L_1 可以替换成 L_2 范数或 KL 散度。$\boldsymbol{p}(x)$ 是原始样本在图分类器 Softmax 层生成的输出向量。$g^{(x,x_{sgn})}$ 越大,即原始样本与其 SGN 的预测差异越显著。我们期望对抗样本的 g 值尽可能大,干净样本的 g 值尽可能小,这样就可以找到最优的阈值来区别对抗样本和干净样本。

2. 联合对抗检测

在现实世界中,即使能够针对特定类型的攻击选择合适有效的基于 SGN 的对抗检测模型,也无法预测攻击者将使用哪种攻击方式来污染样本并攻击模型。为了应对这一挑战,使用多阶 SGN 构建一个联合对抗检测模型,具体来说,计算 $g^{(x,x_{sgn1})}$ 和 $g^{(x,x_{sgn2})}$ 之间的最大距离作为攻击样本的衡量指标:

$$g^{joint} = \max(g^{(x,x_{sgn1})}, g^{(x,x_{sgn2})}, \cdots). \qquad (7-25)$$

目前,联合对抗样本检测可以有效检测出为图分类任务生成的绝大多数对抗样本。在实际的联合对抗样本检测模型中,我们主要使用 $\text{SGN}^{(1)}$ 和 $\text{SGN}^{(2)}$ 用于样本的特征映射,因为三阶及以上的 SGN 在运行时更复杂耗时。此外,基于 $\text{SGN}^{(1)}$ 和 $\text{SGN}^{(2)}$ 的检测模型能够满足目前对图分类任务的大多数对抗样本的检测要求,并且与高阶子图网络相比,它们具有构造简单、易于实现、运行时间短以及计算成本低等优点。

7.6 实验和分析

7.6.1 对抗训练

为了验证平滑对抗训练算法的有效性,在节点分类和社团检测两个常见的网络科学任务中进行了测试。节点分类实验使用了3个网络:PolBlogs、Cora和Citeseer,对抗攻击方法采用FGA[1]和NETTACK[2]。FGA是一种基于梯度的攻击方法,NETTACK是一种基于增量学习实现的攻击方法,这是两种典型的对抗攻击方法,在GNN模型上都取得了很高的攻击成功率。

使用平均防御率和平均置信度差异指标来衡量被攻击节点的防御效率,测试节点被攻击之前能正确分类。

(1) 攻击成功率下降值(ADR)。ADR反映了有防御和无防御时GCN攻击的攻击成功率(ASR)差异,可以计算为

$$ADR = ASR_{atk} - ASR_{def}, \tag{7-26}$$

其中,ASR_{atk}代表没有防御时的攻击成功率,ASR_{def}是设置防御之后的攻击成功率。ADR越高表示防御效果越好。

(2) 平均置信度差异(ACD)。代表攻击成功的节点集合在节点攻击前后的置信度平均差值,定义如下:

$$ACD = \frac{1}{n_{success}} \sum_{v_i \in V^{success}} CD_i(\hat{\boldsymbol{A}}_{v_i}) - CD_i(\boldsymbol{A}), \tag{7-27}$$

$$CD_i(\boldsymbol{A}) = \max_{c \neq y_i} Y'_{i,c}(\boldsymbol{A}) - Y'_{i,y_i}(\boldsymbol{A}), \tag{7-28}$$

其中,$\hat{\boldsymbol{A}}_{v_i}$是目标节点$v_i$的对抗网络,$y_i$是目标节点$v_i$的真实标签,$Y'$是模型输出,$n_{success}$是攻击成功的节点数,$V^{success}$是攻击成功的节点集合。ACD越小表示防御效果越好。

以GCN作为基本模型,验证该防御方法在节点分类任务中的有效性。图7-14(a)和图7-14(b)分别展示了4种防御方法的ADR和ACD,可见Target-AT在大多数情况下具有最高的ADR及最低的ACD,因此是最优防御策略,Global-AT和SCEL的防御效果差异不大,SD防御方法在这4种方法中防御效果最差。

此外,结合两种对抗训练策略,扩展了4种联合防御机制。图7-14(c)和图

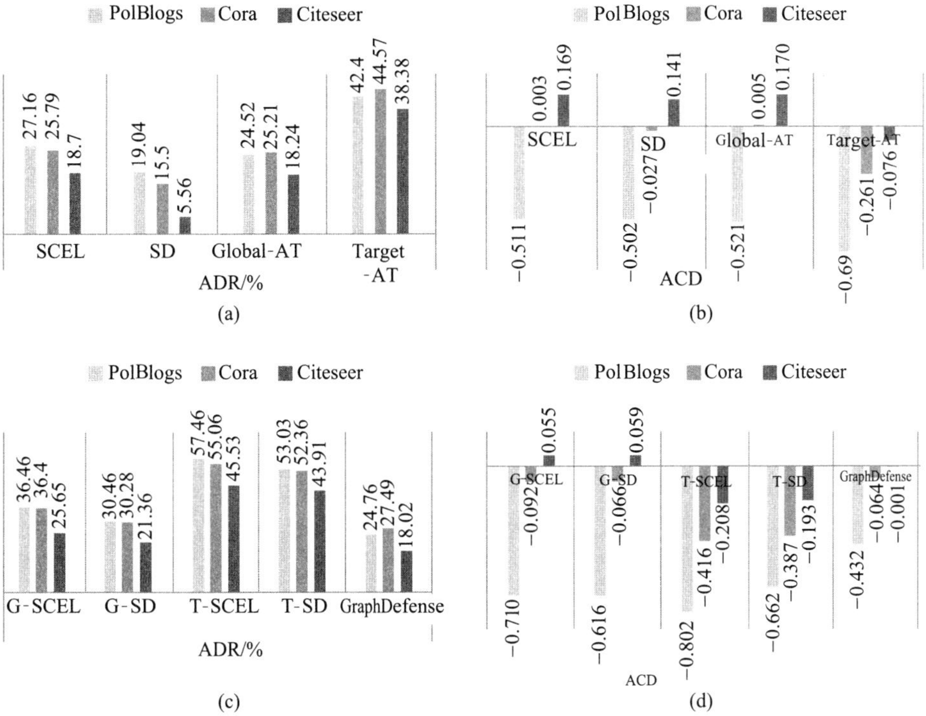

图 7-14 4 种防御方法和 4 种组合防御方法在节点分类任务中的防御结果

7-14(d)报告了这 4 种联合防御和一种先进的防御机制 GraphDefense 的防御结果。G-SCEL 代表全局对抗训练(Global-AT)与蒸馏平滑方法(SD)的组合防御,T-SCEL 代表目标对抗训练(Target-AT)与平滑交叉熵损失函数(SCEL)的组合防御,等等。可以看出,这些结合对抗训练和平滑策略的组合防御机制有效地提高了防御效果,这是因为两种防御通常具有互补作用。同时,在 4 种组合策略中,T-SCEL 防御方法具有最高的 ADR 和最低的 ACD。在两种对抗训练方法中,SCEL 相比 SD 都有明显提高。几乎所有的组合防御方法都优于 GraphDefense,充分说明了组合防御的有效性。

接下来,验证几种防御方法对社团检测任务的防御效果。使用的数据集是 Polbooks 和 Dolphins,分别使用 DeepWalk、Node2Vec 和 Louvain 进行网络中的目标节点检测,接下来使用 FGA 以及 NETTACK 攻击方法进行攻击,在此基础上展示了 8 种防御方法的防御效果如图 7-15 所示:4 种独立防御和 4 种联合防御,并与 GraphDefense 进行比较。注意,图中仅展示了三种社团检测算法的平均 ADR。可以发现,独立防御通常不能达到良好的性能;T-SCEL 在大多数情况下都能获得最佳的防御效果,这与节点分类任务的防御效果是一致的。

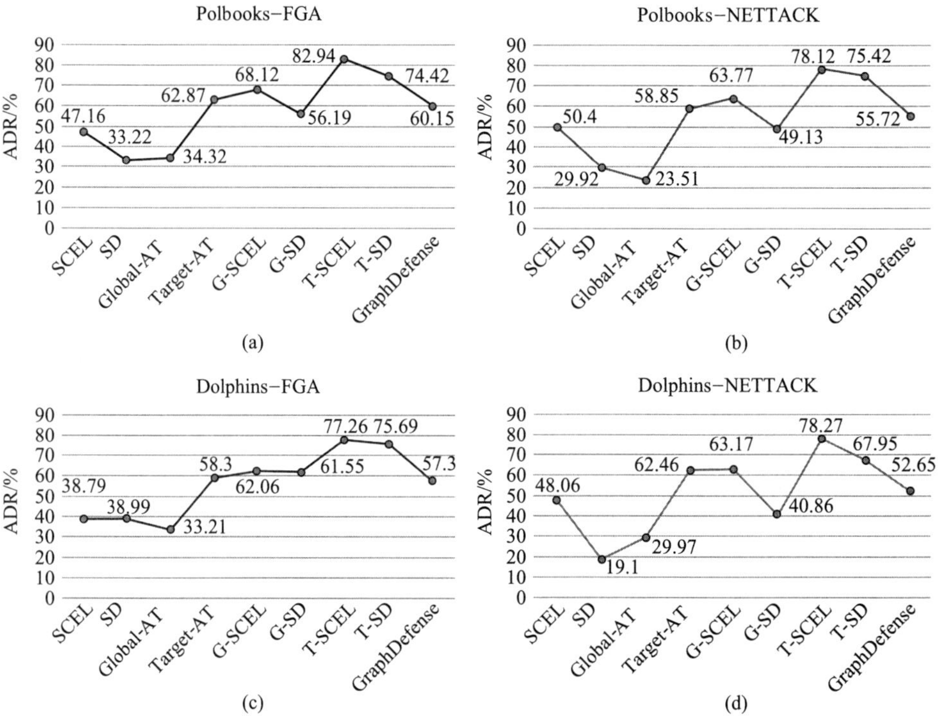

图 7-15　社团检测任务中 4 种防御方法和 4 种联合防御方法的平均防御结果

7.6.2　对抗检测

1. 节点分类对抗检测

使用以下 4 个常用的数据集进行节点分类任务的对抗样本检测实验：Citesser、Cora、PolBlogs 以及 Pubmed 数据集。将 NETTACK、Meta Attack 以及 GradArgmax 分别应用于这 4 个数据集获得对抗样本（只保留攻击成功的样本）。NETTACK 和 Meta Attack 这两种攻击算法的结构和参数保持一致，GradArgmax 只删除目标节点周边的两条连边，即使用删除连边的策略。每个检测数据集随机分为两组，一组用于训练对抗检测模型，另一组用于验证检测结果。使用原始训练数据集生成相同数量的对抗样本，并利用这两种样本集训练检测模型。训练结束后，输入测试数据集（一半为干净样本，一半为对抗样本）来测试检测模型的准确性。

表 7-1 展示了使用 17 维网络拓扑结构属性对不同攻击方法在不同数据集上的检测效果（表中的“—”表示攻击算法需要的算力过大而没有数值结果）。

可以发现,使用 17 维网络拓扑结构属性进行检测的方法在 4 个数据集上对 3 种攻击方法的检测效果都很好,几乎所有的指标都在 80%以上,甚至在大部分数据集上对攻击方法的检测指标达到了 90%以上。可见这几种攻击方法对网络的拓扑结构有比较明显的改变,且改变具有一定的规律,这使得通过拓扑结构属性能够对它们进行检测。同时可以看到,对于 Meta Attack 和 GradArgmax 的检测效果普遍优于对 NETTACK 的检测效果,这也说明采用梯度信息的攻击方法对网络拓扑结构的改变是比较显著的。

表 7-1 使用 17 维网络拓扑结构属性检测对抗样本的检测效果

数据集		Citeseer/%	Cora/%	PolBlogs/%	Pubmed/%
NETTACK	ACC	81.9	82.5	91.3	83.1
	AUC	81.9	82.5	91.4	82.5
	Precision	81.6	81.1	88.1	79.7
Meta Attack	ACC	91.9	97.1	96.9	—
	AUC	91.9	97.1	96.8	—
	Precision	89.5	97.8	95.7	—
GradArgmax	ACC	97.4	98.4	98.4	97.5
	AUC	97.5	98.5	98.4	97.3
	Precision	98.9	97.2	96.9	99.2

图 7-16 展示了不同攻击方法在不同数据集上进行对抗样本检测时不同网络拓扑结构属性的 Gini 重要性,Gini 重要性越大(图中颜色越深),说明该属性分辨对抗样本的能力越强。从图 7-16 可以看出,在大部分数据集上,大部分的攻击算法主要改变了 3~5 个拓扑结构属性,这也意味着使用最敏感的几个网络拓扑属性进行对抗样本检测也能够得到不错的检测效果。图 7-17 展示了当采用前 k 个最敏感的网络拓扑属性进行检测时 AUC 的变化情况。可以看到,即使选择了一个最敏感的网络拓扑属性进行检测,对 NETTACK、Meta Attack 以及 GradArgmax 的检测精度依然能够达到 0.75、0.90 甚至 0.98,这也表明这几种攻击方法的攻击倾向非常明显,攻击的策略相对比较简单。对于 NETTACK 和 Meta Attack,当选取的 k 值从 1 变到 4 时,检测效果有明显的提升;当 k 值再增大时,检测精度的提升效果便不再明显。这也反映这些攻击算法主要改变了 3~5 个拓扑结构属性。

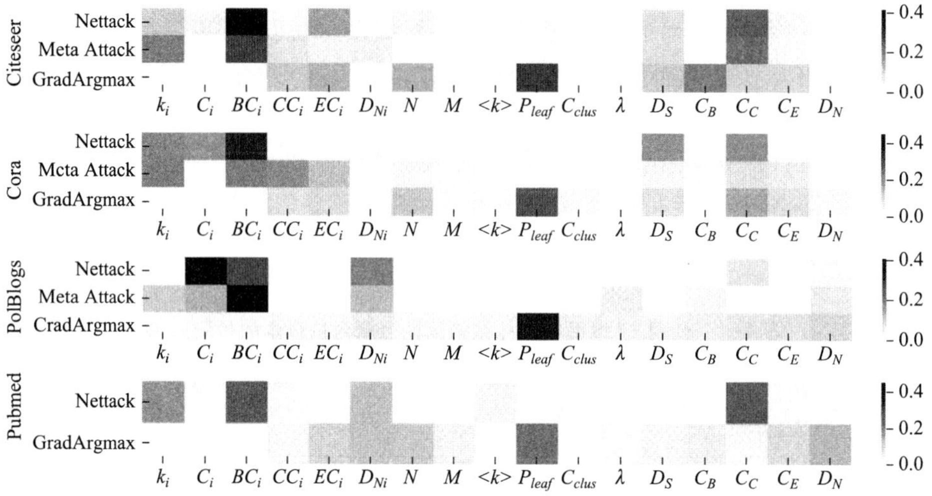

图 7-16　不同网络拓扑结构属性在对抗样本检测中的 Gini 重要性

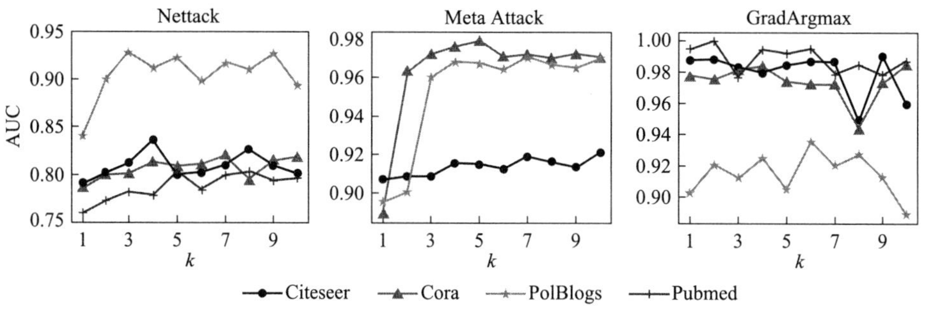

图 7-17　采用前 k 个最敏感的网络拓扑属性进行检测时 AUC 的变化情况

2. 图分类对抗检测

在 3 个常用的数据集 MUTAG、DHFR 和 BZR 上分别进行对抗检测实验，攻击设定是对图分类模型采用随机攻击和梯度攻击。每个检测数据集随机分为两组，一组用于训练对抗检测模型，另一组用于验证检测结果。训练过程主要是使用原始训练数据集与其对应生成的对抗样本来共同训练检测模型，对抗样本包括成功对抗样本和失败对抗样本：成功对抗样本是指被攻击后能成功越过决策边界线的样本，即样本被分类模型识别错误；失败对抗样本是指被攻击后没有越过决策边界线的样本，该样本的分类结果不会改变。训练结束后，输入测试数据集（一半为干净样本，一半为对抗样本）来测试联合检测模型的准确性。

本质上，检测器的训练阶段就是选择一个最优的阈值来区分干净样本和对抗样本,所以阈值的选择范围在干净样本和对抗样本的 g 值之间。具体而言,模型预测和重构预测应该是相似的。如果原始样本和重构样本产生了很大的预测差异,则输入被检测为攻击样本。图 7-18 直观地展示了原始样本和攻击样本之间的 g 值。因为样本的期望分布不平衡,即大多数样本都是正样本,所以精度高且假阳率高的检测器对于许多敏感的安全性任务来说是无效的。因此,选取小于 7%的假阳率作为目标阈值,即选取不超过 7%的干净样本的 g 值作为区分阈值。训练结束后用所选阈值进行检验,分别测量成功对抗样本检测率(Detection Rate of Successful Adversarial Sample, SADR)和失败对抗样本检测率(Detection Rate of Failed Adversarial Sample, FADR)。

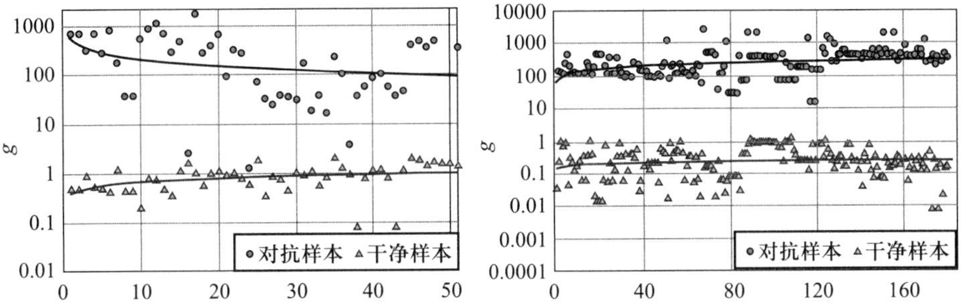

(a) MUTAG数据集　　(b) BZR数据集

图 7-18 用来区别干净样本和对抗样本的 g 值点状图

表 7-2 展示了不同类型的对抗检测器在不同数据集上的检测效果。可以看出,联合检测器的整体检测性能一般优于 $SGN^{(1)}$ 检测器,因为它实际上是 $SGN^{(1)}$ 和 $SGN^{(2)}$ 的综合检测器。在某些情况下,$SGN^{(1)}$ 检测器可以直接满足对 DHFR 数据集进行梯度攻击和对 BZR 数据集进行强化学习的需求。从本质上来说,由于不同顺序的子图网络对于不同的攻击方法和不同的数据集结构有不同的匹配程度,同时模型使用者不可能事先知道攻击者的攻击方法,因此有必要建立一个联合检测系统。此外在所有数据集中,成功对抗样本的检测率 SADR 都高于 80%,但是失败对抗样本的检测率 FADR 很低。事实上,较低的 FADR 值无法影响最终的目标任务——图分类,因为失败攻击的样本不会使原始样本越过决策边界线。另外较高的 ROC-AUC 值证明了检测模型的有效性。

表 7-2　不同类型的对抗检测器在不同数据集上的检测效果

		随机攻击			梯度攻击		
数据集	检测器	SADR/%	FADR/%	ROC-AUC/%	SADR/%	FADR/%	ROC-AUC/%
MUTAG	SGN(1)检测器	86.30	12.13	89.10	88.53	12.52	90.92
	联合检测器	93.65	13.77	95.32	95.28	14.07	97.25
DHFR	SGN(1)检测器	82.13	10.65	84.23	85.83	11.53	87.26
	联合检测器	82.13	10.65	84.23	86.20	11.82	88.52
BZR	SGN(1)检测器	89.64	16.37	92.36	87.33	13.01	91.42
	联合检测器	96.58	18.57	98.22	94.25	13.57	96.74

7.7　本章小结

本章对现有的图对抗防御方法进行了较全面和系统的整理，包括防御策略和相应的评价指标，并对这些防御方法进行了合理的分类，总结和讨论了各种防御方法的主要贡献和局限性。近年来，提高 GNN 鲁棒性的相对成熟的防御方法主要有对抗训练、图净化和基于结构的防御方法，而对抗检测和鲁棒性验证仍在发展。对抗训练方法可以通过学习被攻击的样本达到防御的目的；图净化是将输入数据进行预处理，去除受污染的部分并尽可能保留原始干净的数据。与其他防御方法相比，基于结构的防御方法主要采用注意力机制来优化和提高模型的鲁棒性，通过给对抗样本分配较低的注意力系数从而使各种学习任务的损失降到最低。另外，对抗检测与其他防御方法的最大不同之处在于，它具有区分和检测恶意对抗样本的能力。

目前的防御工作大多以节点分类任务为主[10-12,18-20,22,23]，对其他图数据挖掘任务的研究还很匮乏，例如对社团检测[18,21]和图分类[23]等任务的模型鲁棒性研究较少。因此提高模型对其他任务的鲁棒性是一个很值得探索的研究方向。此外，时间复杂度在实际应用中也具有很重要的意义，即如何在限制训练成本的同时提高模型的鲁棒性。现在已有的防御方法很少考虑算法的时空效率，部分研究[22,35]通过使用不同的降维方法降低计算成本以实现更高的效率，但实验并没有涉及大规模的图数据，所以如何更高效且更迅速地保护图机器学习算法是值得进一步深思和研究的问题。

参考文献

[1] Chen J, Wu Y, Xu X, et al. Fast gradient attack on network embedding[J/OL]. arXiv preprint arXiv:1809.02797, 2018.

[2] Zügner D, Akbarnejad A, Günnemann S. Adversarial attacks on neural networks for graph data [C]//Proceedings of the 24th ACM SIGKDD International Conference on Knowledge Discovery & Data Mining, London, 2018: 2847-2856.

[3] Yu S, Zhao M, Fu C, et al. Target defense against link-prediction-based attacks via evolutionary perturbations[J]. IEEE Transactions on Knowledge and Data Engineering, 2019: 754-767.

[4] Zügner D, Günnemann S. Adversarial attacks on graph neural networks via meta learning[J/OL]. arXiv preprint arXiv:1902.08412, 2019.

[5] Chen J, Zhang J, Chen Z, et al. Time-aware gradient attack on dynamic network link prediction [J]. IEEE Transactions on Knowledge and Data Engineering, Early access,2021.

[6] Dai H, Li H, Tian T, et al. Adversarial attack on graph structured data[C]// Proceedings of the 35th International Conference on Machine Learning, Stockholm, 2018: 1123-1132.

[7] Tang H, Ma G, Chen Y, et al. Adversarial attack on hierarchical graph pooling neural networks[J/OL]. arXiv preprint arXiv:2005.11560, 2020.

[8] Ma Y, Wang S, Derr T, et al. Graph adversarial attack via rewiring[C]// Proceedings of the 27th ACM SIGKDD Conference on Knowledge Discovery & Data Mining, New York, 2021: 1161-1169.

[9] Zhang Z, Jia J, Wang B, et al. Backdoor attacks to graph neural networks [C]//Proceedings of the 26th ACM Symposium on Access Control Models and Technologies, Virtual Event, 2021: 15-26.

[10] Bojchevski A, Günnemann S. Certifiable robustness to graph perturbations [C]//Advances in Neural Information Processing Systems, Vancouver, 2019: 8317-8328.

[11] Zhu D, Zhang Z, Cui P, et al. Robust graph convolutional networks against adversarial attacks[C]//Proceedings of the 25th ACM SIGKDD International

Conference on Knowledge Discovery & Data Mining, Anchorage, 2019: 1399-1407.

[12] Tang X, Li Y, Sun Y, et al. Transferring robustness for graph neural network against poisoning attacks [C]//Proceedings of the 13th International Conference on Web Search and Data Mining, Houston, 2020: 600-608.

[13] Xu X, Yu Y, Li B, et al. Characterizing malicious edges targeting on graph neural networks[J/OL]. Open Review, 2018.

[14] Ioannidis V N, Berberidis D, Giannakis G B. Unveiling anomalous nodes via random sampling and consensus on graphs[C]//2021 IEEE International Conference on Acoustics, Speech and Signal Processing (ICASSP), Toronto, 2021:5499-5503.

[15] Goodfellow I J, Shlens J, Szegedy C. Explaining and harnessing adversarial examples[J/OL]. arXiv preprint arXiv:1412.6572, 2014.

[16] Huang L, Joseph A D, Nelson B, et al. Adversarial machine learning[C]//Proceedings of the 4th ACM Workshop on Security and Artificial Intelligence, Chicago, 2011: 43-58.

[17] Miyato T, Dai A M, Goodfellow I. Adversarial training methods for semi-supervised text classification [C] //Proceedings of the 5th International Conference on Learning Representation, Toulon,2017.

[18] Chen J, Lin X, Xiong H, et al. Smoothing adversarial training for GNN[J]. IEEE Transactions on Computational Social Systems, 2020, 8(3): 618-629.

[19] Wu H, Wang C, Tyshetskiy Y, et al. Adversarial examples on graph data: Deep insights into attack and defense [C]//Proceedings of the 20th International Joint Conference on Artificial Intelligence, Macao, 2019: 4816-4823.

[20] Entezari N, Al-Sayouri S A, Darvishzadeh A, et al. All you need is low (rank) defending against adversarial attacks on graphs[C]//Proceedings of the 13th International Conference on Web Search and Data Mining, Houston, 2020: 169-177.

[21] Jia J, Wang B, Cao X, et al. Certified robustness of community detection against adversarial structural perturbation via randomized smoothing[C]//Proceedings of the Web Conference 2020, Taipei, 2020: 2718-2724.

[22] Zügner D, Günnemann S. Certifiable robustness and robust training for graph convolutional networks [C]//Proceedings of the 25th ACM SIGKDD

International Conference on Knowledge Discovery & Data Mining, Anchorage, 2019: 246-256.

[23] Chen J, Xu H, Wang J, et al. Adversarial detection on graph structured data [C]//Proceedings of the 2020 Workshop on Privacy - Preserving Machine Learning in Practice, Virtual Event, 2020: 37-41.

[24] Kaghazgaran P, Alfifi M, Caverlee J. Wide - ranging review manipulation attacks: Model, empirical study, and countermeasures[C]//Proceedings of the 28th ACM International Conference on Information and Knowledge Management, Beijing, 2019: 981-990.

[25] Mukherjee A, Kumar A, Liu B, et al. Spotting opinion spammers using behavioral footprints [C]//Proceedings of the 19th ACM SIGKDD International Conference on Knowledge Discovery and Data Mining, Chicago, 2013: 632-640.

[26] Zhang S, Yin H, Chen T, et al. Graph embedding for recommendation against attribute inference attacks[C]//Proceedings of the Web Conference 2021, Ljubljana, 2021: 3002-3014.

[27] Feng F, He X, Tang J, et al. Graph adversarial training: Dynamically regularizing based on graph structure[J]. IEEE Transactions on Knowledge and Data Engineering, 2019: 2493-2504.

[28] van Erven T, Harremos P. Rényi divergence and Kullback-Leibler divergence [J]. IEEE Transactions on Information Theory, 2014, 60(7): 3797-3820.

[29] Miyato T, Maeda S, Koyama M, et al. Virtual adversarial training: A regularization method for supervised and semi-supervised learning[J]. IEEE Transactions on Pattern Analysis and Machine Intelligence, 2018, 41(8): 1979-1993.

[30] Hinton G, Vinyals O, Dean J. Distilling the knowledge in a neural network [J/OL]. arXiv preprint arXiv:1503.02531, 2015.

[31] Pezeshkpour P, Tian Y, Singh S. Investigating robustness and interpretability of link prediction via adversarial modifications[J]//Proceedings of NAACL-HLT, Minneapolis, 2019: 3336-3347.

[32] Zhang Y, Khan S, Coates M. Comparing and detecting adversarial attacks for graph deep learning[C]//Proceedings of Representation Learning on Graphs and Manifolds Workshop, New Orleans, 2019.

[33] Zhu J, Shan Y, Wang J, et al. DeepInsight: Interpretability assisting

detection of adversarial samples on graphs[J/OL]. arXiv preprint arXiv:2106.09501, 2021.

[34] Wang S, Chen Z, Ni J, et al. Adversarial defense framework for graph neural network[J/OL]. arXiv preprint arXiv:1905.03679, 2019.

[35] Breiman L. Random forests[J]. Machine Learning, 2001, 45(1): 5-32.

第8章 图数据增强

图数据挖掘领域中经典的任务如节点分类、图分类等需要依赖大量的标签数据进行学习。然而,在不同的应用场景下,数据的可用性不尽相同,导致图模型的性能参差不齐。数据增强(Data Augmentation)是一种通过让有限的数据产生更多的等价数据来人工扩展训练数据集的技术,广泛应用于计算机视觉、自然语言处理等领域。然而,对于图结构数据而言,由于其非欧氏的结构以及强烈的语义拓扑依赖性,无法将图像领域的数据增强技术直接应用于图数据。因此,如何利用图数据自身的结构和属性信息来拓展数据特征,乃至生成更多的标注数据,值得进一步探索。图数据上的数据增强研究目前仍处于起步阶段,本章将简要介绍一些现有的数据增强和优化策略,希望能激发读者更多的思考和探索。

8.1 社团检测相关的数据增强

本书第 4 章已经介绍了多种社团检测算法,用于解决社会学、生物学、交通物流等学科领域的具体问题。例如,社交网络中利用社团检测来聚类具有共同兴趣爱好的用户组成社交圈;生物领域利用社团检测来分析蛋白质相互作用机理;交通物流领域使用社团检测来规划区域分配和最短路径。目前的社团检测方法主要有谱聚类[1-3]、聚合法[4]、分裂法[5,6]、标签传播[7,8]、层次聚类[6,9]、随机游走方法[10,11]及深度学习方法[12,13]等。虽然各种社团检测算法在精度和速度上不断被优化,但受限于网络本身的拓扑结构,依然面临着诸多挑战。

(1) 数据缺失。天然或人为导致的数据缺失问题,影响社团检测结果的准确性。例如真实世界中的社交关系无法完全在互联网社交平台上体现;网站隐私保护措施设置的访问限制使得获取数据的完整性无法保证。

(2) 对抗性噪声。针对社团检测的对抗攻击层出不穷[14-17],也严重影响了社团检测算法的性能。例如,对网络进行简单的重连(社团内删边以及社团间加边),就可以破坏网络原本的社团结构,隐藏目标群体。

(3) 社团分辨率限制问题。社团检测中的模块度优化存在分辨率限制问题[18]。在模块度优化过程中,节点数量小于阈值的集群不会被检测到,因为模块度优化会使这些集群倾向于合并成更大的集群,导致粗糙划分。此外,节点数量较多但是局部连接稀疏的集群也容易被划分为多个小集群,导致过度划分。粗糙划分和过度划分两种情况都属于社团检测的分辨率限制问题。

从本质上而言,这些问题主要源于不稳定的网络结构。社团结构稀疏的网络容易受到对抗攻击的影响,导致社团被破坏,最终影响检测算法的准确性。同时,结构脆弱的集群也容易被其他集群吸收成员,或者从自身内部瓦解。优化网络结构以及提高网络的鲁棒性是解决这些问题的有效途径。

8.1.1 基本定义

一个无向无权网络 $G=(V,E)$,$V=\{v_i \mid i=1,2,\cdots,N\}$ 表示节点的集合,$E=\{e_i \mid i=1,2,\cdots,M\}$ 表示连边的集合。网络的拓扑结构可用 $N\times N$ 的邻接矩阵表示:$\boldsymbol{A}=\{a_{ij}\}\in\mathbb{R}^{N\times N}$。网络中不存在的连边的集合可以表示为 $\widetilde{E}=\{(v_i,v_j)\mid a_{ij}=$

$0;i\neq j\}$。网络的社团划分可以表示为 $R=\{C_i \mid i=1,2,\cdots,K\}$，$C_i$ 表示社团（簇），其中 $\cup C_i=V$ 且 $C_i\cap C_j=\varnothing$。将网络的真实社团划分表示为 R_{real}。

8.1.2 基于多目标优化的网络社团结构增强

近期有关于社团检测对抗攻击的文献指出：社团内删边和社团间加边可以实现社团检测攻击[14,15]。这启发我们从相反的角度思考：通过社团内加边或社团间删边，或许可以使同一社团内的成员联系更加紧密，不同社团的成员相互远离，从而优化整个网络的社团结构。

本节介绍的 RobustECD-GA[19] 算法就是基于上述逆向思维，利用进化计算，自适应地重连社团连边来优化网络的社团结构，最终提升现有社团检测算法在网络上的性能表现。这属于任务相关的数据增强技术。

1. 数据增强

RobustECD-GA 的数据增强指的是对网络进行重连，即删除一些已有的边，添加一些原本不存在的边。根据“社团内加边，社团间删边，可以优化社团结构”的假设，该算法首先需要获取网络的社团结构，然后才能在社团内外进行增删边的操作。社团检测算法 $\mathcal{S}$ 的作用是对网络中的节点进行聚类，得到一个节点聚类结果，也就是社团结构：$R_{\mathcal{S}}=\{C_i \mid i=1,2,\cdots,K\}$。

由于社团的存在，网络中的边可以分为社团内的边和社团间的边，分别表示为

$$E_{\text{intra}}=\{(v_i,v_j)\mid v_i,v_j\in C_i,a_{ij}=1\}, \tag{8-1}$$

$$E_{\text{inter}}=\{(v_i,v_j)\mid v_i\in C_i,v_j\in C_j,a_{ij}=1\}, \tag{8-2}$$

其中，$C_i,C_j\in R_{\mathcal{S}}$，$E_{\text{intra}}\cup E_{\text{inter}}=E$。在网络重连的过程中，对边的处理方式有 4 种，即社团内加边、社团内删边、社团间加边以及社团间删边。针对不同类型的社团边，上述 4 种操作的候选集合表示如下：

$$E^{C}_{\text{intra-add}}=\{(v_i,v_j)\mid v_i,v_j\in C_i,a_{ij}=0\}, \tag{8-3}$$

$$E^{C}_{\text{intra-del}}=\{(v_i,v_j)\mid v_i,v_j\in C_i,a_{ij}=1\}, \tag{8-4}$$

$$E^{C}_{\text{inter-add}}=\{(v_i,v_j)\mid v_i\in C_i,v_j\in C_j,a_{ij}=0\}, \tag{8-5}$$

$$E^{C}_{\text{inter-del}}=\{(v_i,v_j)\mid v_i\in C_i,v_j\in C_j,a_{ij}=1\}, \tag{8-6}$$

其中，$E^{C}_{\text{intra-del}}\cup E^{C}_{\text{inter-del}}=E$，$E^{C}_{\text{intra-add}}\cup E^{C}_{\text{inter-add}}=\widetilde{E}$。

为了尽可能得到更接近 R_{real} 的社团划分，RobustECD-GA 设计了一种自适应的重连方法。自适应重连方案 E_{mod} 由以下两部分组成：

（1）基于“社团内加边，社团间删边，可以优化社团结构”的假设，自适应重

连的第一部分由“社团内加边”和“社团间删边”两种边操作构成，这部分是必须执行的。

（2）为了缓解社团检测的分辨率限制问题，自适应重连的第二部分如何执行由真实社团划分 R_{real} 和预测社团划分 $R_{\mathcal{S}}$ 的大小决定。由于分辨率限制的原因，在社团检测过程中，会出现三种情况，根据不同的情况，RobustECD-GA 自适应地调整重连方案。对于一个网络，用社团检测算法 $\mathcal{S}$ 去检测社团，获得社团划分 $R_{\mathcal{S}}$，与真实社团划分 R_{real} 进行比较：

① 当预测社团数大于真实社团数，即 $K_{\mathcal{S}}>K_{\text{real}}$ 时，可以认为此时分辨率相对较大，网络中规模较大且局部稀疏的社团容易被过度划分为更小的社团碎片。因此，额外的社团间加边操作有利于聚合这些社团碎片。

② 当预测社团数小于真实社团数，即 $K_{\mathcal{S}}<K_{\text{real}}$ 时，可以认为此时分辨率相对较小，网络中规模较小的社团容易被聚合在一起形成一个大社团。因此，额外的社团内删边操作有利于更精细地划分那些“大社团”。

③ 当预测社团数等于真实社团数，即 $K_{\mathcal{S}}=K_{\text{real}}$ 时，可以认为此时分辨率相对合适，只需要“社团内加边，社团间删边”，不需要额外的“社团间加边，社团内删边”。

基于上述三个场景，重连方案 E_{mod} 的一般形式可以表示为

$$E_{\text{mod}}=\begin{cases}(E_{\text{add}}\subset\overline{E},E_{\text{del}}\subset E_{\text{inter-del}}^{C}), & K_{\mathcal{S}}>K_{\text{real}},\\(E_{\text{add}}\subset E_{\text{intra-add}}^{C},E_{\text{del}}\subset E), & K_{\mathcal{S}}<K_{\text{real}},\\(E_{\text{add}}\subset E_{\text{intra-add}}^{C},E_{\text{del}}\subset E_{\text{inter-del}}^{C}), & K_{\mathcal{S}}=K_{\text{real}}.\end{cases}\tag{8-7}$$

其中 K_{real} 和 $K_{\mathcal{S}}$ 分别表示真实社团数和预测社团数。

值得注意的是，当 RobustECD-GA 无法获悉网络的真实社团划分 R_{real} 时，也就无法比较真实社团数和预测社团数的大小，那么此时算法只考虑第一部分，也就是社团内加边和社团间删边。

2. 编码方式与适应度函数

RobustECD-GA 采用遗传算法（Genetic Algorithm，GA）来进行重连方案的优化。下面具体介绍遗传算法中的染色体和适应度函数的设计。

在遗传算法中，一般将优化问题的候选解抽象表示为染色体（Chromosome）。如图 8-1 所示，染色体表示网络的重连方案 E_{mod}，由两部分组成：加边方案 E_{add} 和删边方案 E_{del}。染色体中每一个基因表示一个边操作，包括增加边 $\tilde{e}_i^{\text{add}}$ 和删除边 $\tilde{e}_i^{\text{del}}$。

E_{add}						E_{del}			
$\tilde{e}_1^{add}$	$\tilde{e}_2^{add}$	$\tilde{e}_3^{add}$	$\tilde{e}_4^{add}$	$\tilde{e}_5^{add}$	…	$\tilde{e}_1^{del}$	$\tilde{e}_2^{del}$	$\tilde{e}_3^{del}$	…

实例化

v_i	20	29	32	8	6	3	12	33	22
v_j	30	26	14	30	16	5	7	12	23

图 8-1 染色体示意图和实例化

在遗传算法中,适应度(Fitness)是描述个体性能的主要指标,是驱动遗传算法的动力。根据适应度的大小,个体优胜劣汰。适应度根据适应度函数来计算。RobustECD-GA 在设计适应度函数时,用到了社团检测中的模块度指标[20]。对于社团结构未知的网络,模块度(Modularity)通常用于度量社团划分的质量,是一个无监督指标。RobustECD-GA 的适应度函数设计为

$$f=\frac{|Q|}{e^{|K_S-K_{real}|}}, \tag{8-8}$$

其中,$|Q|$ 表示当前网络社团划分模块度的绝对值。注意:分母中幂运算的指数为 $|K_S-K_{real}|$,这样设计的用意在于将分母作为一个惩罚项:

(1) 当 $K_S \neq K_{real}$ 时,也就是社团检测的分辨率过大或过小,此时模块度需要除以一个较大的惩罚项,使得适应度函数计算获得一个较小的适应度,从而判断此时的个体不够优良,也就是此时的网络重连方案不够好。

(2) 当 $K_S=K_{real}$ 时,也就是社团检测的分辨率合适,分母为 1,此时适应度函数退化为模块度的绝对值,模块度越大,说明此时的网络重连方案越好。

3. RobustECD-GA 算法过程

根据上述重连机制和优化方法,RobustECD-GA 实现社团结构增强以及优化社团检测算法性能的具体过程见图 8-2 和算法 8-1。

算法 8-1 的基本思路是用遗传算法优化网络的重连方案,用染色体表示不同的重连方案,用适应度函数评价不同重连方案的优劣。算法第 1 行用待增强的社团检测算法获取先验的社团信息,因为自适应重连方案的实例化需要网络的社团结构进行指导。算法第 2—13 行描述了整个算法的优化过程。首先是种群的初始化,种群 $P=\{E_{mod}^i \mid i=1,2,\cdots,\phi_p\}$ 中每一个个体 $E_{mod}^i=\{E_{del},E_{add}\}$ 都根据公式(8-7)从候选的边集合中随机采样,其中删边方案和加边方案分别表示为

$$E_{del}=\{\tilde{e}_i \mid i=1,2,\cdots,k;k\leqslant\lceil M\cdot\beta_d\rceil\}\subset E_{del}^C, \tag{8-9}$$

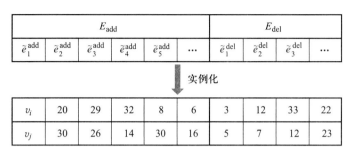

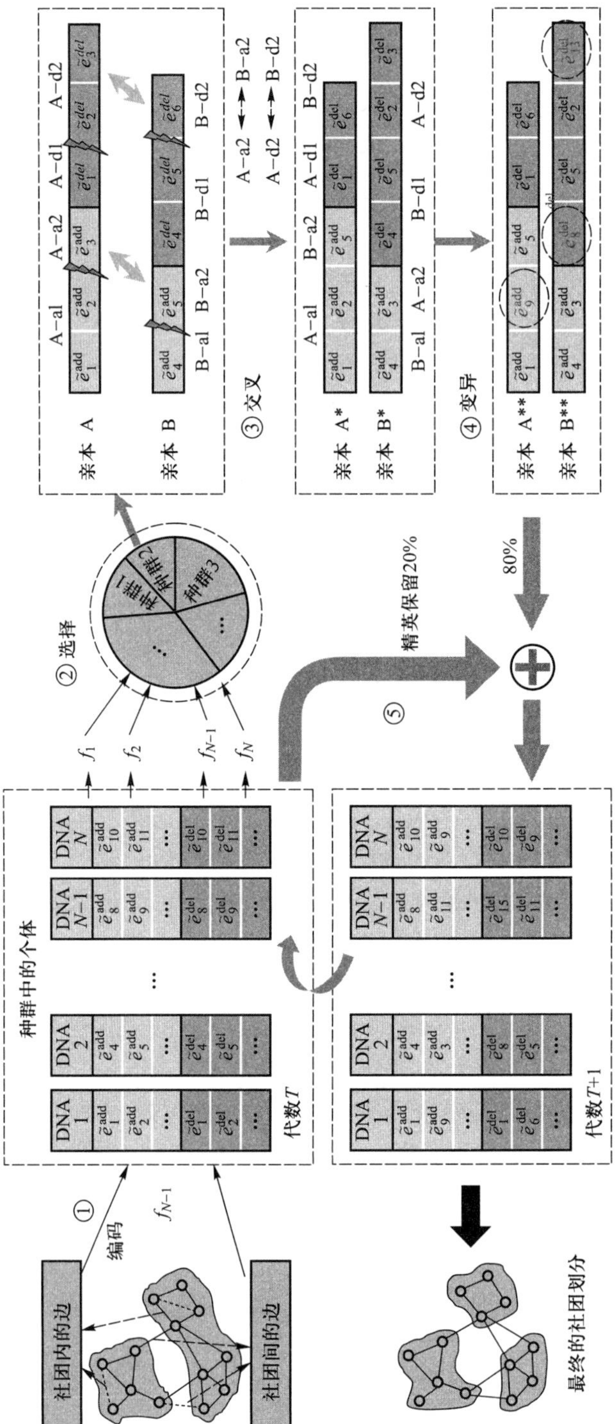

图 8-2 RobustECD-GA 框架示意图

算法 8-1 RobustECD-GA 算法

输入:	目标网络 G;待增强的社团检测算法 $\mathcal{S}$;重连预算(增边比例 β_a,删边比例 β_d);遗传算法基本参数(种群大小 ϕ_p,交叉率 P_c,变异率 P_m,精英保留率 P_e,进化代数 t_{ga});
输出:	新的社团划分 R^*;

```
对目标网络 G 使用算法 S 进行社团检测,获取社团划分 R_S
使用参数 φ_p,β_a,β_d 以及预先得到的社团划分 R_S 进行种群初始化,并获得初始适应度:P,f
for iter ∈ {0,1,…,t_ga} do
   根据适应度大小和 P_e,筛选并保留精英群体 P_elitist
   根据适应度,选择并获取亲代 P_select
   亲代根据 P_c 进行交叉,获得交叉种群 P_crossover
   根据 P_m 进行变异,获得变异子代 P_mutate
   计算种群适应度
   根据适应度 f 和精英群体 P_elitist,获得下一代种群
end
获得适应度值最大的个体,为最优方案 E_mod
根据最优方案重连网络,得到优化后的网络结构 G*
对重连的网络进行社团检测,获得新的划分 R*
返回新的社团划分 R*
```

$$E_{\text{add}} = \{ \tilde{e}_i \mid i = 1,2,\cdots,k; k \leqslant \lceil M \cdot \beta_a \rceil \} \subset E_{\text{add}}^C, \qquad (8-10)$$

其中,β_a 和 β_d 分别表示增边比例和删边比例,$\lceil x \rceil$表示向上取整。初始化的过程受两个重连预算参数控制,每个个体的长度不固定,也就是每个初始化的重连方案修改的边的数量不固定,但不超过预算。

在种群初始化结束后,计算所有个体的适应度。进化计算迭代过程中的精英保留(Elitist Preservation)是为了保留具有较高适应值的优秀个体。在亲代选择(Selection)过程中,采用轮盘赌的方式,也就是个体被选择的概率正比于它们

的适应度。交叉(Crossover)是结合亲代生成新方案的过程,此处采用多点交叉来交换个体之间的基因片段。变异(Mutation)是为了防止进化计算陷入局部最优,遍历染色体中的每个基因,按变异率 P_m 进行变异操作,变异时从候选集合中随机采样替换原来的基因。整个进化计算是一个迭代的过程,当进化代数达到最大次数 t_{ga} 或者适应度收敛时,迭代结束。算法第 13 行,从最终得到的种群中选择适应度最大的个体作为最优的重连方案。算法第 14 行,根据最优方案对网络进行重连:

$$G^* = (V, E \cup E_{add} \backslash E_{del}). \tag{8-11}$$

最后,对生成的新的网络 G^* 进行社团检测,获得新的社团划分 R^*。按预期,新的社团划分将更接近真实社团划分 R_{real},也就是说,当在原始网络 G 上对新的社团结构进行评价时,会获得更高的评价值。此时,RobustECD-GA 实现了对网络的社团结构增强,最终提升社团检测算法的性能。

8.1.3　基于相似性集成的社团检测增强

一般来说,同一个社团中的节点由于具有高相似性而聚合在一起。节点相似性(Node Similarity)一般用于衡量两个节点共享的特征数量,相似性越高,节点对共享的特征越多。早期的一些研究[21,22]已经证明局部相似性指标和全局相似性指标都能够有效地捕捉相似性特征。

本节介绍的 RobustECD-SE[19]算法利用节点相似性指标来指导网络的重连,增强网络的社区结构,得到多个不同的重连网络;然后集成这些重连网络的社团结构,获得更加精准的社团划分。

1. 数据增强

RobustECD-SE 中的数据增强是一个全局的网络结构重连过程,并且只加边不删边,网络重连边的候选集为 $E_{add}^C = \widetilde{E}$。

在网络重连的过程中,需要从候选边集合中采样。RobustECD-SE 使用加权随机采样,每条候选边的采样权重根据构成边的两个节点的相似性决定,相似性越高,采样的概率越大。RobustECD-SE 使用的节点相似性指标见表 8-1。对于一个目标网络 G,使用相似性指标计算得到相似性矩阵 $\boldsymbol{S}$,相似性矩阵的尺寸和邻接矩阵相同,不同之处在于矩阵的元素表示节点之间的相似性大小。RobustECD-SE 根据每一种相似性指标生成若干数量(default = 10)的重连网络,这里共生成 80 个重连网络。

表 8-1　RobustECD-SE 使用的相似性指标

阶数	分类	相似性指标
一阶	局部	Common Neighbors (CN)[21] Salton Index(SA)[23] Jaccard Index(JAC)[24] Hub Promoted Index (HPI)[25]
二阶	局部	Adamic-Adar Index (AA)[26] Resource Allocation Index (RA)[27]
高阶	近似局部	Local Path Index (LP)[28]
	全局	Random Walk with Restart (RWR)[29]

2. 集成优化

集成学习(Ensemble Learning)一般通过聚合多个弱模型来获得更加精确的分类或预测性能。RobustECD-SE 采用集成学习的思想,通过聚合多个社团划分结果来获得更加精准的社团结构。

在网络重连后,可以得到 80 个重连网络,这些重连网络具有一定的差异性。将 1 个原始网络和 80 个重连网络用社团检测算法进行社团划分,可以获得 81 种划分结果。集成的思想就是将这 81 种社团划分通过一定的方式聚合起来,获得一个更接近真实社团划分的社团结构。

RobustECD-SE 通过以下方式聚合多个社团划分。首先构造一个共现矩阵 $\boldsymbol{A}_{co}=\{a_{ij}\}\in\mathbb{R}^{N\times N}$,矩阵中的元素 a_{ij}表示在 81 个划分结果中,节点 v_i 和节点 v_j 被划分到同一社团的频率。然后将这个共现矩阵作为邻接矩阵,构造一个加权共现网络 G_{co}。在这个共现网络中,任意两个节点 v_i 和节点 v_j 如果曾被分到同一社团,那么这两个节点之间存在连边,且连边的权重值为 a_{ij},即这两个节点被划分到同一社团的频率。RobustECD-SE 就是使用这样一个共现网络来聚合多重的社团划分结果,实现集成的效果。

不难看出,在共现网络中,如果边的权重越大,那么两个节点属于同一社团的概率越大;如果边的权重越小,那么两个节点属于不同社团的概率越大。这里可以用一个权重阈值来区分共现网络中的权重边,权重大于阈值的边视为社团内的边,权重小于阈值的边视为社团间的边。如果将一个已知社团结构的网络中的所有社团间的边移除,那么网络将会分裂成一个个独立的社团。RobustECD-SE 通过网络剪枝(Prune),利用一个权重阈值,将共现网络中权重小于阈值的边移除,获得网络的社团结构。

图 8-3 展示了在 Karate 网络上利用不同阈值进行剪枝的示意图。图 8-3

(a)展示的是 Karate 网络的结构,不同颜色表示不同的真实社团标签,也就是说,Karate 网络包含两个社团。图 8-3(b)是基于 81 种社团划分构造的共现网络,具有密集的连接。图 8-3(c)~图 8-3(e)是用不同阈值剪枝后的共现网络:当阈值为 20 时,剪枝后的共现网络依旧是连通的,但是出现了两个桥节点;当阈值为 40 时,共现网络分裂为两个连通子图,这两个子图包含的节点恰好具有不同的社团标签,也就是说基于当前阈值,共现网络经过剪枝后恰好能被精确地划分为两个不同的社团;当阈值增大到 78 时,共现网络被移除的边较多,出现了一些很小的子图,甚至孤立节点。图 8-3 所示的现象说明权重阈值的选择会影响社团划分的结果:阈值过小,划分不够彻底;阈值过大,会导致过度划分。这类似于上面提到的分辨率限制问题。本节后文将描述 RobustECD-SE 是如何选择权重阈值的。

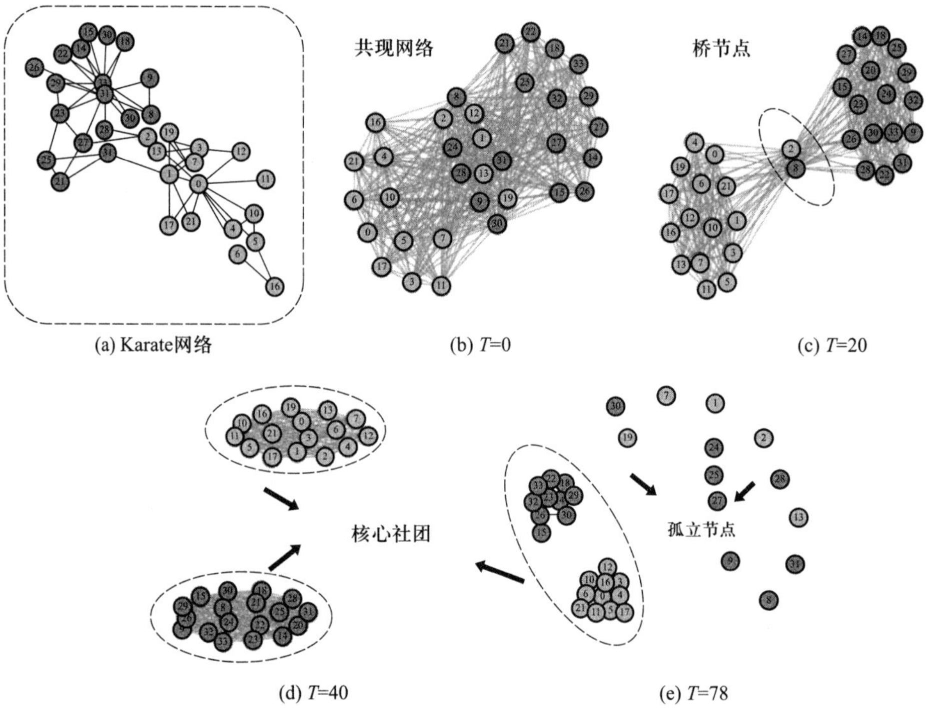

图 8-3　Karate 网络利用不同阈值进行剪枝的示意图(取自文献[19]。见彩图)

在确定了阈值 T 并且对网络进行剪枝之后,我们将一些较大的连通子图视为核心社团 C_{core}^{T},图 8-3(d)和图 8-3(e)虚线框内的就是核心社团。除了核心社团之外,剪枝之后也有可能会得到一些孤立节点,为了获得最后的社团划分,需要处理这些孤立节点。处理孤立节点的过程就是将这些孤立节点按一定方式分配给核心社团。可以计算孤立节点和核心社团中节点的平均相似度,根据平

均相似度来分配孤立节点。对于一个孤立节点 v_i,将其分配到和它有最大平均相似度的核心社团中:

$$\mathrm{ID}_S = \underset{k}{\operatorname{argmax}} \frac{1}{K_k^{\text{core}}} \sum_{v_j \in C_k^{\text{core}}} \boldsymbol{S}_{ij}, \tag{8-12}$$

其中,C_k^{core} 表示第 k 个核心社团,K_k^{core} 表示核心社团 C_k^{core} 中的节点数量,$\boldsymbol{S}$ 表示相似性矩阵。由于 RobustECD-SE 在网络重连中使用了表 8-1 所示的 8 种相似度,在分配孤立节点时,RobustECD-SE 也用了这 8 种相似度指标。对于一个孤立节点 v_i,每一种相似度指标可以获得一种分配结果,RobustECD-SE 使用相对多数投票法来决定最终分配的核心社团:

$$\mathrm{ID} = \mathrm{Vote}\{\mathrm{ID}_S \mid \boldsymbol{S} = \mathrm{CN}, \mathrm{SA}, \cdots, \mathrm{RWR}\}. \tag{8-13}$$

3. 阈值选择

那么 RobustECD-SE 是如何确定权重阈值的?以图 8-3 所示的 Karate 网络为例,已知共现网络中边权重的最小值为 0,也就是一对节点在上述 81 个社团划分结果中都未被分到同一社团;共现网络中边权重的最大值为 81,也就是一对节点在上述 81 个社团划分结果中全部都被分到同一社团。因此边权重的区间为[0, 81],权重阈值的选择区间也为[0, 81]。

为了确定最优的权重阈值,需要一个评价指标来给每一个阈值的剪枝结果进行打分。RobustECD-SE 使用聚类一致性(Cluster Consensus)分数[30]来量化聚类结果的稳定性。对于一个剪枝后的共现网络 G_{co}^{θ},它的社团划分是经过网络剪枝和孤立节点分配(如果存在孤立节点)得到的,表示为 $R^{\theta} = \{C_k \mid k = 1, 2, \cdots, K^{\theta}\}$,社团 C_k 的一致性分数可以通过如下公式计算:

$$c(C_k) = \frac{1}{\phi_k(\phi_k - 1)/2} \sum_{v_i, v_j \in C_k} a_{ij}, \tag{8-14}$$

其中,ϕ_k 表示社团 C_k 中的节点数量。公式(8-14)表示的是一个社团的一致性分数,对于一个社团划分结果,它的一致性分数可以表示为所有社团的一致性分数的加权和:

$$C(R^{\theta}) = \sum_{k=1}^{K^{\theta}} \frac{\phi_k}{N} c(C_k), \tag{8-15}$$

最优的阈值对应于能取得最大一致性分数的社团划分:

$$\theta = \underset{\theta}{\operatorname{argmax}}\ C(R^{\theta}). \tag{8-16}$$

4. RobustECD-SE 算法过程

根据上述重连机制和优化方法,RobustECD-SE 利用相似性数据增强提高社团检测效果的具体过程见图 8-4 和算法 8-2。

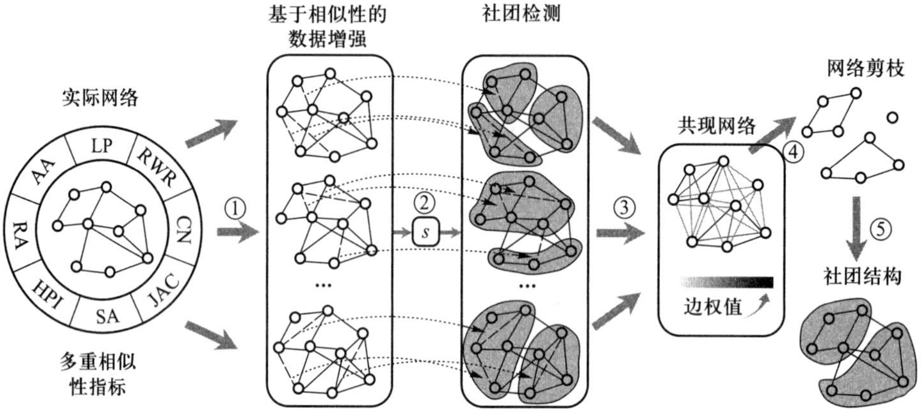

图 8-4　RobustECD-SE 框架示意图

算法 8-2　RobustECD-SE 算法

输入：	目标网络 G；待增强的社团检测算法 $\mathcal{S}$；重连预算（增边比例 β_a）；
输出：	新的社团划分 R^*；

根据目标网络计算表 8-1 中的所有相似性指标 $\{\boldsymbol{S}_{CN},\cdots,\boldsymbol{S}_{RWR}\}$

利用相似性指标获取 80 种网络重连方案 $\{E^1_{mod},\cdots,E^{80}_{mod}\}$

根据不同方案重连网络 $\{G_1^*,\cdots,G_{80}^*\}$，对包含原始网络在内的 81 个网络用算法 $\mathcal{S}$ 进行社团检测，

获取多重社团划分结果 $\{R,R_1^*,\cdots,R_{80}^*\}$

利用多重社团划分构造共现网络 G_{co}

for $\theta\in\{0,1,\cdots,81\}$ do

　利用当前阈值对共现网络进行剪枝，如果剪枝结束后存在孤立节点，则分配孤立节点

　获取当前阈值下的社团划分结果 R^θ

　计算该阈值下社区划分的一致性分数 $C(R^\theta)$

end

获得一致性分数最高的社团划分 R^* 作为最终的社团划分

返回新的社团划分 R^*

算法的基本思想是通过集成多个社团划分结果来获得更精准的社团结构。

算法第 1—3 行通过一系列节点相似性指标来指导网络的重连，生成多样化的重连网络，这是数据增强过程。算法第 4 行对 81 个网络进行社团检测，获得 81 个社团划分结果。算法第 5 行利用多重社团划分结果构造共现网络。算法第 6—10 行是权重阈值的选择过程，通过遍历的方式计算不同阈值对应的社团划分的一致性分数，选择具有最高一致性分数的社团划分结果作为最终的社团划分。按理想预期，新的社团划分将更接近真实社团划分 R_{real}，也就是说，当我们在原始网络 G 上对新的社团结构进行评价时，会获得更高的评价值。

8.1.4 社团检测增强实验

1. 实验说明

我们在 3 个标准数据集及 3 种社团检测算法上进行了实验，验证了 RobustECD-GA 和 RobustECD-SE 两种方法在增强现有社团检测算法上的有效性。表 8-2 列出了 3 个数据集的基本信息，包括节点数、边数和真实社团数，以及 3 种社团检测算法检测出的预测社团数。

表 8-2 数据集基本信息

数据集	节点数	边数	真实社团数	预测社团数		
				Infomap[34]	Louvain[35]	Label propagation[36]
Karate[31]	34	78	2	3	4	2
Polbooks[32]	105	441	3	6	4	4
PolBlogs[33]	1490	19090	2	306	276	272

在实验过程中，RobustECD-GA 算法中进化计算部分的参数设置为经验值。重连预算参数 β_a 和 β_d 主要控制初始化阶段染色体的长度上限，在不同的区间中寻找最优参数。RobustECD-SE 算法的重连预算参数 β_a 也在区间内寻找。所有的参数设置见表 8-3。实验细节参见文献[19]。

由于数据集的真实社团标签信息可用，我们使用标准化互信息(Normalized Mutual Information，NMI)[37]指标来评价社团检测的结果。NMI 是评价两个聚类结果相似性的常用指标，在这里用它来衡量聚类结果和真实社团划分的相似程度。

表 8-3　社团检测增强实验的参数设置

方法	参数	值/区间
RobustECD-GA	GA(ϕ_p, P_c, P_m, P_e, t_{ga})	120, 0.8, 0.02, 0.2, 1000
	β_a	{0.01, 0.02, …, 2.9}
	β_d	{0.01, 0.02, …, 0.29}
RobustECD-SE	β_a	{0.1, 0.2, …, 2.9}

2. 实验结果

表 8-4 列出了在 3 个数据集上 3 种社团检测增强算法的实验结果。首先,通过对比可以看出,经过算法增强后,检测精度相较于原始精度有了很明显的提升。其次,增强算法的成功率很高,几乎对实验中的每个数据集都有增强效果。最后,对比这两种增强算法,RobustECD-SE 有相对较好的性能表现。

表 8-4　3 种社团检测增强算法实验结果

数据集	算法	社团检测(NMI 指标)			
		Infomap	Louvain	Label propagation	平均相对提升/%
Karate	原始	0.699	0.587	0.689	—
	RobustECD-GA	**0.912**	**0.867**	**0.705**	**38.86**
	RobustECD-SE	**0.905**	**1.000**	**0.847**	**40.85**
Polbooks	原始	0.493	0.512	0.554	—
	RobustECD-GA	**0.526**	**0.554**	0.554	**4.04**
	RobustECD-SE	**0.574**	**0.560**	**0.598**	**8.61**
PolBlogs	原始	0.330	0.376	0.375	—
	RobustECD-GA	**0.453**	**0.529**	**0.519**	**32.82**
	RobustECD-SE	**0.517**	**0.551**	**0.529**	**45.64**

从表 8-4 中还可以发现,对于 Karate 数据集,使用 RobustECD-SE 方法增强 Louvain 检测算法时,得到了完美的检测结果,此时 NMI 指标值为 1,说明此时的社团检测结果完全正确。这一现象的可视化见图 8-3,当剪枝阈值设置为 40 时,可以得到完全正确的检测结果。

8.2 图分类相关的数据增强

图分类(Graph classification)常用于生物、化学及社交等领域,典型的应用有药物分类、毒性检测及蛋白质分析等。在生物化学领域里,蛋白质或者化合物可以看成一个带标签的分子网络,网络中的节点代表原子,边代表原子间的化学键,图分类的目的在于根据分子结构特征确定蛋白质或化合物的性质,例如是否具有致癌性、是否具有催化效果等。目前常用的图分类方法主要有图核方法[38-42]、图嵌入方法[43-46]以及深度学习方法[47-50]等。

8.2.1 基本定义

一个图分类数据集包含多张图,可以表示为 $D=\{(G_i,y_i)\mid i=1,2,\cdots\}$,其中 y_i 表示图 G_i 的标签。在训练一个图分类模型时,通常把数据集划分成三部分:训练集 D^T、验证集 D^V 及测试集 D^P,训练集和验证集用来训练并优化模型,测试集用来评价模型。

8.2.2 基于结构映射的数据增强

表 8-5 列出了一些图分类常用的标准数据集,可以看到,与社交网络相比,生物、化合物数据集的规模较小,也就是样本量较少。在这些数据集上训练图分类模型时会产生一些问题,例如模型过拟合。过拟合是机器学习中一个常见的问题,指当模型学习一个具有高方差的函数来拟合样本有限的数据集时发生的建模错误。

表 8-5　图分类常用的标准数据集

分类	数据集	图数	类	平均节点数	平均边数
化合物	MUTAG[51]	188	2	17.93	19.79
	PTC-MR[52]	344	2	14.29	14.69
	ENZYMES[53]	600	6	32.63	62.14

续表

分类	数据集	图数	类	平均节点数	平均边数
生物	KKI[54]	83	2	26.96	48.42
	Peking-1[54]	85	2	39.31	77.35
	OHSU[54]	79	2	82.01	199.66
社交网络	COLLAB[55]	5000	3	74.49	2457.78
	IMDB-B[55]	1000	2	19.77	96.53
	IMDB-M[55]	1500	3	13.00	65.94

在计算机视觉领域，针对过拟合现象，一个常用的优化方法是使用数据增强技术。数据增强主要通过算法来提升训练数据的规模和质量，使得模型能学习到更多的不变性特征，最终提高模型的性能和泛化能力。针对图像常用的数据增强技术主要有几何变换、颜色深度调整、风格迁移及对抗训练等。然而对于图结构数据，由于其不规则的结构和强烈的语义拓扑依赖性，无法直接将图像中的数据增强技术应用到图领域。

下面将要介绍的 M-Evolve 框架[56]使用了一种启发式的数据增强方法，能够有效地生成更多弱标注的图数据；它还引入了样本的“标签可信度”这一概念，来筛选生成的数据。M-Evolve 框架结合了数据增强、数据筛选以及模型重训练，将优化图分类模型，提升模型泛化性。

1. 数据增强

数据增强通过有限的数据产生更多的等价数据来人工扩展训练集。此处主要介绍 M-Evolve 方法，该方法引入了网络模体(Motif)和节点相似性两个概念，通过在相似性的指导下微调网络中的模体，实现数据增强。

模体是在特定网络或者不同网络中频繁出现的子图，定义了节点之间交互的特定模式。M-Evolve 仅考虑如图 8-5 所示的开放式三角模体 $\wedge_{ij}^{a}$。

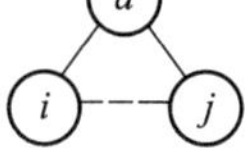

图 8-5　开放式三角模体示意图

开放式三角模体可以视为从节点 v_i 到节点 v_j 的长度为 2 的最短路径。M-Evolve 通过边交换的方式微调模体，如图 8-6 所示，开放式三角模体有两种边交换方式。边交换的过程本质上是加边删边的过程，加边时将模体的开口 (v_i, v_j)

相连，然后选择模体上的一条边删除，选择哪一条边进行增删受到节点相似性的约束。

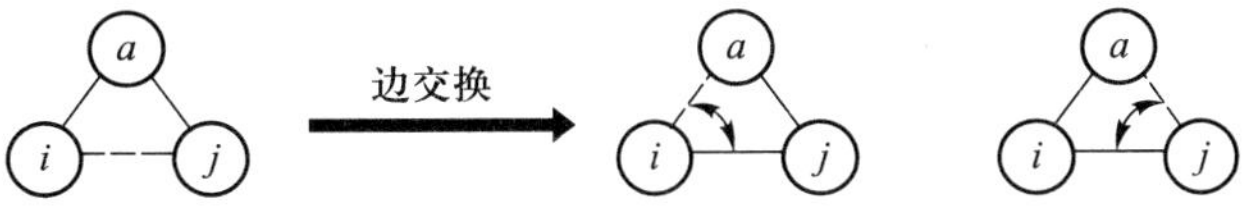

图 8-6 模体的边交换过程示意图

在网络中寻找开放式三角模体的方法很简单。我们知道邻接矩阵的幂 $\boldsymbol{A}^m$ 反映的就是任意节点之间存在长度为 m 的路径的数量，那么网络中所有开放式三角模体可以用 $\boldsymbol{A}^2$ 来定位。最终，网络中所有开放式三角模体的头尾节点对 (v_i, v_j) 可以表示为

$$E_{\text{add}}^C = \{(v_i, v_j) \mid a_{ij} = 0, \{\boldsymbol{A}^2\}_{ij} \neq 0\}. \tag{8-17}$$

M-Evolve 使用资源配置指标（Resource Allocation，RA）[27] 来计算候选增边集合 E_{add}^C 中的节点对的相似度：

$$s_{ij} = \sum_{z \in \mathcal{N}(i) \cap \mathcal{N}(j)} \frac{1}{k_z}, \tag{8-18}$$

$$S = \{s_{ij} \mid \forall (v_i, v_j) \in E_{\text{add}}^C\}, \tag{8-19}$$

其中，$\mathcal{N}(i)$ 表示节点 v_i 的一阶邻居，k_z 表示节点 v_z 的度值，S 集合包含了所有候选节点对的相似度分数。M-Evolve 通过加权随机采样来选择节点对进行加边，采样权重与节点相似度相关联，相似度越大的节点对被采样到的概率越大：

$$w_{ij}^{\text{add}} = \frac{s_{ij}}{\sum_{s \in S} s}, \tag{8-20}$$

$$W_{\text{add}} = \{w_{ij}^{\text{add}} \mid \forall (v_i, v_j) \in E_{\text{add}}^C\}, \tag{8-21}$$

采样权重通过计算其归一化的相似度分数得到，增边权重集合 W_{add} 包含了所有候选节点对的采样权重。

根据采样权重获取一定数量的节点对，也就是获取了一定数量的可以微调的模体，这些节点对（模体）可以用集合形式表示为

$$E_{\text{add}} = \{e_i \mid i = 1, 2, \cdots, \lceil M \cdot \beta \rceil\} \subset E_{\text{add}}^C, \tag{8-22}$$

其中，参数 β 用来控制采样的数量，E_{add} 中的所有节点对都是待增加的边。相应地，对于每一个采样到的模体，还需要删除一条边。对于每一个模体 $\wedge_{ij}^a$，存在两条可选的待删除边 $E_{\text{add}}^C = \{(v_i, v_a), (v_a, v_j)\}$，相似度较小的边有更大的概率被删除。采样权重的计算如下：

$$w_e^{\text{del}} = \begin{cases} 0.5, & s_{ia} + s_{aj} = 0, \\ 1 - \dfrac{s_e}{s_{ia} + s_{aj}}, & s_{ia} + s_{aj} \neq 0, \end{cases} \tag{8-23}$$

$$W_{\text{del}} = \{ w_{ia}^{\text{del}}, w_{aj}^{\text{del}} \}. \tag{8-24}$$

删边权重集合 W_{del}包含一个模体的两条边的采样权重。所有待删除的边构成了删边集合

$$E_{\text{del}} = \{ e \mid e \in \wedge_{ij}^{a}, \forall (v_i, v_j) \in E_{\text{add}} \} . \tag{8-25}$$

至此,我们获取了增边集合和删边集合,对原始网络进行更新生成新网络,生成的新网络存入数据池 D_{pool}:

$$G^* = (V, E \cup E_{\text{add}} \backslash E_{\text{del}}) . \tag{8-26}$$

2. 数据筛选

在计算机视觉领域,使用数据增强技术生成的图像可以直接利用,例如一张猫的图片经过简单的数据增强(如旋转、放缩),在视觉上依然是一张猫的图片,图像所包含的语义信息基本没有丢失,图像的标签不变。但是对于图结构数据,由于其性质强烈依赖于拓扑结构,通过修改网络结构生成的数据可能丢失了原本的语义信息,原本的标签不一定适用于新生成的数据。在这里,M-Evolve 引入了一个标签可信度的概念,用于衡量样本和其标签的匹配程度。

将一个网络 G_i 输入图分类器 f,分类器将输出一个预测概率分布 $\boldsymbol{p} \in \mathbb{R}^{|Y|}$,表示输入网络属于每一个类的概率,其中 $|Y|$ 表示类别数量。对于验证集 D^V 中的每一个样本(G_i, y_i),输入分类器后得到一个预测概率分布 $\boldsymbol{p}_i$,计算验证集中同一类样本的预测概率分布的平均值,作为该类的平均预测概率分布:

$$\boldsymbol{q}_t = \frac{\sum_{y_i = t} \boldsymbol{p}_i}{\Omega_t} , \tag{8-27}$$

其中,$\boldsymbol{q}_t$表示第 t 类的平均预测概率分布,Ω_t表示验证集中第 t 类样本的数量。

样本(G_i, y_i)的标签可信度定义为样本的预测概率分布和样本所属类的平均预测概率分布的内积:

$$r_i = \boldsymbol{p}_i^{\mathrm{T}} \boldsymbol{q}_{y_i} . \tag{8-28}$$

该定义假设,能够被分类器以较高的概率预测正确的样本,其标签可信度往往较高。

根据定义我们可以计算每个样本的标签可信度,但是样本的选择需要一定的标准。这里 M-Evolve 通过一个优化过程寻找合适的标签可信度阈值,作为数据筛选的标准:

$$\theta = \underset{\theta}{\operatorname{argmin}} \sum_{(G_i, y_i) \in D^V} \Phi[(\theta - r_i) \cdot g(G_i, y_i)] , \tag{8-29}$$

其中,g 是一个预测指示器,用来表示样本是否被分类器正确预测,Φ 是一个自定

义的分段函数：

$$g(G_i, y_i) = \begin{cases} 1, & f(G_i) = y_i, \\ -1, & f(G_i) \neq y_i, \end{cases} \tag{8-30}$$

$$\Phi(x) = \begin{cases} 1, & x > 0, \\ 0, & x \leqslant 0. \end{cases} \tag{8-31}$$

阈值优化过程倾向于确保正确分类的样本比错误分类的样本具有更大的标签可信度。

3. M-Evolve 算法过程

根据上述数据增强和数据筛选机制，M-Evolve 图分类数据增强的具体实现过程见算法 8-3。算法第 1 行通过矩阵乘方获取网络中所有开放式三角模体的头尾节点对，这些节点对构成了候选的增边集合。算法第 2 行计算节点对的相似度，再进一步转化为采样权重。算法第 3 行通过加权随机采样获得需要增加的边的集合，根据这些边可以确定修改的模体。算法第 5—9 行，对每一个选择的模体，对其两条边进行权重计算，采样其中一条边待删除，所有要删除的边组成删边集合。算法第 10 行根据修改的边更新网络。图 8-7 举例展示了一个网络的数据增强过程。

算法 8-3　图分类数据增强过程

输入：	目标网络 G；重连预算 β；
输出：	新网络 G^*；
1	通过矩阵乘方获取模体的头尾节点对，作为增边候选集 E_{add}^{C}
2	计算增边采样权重 W_{add}
3	根据权重采样增边集合 E_{add}
4	初始化删边集合 $E_{\text{add}}^{C} = \varnothing$
5	for$(v_i, v_j) \in E_{\text{add}}$ do
6	根据头尾节点对获取模体 $\wedge_{ij}^{a}$
7	计算模体两条边的采样权重 W_{del}
8	采样删除的边 e_{del} 加入删边集合
9	end
10	利用增边和删边集合更新目标网络，获取新的网络 G^*
11	返回新的网络 G^*

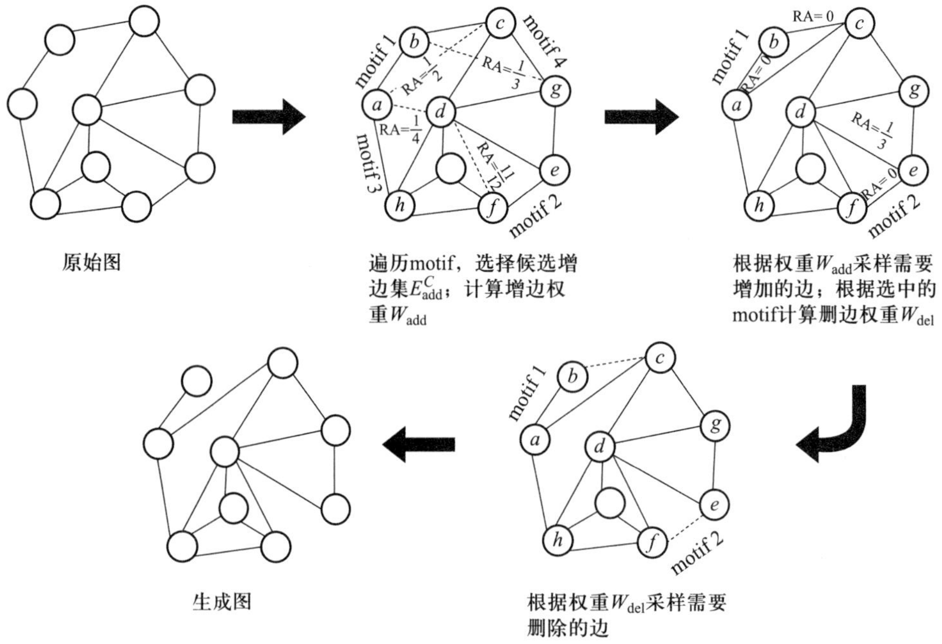

图 8-7　网络数据增强过程示意图（取自文献[56]）

算法 8-4 描述了 M-Evolve 实现图分类器的优化过程，包括数据增强、数据筛选及模型迭代重训练。算法第 1 行利用训练集和验证集预训练图分类模型。算法第 2—8 行是迭代重训练过程。每一次迭代，首先进行数据增强，生成的一系列样本存放于数据池；然后利用验证集和分类器计算验证集样本的标签可信度；接下来利用所有验证集的标签可信度，得到最优的标签可信度阈值；从数据池中采样生成的样本，计算其标签可信度，使用阈值进行筛选，选择可信度大于阈值的生成样本放入训练集；最后利用扩充的训练集重训练图分类器。

算法 8-4	**M-Evolve 实现图分类器的优化过程**
输入：	训练集 D^T；验证集 D^V；重连预算 β；迭代次数 t；
输出：	优化后的图分类器 C^*；
1	使用训练集和验证集预训练图分类器 C
2	for $iter \in \{0,1,\cdots,5\}$ do
3	对训练集进行数据增强，生成大量弱标注数据 D_{pool}
4	计算验证集数据的标签可信度 $\{r_i\}$

计算标签可信度阈值 θ
选择标签可信度大于阈值的样本加入训练集
用新的训练集重训练分类器
end
返回优化后的图分类器 C^*

8.2.3 基于子图网络的特征扩充

研究网络的子结构(如子图)是了解和分析网络的一种有效方法。事实上,子图是网络的基本结构元素,不同的子图通常与不同类型的网络相关联,特定子图的出现频次可以揭示网络的拓扑交互模式。由于每个子图都精确地执行某些特定功能,因此可以用来区分不同的社团和网络。

目前已有大量关于使用子图进行图分类的研究[57-60],这些研究试图将子图视为特定函数的网络构建块,捕捉微观结构,进一步解释子图层面的功能。但是,它们大多忽略了子图之间的交互作用,而子图之间的相互作用对于表征网络的全局结构更为重要。

子图网络(Subgraph Network, SGN)[61]通过提取原始网络的代表性部分,重构出保留子图交互关系的新网络。该方法在提供局部结构信息的前提下隐式地保护了高阶结构。SGN 的网络结构可以对原有的网络进行补充,有效地扩充了网络的特征,有利于后续基于结构的算法的设计和应用。

1. 子图网络的定义

对于一个给定的网络 $G(V,E)$,定义它的子图 $g_i=(V_i,E_i)$,满足 $V_i \in V$ 且 $E_i \in E$。子图的序列可以表示为 $g=\{g_i \subseteq G \mid i=1,2,\cdots,n;n \leqslant N\}$。

SGN 本质上是一种网络的映射,将原始网络 $G(V,E)$ 映射为子图网络 $G^*(V^*,E^*)$,其中 $V^*=\{g_j \mid j=0,1,\cdots,n\}$,$E^* \subseteq (V^* \times V^*)$。从上述定义可以知道,子图网络 G^* 中的节点,其实就是原始网络中的子图,所以子图网络 G^* 表征的就是原始网络中子图的交互。当原始网络的两个子图 g_i 和 g_j 共享一部分节点,即 $V_i \cap V_i \neq \varnothing$,这两个子图代表的节点在子图网络 G^* 中相连。

2. 子图网络的构建

子图网络的构建大致可以分为 3 个阶段:

(1) 子图检测。子图是网络中的一个子结构,它可以是一个节点、一条边、一个三角模体,甚至一个社团。不同类型的网络有不同的代表性的子图,包含不同的功能。

（2）子图选择。一般而言，子图不应该太大，因为在这种情况下 SGN 可能只包含非常少的节点，后面的分析将失去意义。此外，所选择的子图之间还需要相互连接，即共享原始网络的一些公共部分（节点或连边），从而产生更高阶的结构信息（子图的交互）。

（3）构建子图网络。从原始网络中提取足够的子图后，按照一定的规则建立子图之间的连接，从而建立子图网络。

这里考虑了两种最基本的子图结构，即边和三角模体，基于这两种子图结构构建了一阶和二阶子图网络。下面通过一个简单的例子来展示子图网络的构建过程。

如图 8-8 所示，对于一个包含 6 个节点和 6 条边的原始网络，抽取其中的边作为子图。此时，当子图之间有共享结构，也就是边与边之间有公共节点时，将这两个子图建立关联。对原始网络中的 6 个子图建立关联之后，可以得到图 8-8(d)所示的一阶子图网络（$SGN^{(1)}$）。一阶子图网络包含 6 个节点和 8 条边，节点代表原始网络中的子图（也就是边），边代表原始网络中子图的交互（也就是边共享节点）。接下来，将一阶子图网络看作原始网络，重复上述映射过程，可以得到二阶子图网络（$SGN^{(2)}$），二阶子图网络中的节点代表原始网络中的子图（也就是三角模体），边代表原始网络中子图的交互（也就是三角模体共享边）。

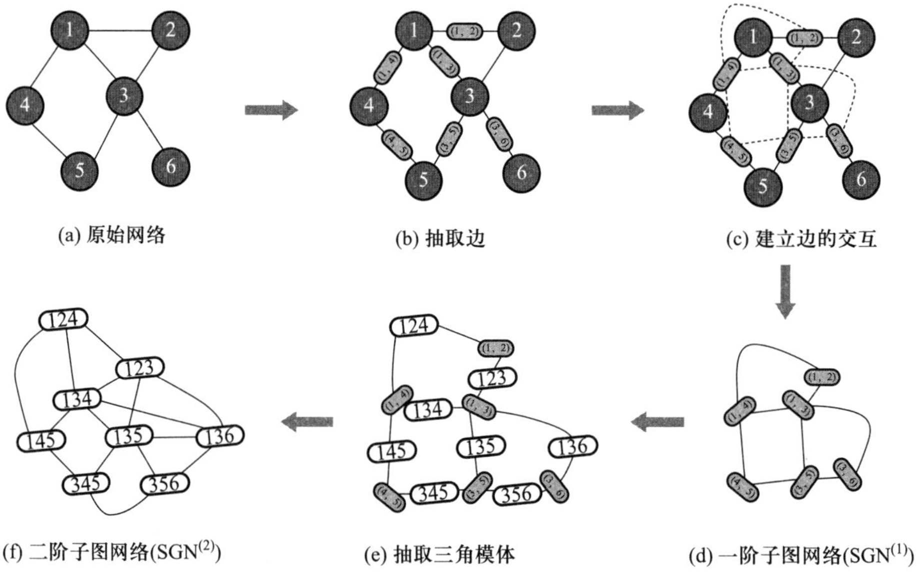

图 8-8　子图网络构建过程示意图（取自文献[61]）

3. SGN 算法过程

结合上述子图网络构建机制,下面介绍 SGN 扩展网络特征空间的具体实现过程。

算法 8-5 和算法 8-6 分别描述了一阶和二阶子图网络的构建过程。

算法 8-5 构建一阶子图网络($SGN^{(1)}$)

输入:	目标网络:$G(V,E)$;
输出:	一阶子图网络:$G^*(V^*,E^*)$;

初始化子图网络的点集和边集:$V^* \leftarrow \varnothing, E^* \leftarrow \varnothing$
for $v \in V$ do
　创建临时节点集合 $V' = \varnothing$
　获取节点 v 的邻居 $\mathcal{N}(v)$
　for $u \in \mathcal{N}(v)$ do
　将目标节点的边映射为子图网络的节点 $V' \leftarrow V' + \{e\}$
end
for $e_i, e_j \in V'$ 且 $e_i \neq e_j$ do
　建立子图的交互,生成子图网络的边 $E^* \leftarrow E^* + \{(e_i, e_j)\}$
end
将临时节点存入子图网络的点集 $V^* \leftarrow V^* + V'$
end
返回一阶子图网络 $G^*(V^*,E^*)$

算法 8-6 构建二阶子图网络($SGN^{(2)}$)

输入:	目标网络:$G(V,E)$;
输出:	二阶子图网络:$G^{**}(V^{**},E^{**})$;

初始化子图网络的点集和边集:$V^{**} \leftarrow \varnothing, E^{**} \leftarrow \varnothing$
for $v \in V$ do
　创建临时节点集合 $V' = \varnothing$
　获取节点 v 的邻居 $\mathcal{N}(v)$

获取所有邻居节点的节点对组合 Ω'

for$(w_i, w_j) \in \Omega'$ do

　构造三角模体,映射为子图网络的节点 $V' \leftarrow V' + \{(v, w_i, w_j)\}$

end

for $l_i', l_j' \in V'$ 且 $l_i' \neq l_j'$ do

　建立子图的交互,生成子图网络的边 $E^{**} \leftarrow E^{**} + \{(l_i', l_j')\}$

end

将临时节点存入子图网络的点集 $V^{**} \leftarrow V^{**} + V'$

end

返回二阶子图网络 $G^{**}(V^{**}, E^{**})$

子图网络反映了网络子图结构之间的交互作用,构建子图网络的目的是为了从子图层面扩展网络的特征空间。如图 8-9 所示,针对原始网络,构建了一系列子图网络,子图网络包含的结构信息可以作为原始网络特征的补充。结合原始网络与子图网络的结构与特征,可以进一步提高下游任务如图分类的准确性。

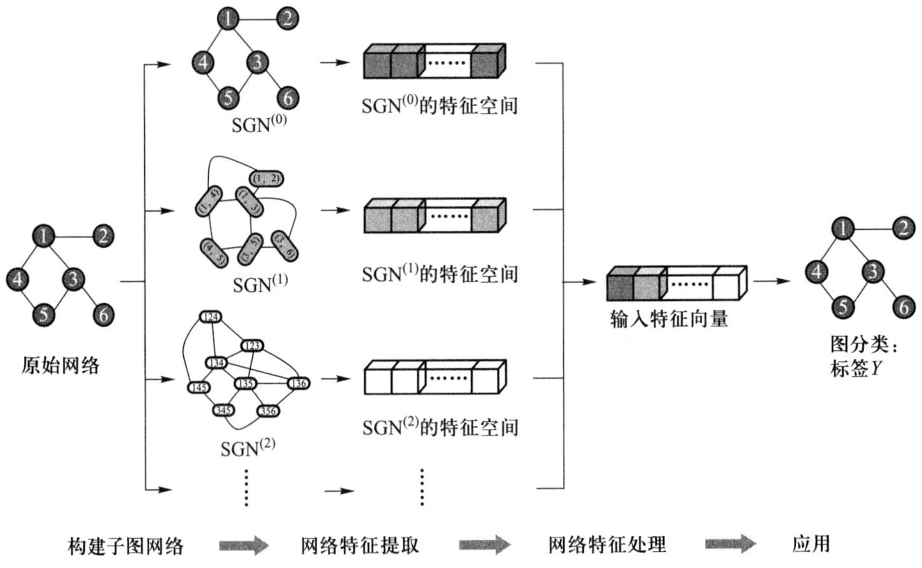

图 8-9　子图网络扩展特征空间示意图

4. 优化：采样子图网络

在实际应用中发现，根据构建规则，每个网络对应的一阶子图网络和二阶子图网络是固定的，也就是说，每个网络只能生成一个 $SGN^{(1)}$ 和一个 $SGN^{(2)}$；而且，当原网络中子图数量超过节点数量时，生成的 SGN 甚至可能比原网络还要大，这使得处理更高阶 SGN 非常耗时。

下面介绍对 SGN 的优化，考虑加入网络采样策略。首先，网络采样可以通过引入随机性来提高生成子图网络的多样性；其次，网络采样可以控制生成的子图网络的规模，保证在处理高阶子图网络时算法依然具有较快的运行速度。

这里采用了有偏游走的采样策略，具体的游走机制借鉴了著名的 node2vec 算法[43]。node2vec 算法通过整合深度优先搜索和广度优先搜索，提出了二阶的随机游走策略，通过两个参数 p 和 q 来控制，node2vec 算法的具体介绍见第 2 章。

结合上述采样机制，算法 8-7 给出了构建采样子图网络 S^2GN 的具体实现过程。在原先的构建过程中加入了采样机制，利用提取得到的子结构来构建子图网络。算法第 5 行确定游走采样的起始节点，第 6 行利用游走策略获取子结构，第 7 行利用采样得到的子结构构建子图网络。

算法 8-7　构建采样子图网络 S^2GN

输入：	目标网络 $G(V,E)$；采样策略 $f_s(\cdot)$；子图网络阶数 h；
输出：	采样子图网络：$G_s(V_s,E_s)$；
1	初始化对象：$G_s \leftarrow G$
2	while $h>0$ do
3	if G_s 不是全连通图 do
4	提取 G_s 的最大连通子图
5	初始化游走的初始节点 u
6	依据采样策略提取子结构：$\hat{G}_s \leftarrow f_s(u)$
7	利用采样的子结构构建子图网络 G_{sgn}
8	对子图网络节点进行重新标注 G_s
9	else
10	执行第 5—8 行
11	$h \leftarrow h-1$
12	end
13	返回采样子图网络 $G_s(V_s,E_s)$

关于采样的具体过程,其实就是 node2vec 的游走过程,算法 8-8 给出了采样网络子结构的具体实现。算法第 2 行根据边权值确定采样的第一条边,由于第一次游走采样之前只确定了序列初始节点,不存在边的信息,故无法利用前一次采样的边来执行二阶的搜索采样,所以第一次游走采样的节点需要通过节点之间的转移概率来确定,节点之间的转移概率基于边的权值,后续的游走属于二阶搜索采样过程。

算法 8-8　采样网络子结构

输入:	目标网络 (V,E);源节点 u;游走长度 l;
输出:	采样得到的子结构 $g(\hat{v},\hat{e})$;
1	初始化对象:$v_0 \leftarrow u, walk_v \leftarrow [v_0], walk_e \leftarrow \varnothing$
2	根据边权值确定初始边 e_1
3	获取游走到的目标节点 $v_1 \leftarrow dst(e_1)$
4	存储游走信息:$walk_v \leftarrow [v_0, v_1], walk_e \leftarrow [e_1]$
5	for $i \in [2, l-1]$ do
6	获取当前游走的节点和边:$cur_v \leftarrow walk_v[-1], cur_e \leftarrow walk_e[-1]$
7	根据游走策略得到下一条边 e_i
8	存储游走信息:$walk_v \leftarrow walk_v + [dst(e_i)], walk_e \leftarrow walk_e + [e_i]$
9	end
10	利用游走到的信息构造节点集和边集:$\hat{v} \leftarrow walk_v, \hat{e} \leftarrow walk_e$
11	返回采样的子结构 $g(\hat{v},\hat{e})$

8.2.4　图分类增强实验

1. 实验说明

M-Evolve 方法主要针对小数据集进行数据增强,在实验中特别选取了 4 个小规模的标准数据集(MUTAG、PTC-MR、KKI 及 Peking-1),其中前两个属于化合物分子数据集,后两个属于生物脑网络数据集。使用 3 种图分类模型(Graph2vec、NetLSD 及 Diffpool)进行实验,这 3 种图分类方法分别属于图嵌入方法、图核方法以及图深度学习方法。分类器选择随机森林(Random Forest, RF)。

对于 SGN 方法,同样选择了 4 个常用的图分类标准数据集(MUTAG、PTC-

MR、NCI1、IMDB-B），在 3 种图分类方法（Graph2vec、DeepKernel 及 CapsGNN）上进行了实验。分类器选择逻辑斯谛回归分类器（Logistic Regression，LR）。

在实验过程中，每个数据集中的数据以 7∶1∶2 的比例划分为训练集、验证集和测试集。在 M-Evolve 方法中，重连预算 β 设置为 0.15，迭代次数设置为 5。图分类模型 Graph2vec、NetLSD 及 DeepKernel 的输出特征维度设置为 128。具体实验细节参见文献[56]。

2. 实验结果

表 8-6 和表 8-7 列出了在 4 个数据集上增强 3 种图分类算法的实验结果。通过对比可以发现，经过优化后，图分类精度有了很明显的提升。M-Evolve 通过结构增强的方式来扩充训练数据量，使得模型挖掘的图核结构稳定。SGN 通过将网络转化为高阶的子图交互网络，进一步扩充了网络的结构特征。S^2GN 进一步通过加入采样策略，优化了 SGN 在生成子图网络时的单一性和高复杂度，获得了更好的效果。上面三种方法都能有效地增强现有的图分类算法。

表 8-6 M-Evolve 图分类增强实验结果

数据集	方法	图分类准确率		
		Graph2vec+RF	NetLSD+RF	Diffpool
MUTAG	原始	0.820	0.836	0.801
	M-Evolve	**0.852**	**0.892**	**0.831**
PTC-MR	原始	0.549	0.576	0.609
	M-Evolve	**0.593**	**0.620**	**0.639**
KKI	原始	0.552	0.496	0.523
	M-Evolve	**0.634**	**0.582**	**0.612**
Peking-1	原始	0.522	0.591	0.586
	M-Evolve	**0.630**	**0.699**	**0.632**

表 8-7　SGN 图分类增强实验结果

数据集	方法	图分类 F_1 分数		
		Graph2vec+Logistic	DeepKernel+Logistic	CapsGNN
MUTAG	原始	0. 820	0. 830	0. 863
	$SGN^{(0,1,2)}$	**0. 868**	**0. 937**	**0. 895**
	$S^2GN^{(0,1,2)}$	**0. 868**	**0. 940**	**0. 926**
PTC-MR	原始	0. 602	0. 594	0. 621
	$SGN^{(0,1,2)}$	**0. 632**	**0. 659**	**0. 641**
	$S^2GN^{(0,1,2)}$	**0. 647**	**0. 674**	**0. 819**
NCI1	原始	0. 732	0. 671	0. 783
	$SGN^{(0,1,2)}$	**0. 766**	**0. 703**	**0. 786**
	$S^2GN^{(0,1,2)}$	**0. 774**	**0. 715**	**0. 788**
IMDB-B	原始	0. 625	0. 675	0. 727
	$SGN^{(0,1,2)}$	**0. 707**	**0. 757**	**0. 765**
	$S^2GN^{(0,1,2)}$	**0. 716**	**0. 741**	**0. 934**

8. 2. 5　M-Evolve 的多任务拓展

本小节将讨论如何将 M-Evolve 中的数据增强策略用于图数据挖掘中的其他任务，如节点分类、链路预测等。

现有的半监督节点分类方法在运行过程中，通常将整个网络输入 GCN 模型中进行训练，称之为 full-batch 训练。在每一轮训练中，模型需要为所有的标注节点计算损失，当图的规模非常大的时候，full-batch 中的数据量过大会导致过多的计算资源消耗。在节点分类任务中，当为每个标注节点生成扩充数据，并且在 full-batch 训练方式下，资源消耗将会加剧。

受图神经网络中邻域聚合机制的启发，我们知道 GNN 模型在节点分类过程中只捕捉以目标节点为中心的感受野中的信息用于预测，这个感受野可以理解为目标节点的邻域，或者说以目标节点为中心的 h 跳子图。在这样的情况下，当对一个目标节点进行分类时，只需要将以它为中心的子图作为输入即可。子图的规模远远小于整个图，将所有标注节点对应的子图提取出来构成 batch，以这样的方式进行训练可以大大减小资源的消耗。对于链路预测任务，同样可以通过提取目标链路周围的子图来达到相同的目的。

文献[62]提出将节点分类任务和链路预测任务统一为图分类任务，如图8-10所示。对于节点分类，提取目标节点周围的子图，子图的标签对应于目标节点的标签。对于链路预测，提取目标节点对周围的子图，子图的标签对应于目标节点对的链接状态（有边为正样本，无边为负样本）。将所有的子图构成一个数据集（或batch），由此，节点分类和链路预测统一为图分类任务。对提取的子图使用M-Evolve中的数据增强策略进行数据扩充，最终达到间接增强节点分类和链路预测的目的，实现M-Evolve在多任务上的拓展。

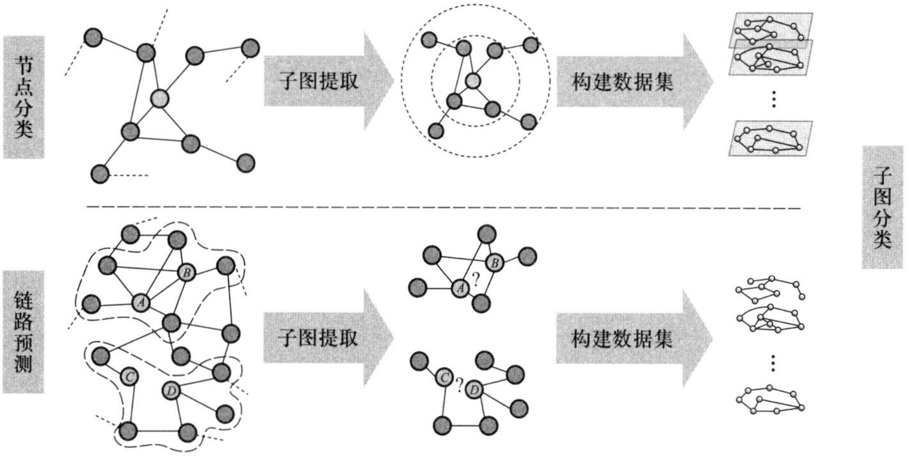

图8-10 M-Evolve多任务统一的示意图

对于节点分类任务，选择了BlogCatalog和Flickr两个数据集进行实验；对于链路预测任务，选择了Router和C.elegans两个数据集进行实验。使用DGCNN模型实现子图分类。在M-Evolve方法中，重连预算β分别设置为0.10、0.15及0.20，迭代次数设置为5。具体实验细节参见文献[62]。

表8-8记录了节点分类的结果，实验中仅使用了10%的子图进行训练。可以看到在这两个数据集上，DGCNN模型的效果都优于GAT，但是在Flicker数据集上性能不如GCN。可能的原因是，我们在邻域采样时仅考虑了1-hop子图，因此DGCNN仅聚合1阶邻域的信息，而两层GCN模型聚合了2阶邻域的信息。经过M-Evolve框架的优化，DGCNN模型在两个数据集上的效果都得到了提升。

表 8-8　M-Evolve 增强节点分类结果

数据集	方法	图分类准确率		
		β=0. 10	β=0. 15	β=0. 20
BlogCatalog	GCN	0. 720	0. 720	0. 720
	GAT	0. 663	0. 663	0. 663
	DGCNN	0. 745	0. 745	0. 745
	DGCNN + M-Evolve	**0. 759**	**0. 756**	**0. 746**
Flickr	GCN	0. 546	0. 546	0. 546
	GAT	0. 359	0. 359	0. 359
	DGCNN	0. 419	0. 419	0. 419
	DGCNN + M-Evolve	**0. 489**	**0. 488**	**0. 501**

表 8-9 记录了链路预测的结果，实验中仅使用了 20%的子图进行训练。可以看到在两个数据集上，DGCNN 模型的效果都优于 GAE 和 VGAE。可能的原因是，GAE 和 VGAE 在使用极为稀疏的图进行训练时性能表现糟糕。经过 M-Evolve 框架的优化，DGCNN 模型在两个数据集上的效果都得到了提升。

表 8-9　M-Evolve 增强链路预测结果

数据集	方法	图分类准确率		
		β=0. 10	β=0. 15	β=0. 20
Router	GAE	0. 513	0. 513	0. 513
	VGAE	0. 500	0. 500	0. 500
	DGCNN	0. 672	0. 672	0. 672
	DGCNN + M-Evolve	**0. 686**	**0. 685**	**0. 685**
C.elegans	GAE	0. 526	0. 526	0. 526
	VGAE	0. 505	0. 505	0. 505
	DGCNN	0. 632	0. 632	0. 632
	DGCNN + M-Evolve	**0. 635**	**0. 638**	**0. 638**

总体来说，子图采样将节点分类和链路预测转化为图分类任务，在此基础上 DGCNN 模型达到了与 baseline 相当的性能，说明将节点分类和链路预测统一为

图分类的思想是有效的。同时,M-Evolve 框架通过子图增强,也能在一定程度上提升节点分类和链路预测的效果。

8.2.6 SGN 的多任务拓展

本节将介绍 SGN 在链路权重预测、节点分类等方面多任务统一的应用[63]。SGN 多任务统一主要过程如图 8-11 所示,首先从原始网络中提取一阶子图网络、二阶子图网络等各级子网络,然后将这些子图网络映射到不同的特征向量空间,最后合并不同的向量作为最终的输入特征向量,可用于多种网络分析任务。

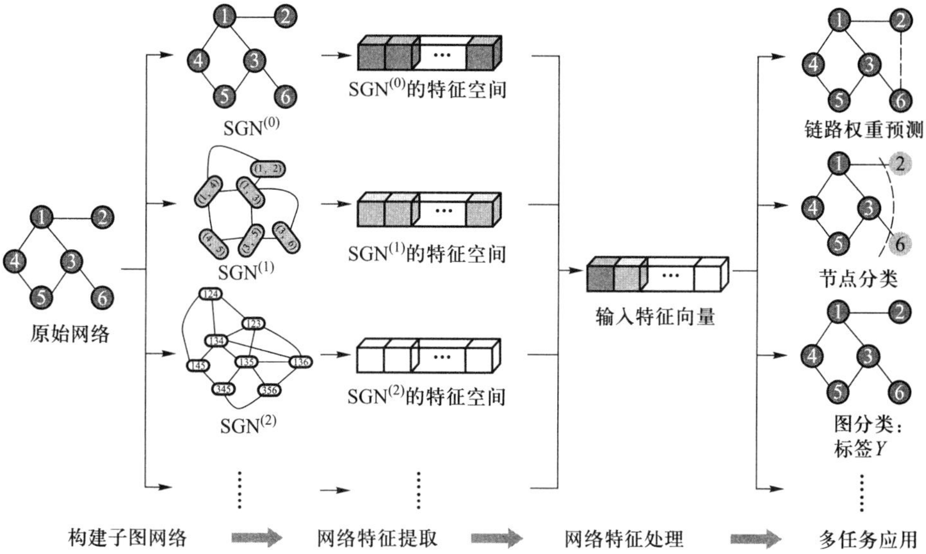

图 8-11 SGN 多任务统一的示意图(取自文献[63])

1. 链路权重预测

真实网络的链路权重通常具有一些物理属性。例如,在脑网络中,链路权重表示连接的强度;在蛋白质-蛋白质相互作用网络中,链路权重表示相互作用的置信度;在航空网络中,链路权重表示航班数;在社交网络中,链接权重表示社交关系的强度。在很多情况下,为了恢复丢失的数据或研究网络的演化,需要预测网络中的链路权重。本小节中将利用 SGN$^{(1)}$ 对原始网络 SGN$^{(0)}$ 进行结构特征空间扩展,以提高链路权重的预测性能。

在提取一阶子图网络 SGN$^{(1)}$ 的过程中,SGN$^{(0)}$ 的边转化为一阶子图网络 SGN$^{(1)}$ 的节点,原始网络中边的信息转化为一阶子图网络中节点的信息。因此,可以利用 SGN$^{(1)}$ 的节点中心性指标提取 SGN$^{(0)}$ 的边特征。

在特征提取过程中，SGN$^{(0)}$中用到的基本特征包括共同邻居（Common Neighbors）、Salton Index、Jaccard Index、度大节点有利指标（Hub Promoted Index）、度大节点不利指标（Hub Depressed Index）、Sϕrensen Index、LeichtHolme-Newman Index、Adamic-Adar Index、资源分配指标（Resource Allocation Index）、Preferential Attachment Index、Friends-Measure、局部路径（Local Path Index）、局部随机游走（Local Random Walk）以及边介数（Edge Betweenness）。SGN$^{(1)}$中的节点中心性指标包括度中心性（Degree Centrality）、接近中心性（Closeness Centrality）、介数中心性（Betweenness Centrality）、特征向量中心性（Eigenvector Centrality）、PageRank、Clustering Coefficient、H-index 及 Coreness。

2. 节点分类

这里 SGN 的目标是为每个节点采样一个子图，将节点分类转化为图分类，然后采用 SGN 模型扩展子图的特征空间，提高分类性能。

图 8-12 展示了节点子图网络的提取过程。首先，利用采样策略对原始网络进行采样获得节点序列。以节点 1 为例，经过采样后获得的节点序列为[1,6,1,3,5,3]。然后，利用采样得到的节点序列，从原始网络中提取子图，作为 SGN$^{(0)}$。完成节点子图网络提取后，利用采样得到的 SGN$^{(0)}$构造 SGN$^{(1)}$和 SGN$^{(2)}$，利用不同阶子图的特征进行子图分类，间接实现节点分类。

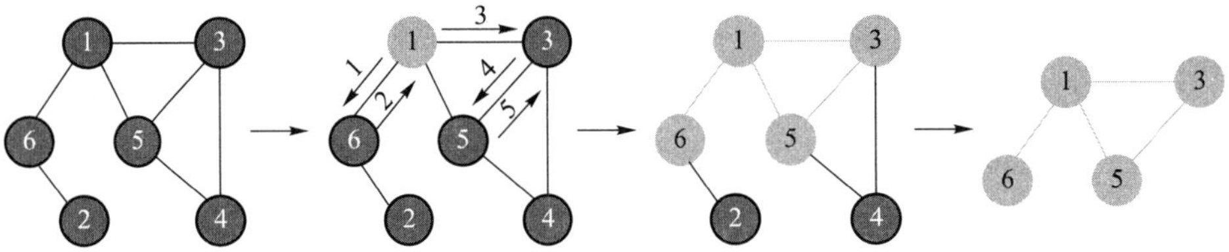

(a) 原始网络　(b) 节点采样　(c) 提取SGN$^{(0)}$　(d) SGN$^{(0)}$

图 8-12　节点子图网络提取过程示意图（取自文献[63]）

3. 实验说明

对于链路权重预测任务，选择了 C.elegans、NetScience 和 Geom 三个数据集进行实验，使用随机森林（Random Forest）分类器进行链路权重预测，使用皮尔逊相关系数（Pearson Correlation Coefficient，PCC）和均方误差（Mean Squared Error，MSE）作为评价指标。对于节点分类任务，选择了 Karate、ENZYMES296 和 FIRSTMM DB5 三个数据集进行实验，使用 Graph2vec 和随机树进行图特征的提取。具体实验细节参见文献[63]。

表 8-10 展示了利用 SGN 进行链路权重预测的结果。可以发现，使用 SGN$^{(1)}$特征的结果要劣于使用 SGN$^{(0)}$特征的结果，原因在于 SGN$^{(1)}$提取的一阶

子图的特征仅仅是对原始网络特征的补充，单独使用 $SGN^{(1)}$ 的特征效果一般。$SGN^{(0,1)}$ 结合了原始网络和一阶子图网络的特征，取得了最好的预测效果，表现在 PCC 的提升和 MSE 的降低。表 8-11 展示了利用 SGN 进行节点分类的结果。可以发现 $SGN^{(0,1,2)}$ 结合了原始网络、一阶子图及二阶子图的特征，取得了最好的分类效果。

表 8-10 SGN 链路权重预测结果

数据集	方法	链路权重预测	
		PCC	MSE
C.elegans	$SGN^{(0)}$	0.466	0.188
	$SGN^{(1)}$	0.459	0.189
	$SGN^{(0,1)}$	**0.502 (+7.73%)**	**0.184 (-2.13%)**
NetScience	$SGN^{(0)}$	0.790	0.092
	$SGN^{(1)}$	0.741	0.097
	$SGN^{(0,1)}$	**0.805 (+1.90%)**	**0.088 (-4.35%)**
Geom	$SGN^{(0)}$	0.581	0.134
	$SGN^{(1)}$	0.530	0.139
	$SGN^{(0,1)}$	**0.605 (+4.13%)**	**0.131 (-2.24%)**

表 8-11 SGN 节点分类结果

数据集	节点分类准确率			
	$SGN^{(0)}$	$SGN^{(1)}$	$SGN^{(2)}$	$SGN^{(0,1,2)}$
Karate	72.50	80.00	90.00	**92.50 (+27.59%)**
ENZYMES296	80.20	80.91	81.03	**81.03 (+1.03%)**
FIRSTMM DB5	81.34	81.33	82.81	**83.20 (+2.29%)**

一方面，利用一阶子图网络，可以挖掘网络中边的特征，辅助链路权重预测；另一方面，通过将节点分类转化为图分类后，可以利用 SGN 模型来扩展节点的特征，获取更优良的分类性能。

8.3 节点分类相关的数据增强

过拟合和过平滑(over-smoothing)是深度图卷积网络用于节点分类时的两个主要障碍。过拟合削弱了 GCN 在小数据集上的泛化能力,而过平滑则会在更深的 GCN 中将输出表示与输入特征隔离,阻碍模型训练。具体而言,当使用一个参数特别多的模型去拟合一个小规模数据集的数据分布时,这个模型可以很好地拟合训练数据,但是它在测试数据上的表现会很糟糕,这时就发生了过拟合。每一层图卷积层本质上是将邻接节点的表示进行混合,如果层数无限多,所有节点的表示将收敛到一个固定值,使得它们与输入特征无关,并导致梯度消失,这样的现象就是节点特征的过平滑。

8.3.1 基本定义

针对任意网络 $G=(V,E)$,V 表示网络中的节点集合,E 表示网络中的连边集合。邻接矩阵为 $\boldsymbol{A}\in\mathbb{R}^{N\times N}$,对于无权网络,如果节点 v_i 和 v_j 之间存在连边,则有 $a_{ij}=1$,否则 $a_{ij}=0$;对于有权网络,a_{ij}表示节点 v_i 和 v_j 之间连边的权重。$\boldsymbol{D}\in\mathbb{R}^{N\times N}$ 表示对角矩阵,即对角线上为对应节点的度值,其余位置为 0。$\boldsymbol{X}\in\mathbb{R}^{N\times n}$ 表示节点的特征向量矩阵,其中 $\boldsymbol{X}_i\in\mathbb{R}^{1\times n}$ 表示节点 v_i 的 n 维特征向量。

GCN 中的前向传播过程可以按如下公式递归地表示为

$$\boldsymbol{H}^{(\ell+1)}=\sigma(\tilde{\boldsymbol{A}}\boldsymbol{H}^{(\ell)}\boldsymbol{W}^{(\ell)}),\tag{8-32}$$

其中,$\boldsymbol{H}^{(\ell)}$,$\boldsymbol{H}^{(\ell+1)}$分别为第 ℓ 层和第 $\ell+1$ 层 GCN 的输出,$\tilde{\boldsymbol{A}}=\tilde{\boldsymbol{D}}^{-\frac{1}{2}}(\boldsymbol{A}+\boldsymbol{I}_N)\tilde{\boldsymbol{D}}^{-\frac{1}{2}}$是重标准化后的邻接矩阵,$\tilde{\boldsymbol{D}}$ 是 $\boldsymbol{A}+\boldsymbol{I}_N$的度矩阵,$\boldsymbol{W}\in\mathbb{R}^{F\times F'}$是参数矩阵。将公式(8-32)计算的一层 GCN 表示为图卷积层。

8.3.2 基于边移除的数据增强

DropEdge[64]作为一种通用的方法,在模型的每个训练阶段随机地从输入图中删除一定数量的边,来起到数据增强的作用,可以有效地缓解过拟合和过平滑问题。

1. 数据增强

在每一个训练周期中,DropEdge 从输入图中随机地移除一定数量的边。具体而言,对于用邻接矩阵 $\boldsymbol{A}$ 表示的图,DropEdge 从图中随机选取边进行移除。用 β 表示每条边被移除的概率,那么每条边是否移除符合如下的伯努利分布:

$$\boldsymbol{\Sigma}_{ij} \sim \text{Bernoulli}(\beta), \tag{8-33}$$

经过边移除后,最终的邻接矩阵可以表示为

$$\boldsymbol{A}_{\text{drop}} = \boldsymbol{A} \oplus \boldsymbol{\Sigma}, \tag{8-34}$$

其中⊕表示异或运算。

在邻接矩阵重标准化的过程中,DropEdge 将式子 $\tilde{\boldsymbol{A}} = \tilde{\boldsymbol{D}}^{-\frac{1}{2}}(\boldsymbol{A}+\boldsymbol{I}_N)\tilde{\boldsymbol{D}}^{-\frac{1}{2}}$ 中的 $\boldsymbol{A}$ 替换为 $\boldsymbol{A}_{\text{drop}}$,可以得到 $\tilde{\boldsymbol{A}}_{\text{drop}}$。在训练过程中,将公式(8-32)中的 $\tilde{\boldsymbol{A}}$ 替换为 $\tilde{\boldsymbol{A}}_{\text{drop}}$;在验证和测试过程中,不使用 DropEdge。

DropEdge 对图中的节点连接引入不同的扰动,因此,它会令输入数据产生不同的随机变换,可以看作是图上的一种数据增强。GCN 的关键是对每个节点的邻域信息进行聚合,可以理解为邻域特征的加权和(权重与边相关)。从邻域聚合的角度来看,DropEdge 在 GNN 训练中聚合了邻居的随机子集,而不是对所有的邻居进行聚合。从统计的角度看,如果给每一条边设置一个移除概率 β,DropEdge 只会将邻域聚合的期望改变为乘数 β。这个乘数实际上会在权值归一化后被消除。因此,DropEdge 不改变邻域聚合的期望,是一种无偏的数据增强技术,类似于典型的图像增强技术(如旋转、裁剪)。

2. 变体

上面介绍的 DropEdge 是一次性的数据增强方法,也就是说,在每一个训练周期中,GNN 模型的所有层共享相同的扰动邻接矩阵 $\boldsymbol{A}_{\text{drop}}$。下面将简单介绍 DropEdge 的变体 DropEdge(LI)。

在每一个训练周期中,DropEdge(LI)为模型的每一层生成一个独立的输入,也就是说,在 DropEdge(LI)模式下,模型的每一层在计算前都会执行 DropEdge,DropEdge(LI)为每一层生成一个扰动邻接矩阵

$$\boldsymbol{A}_{\text{drop}}^{(\ell)} = \boldsymbol{A} \oplus \boldsymbol{\Sigma}, \tag{8-35}$$

不同层将会有不同的扰动邻接矩阵作为输入。DropEdge(LI)会引入更多的随机性和数据增强。

8.3.3 节点分类的增强实验

我们在 3 个标准数据集(Cora、Citeseer 及 Pubmed)、2 种 GNN 模型(GCN 及 GraphSAGE)上进行了实验,验证了 DropEdge 方法在缓解过拟合和过平滑方面的

有效性。

表 8-12 列出了在 3 个数据集上的节点分类结果。可以看到,在各种情况下,利用 DropEdge 均能提高模型的测试精度。此外,对于更深的 GNN 模型,利用 DropEdge 能够获得更多的精度绝对提升。

表 8-12　DropEdge 节点分类结果

数据集	模型	2 层		8 层		32 层	
		原始	DropEdge	原始	DropEdge	原始	DropEdge
Cora	GCN	0.8610	**0.8650**	0.7870	**0.8580**	0.7160	**0.7460**
	GraphSAGE	0.8780	**0.8810**	0.8430	**0.8710**	0.3190	**0.3220**
Citeseer	GCN	0.7590	**0.7870**	0.7460	**0.7720**	0.5920	**0.6140**
	GraphSAGE	0.7840	**0.8000**	0.7410	**0.7710**	0.3700	**0.5360**
Pubmed	GCN	0.9020	**0.9120**	0.9010	**0.9090**	0.8460	**0.8620**
	GraphSAGE	0.9010	**0.9070**	0.9020	**0.9170**	0.4130	**0.4790**

图 8-13 比较了 DropEdge 及其变体的有效性。在训练过程中,相比于 DropEdge,DropEdge(LI)取得了更低的训练损失以及验证损失,这表明 DropEdge(LI)更有助于训练。然而在实际运用的过程中,DropEdge 相比于 DropEdge(LI)更有优势,因为 DropEdge 不仅可以缓解过拟合、过平滑,还有较小的计算复杂度。

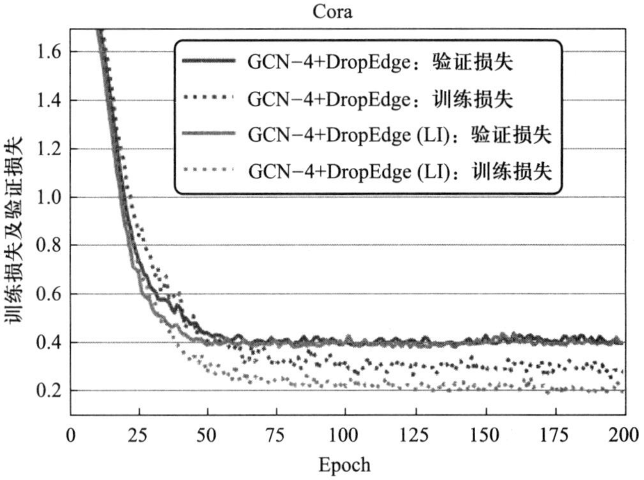

图 8-13　DropEdge 及其变体的比较(取自文献[64])

这是因为在每一个训练周期中，DropEdge(LI)需要在模型的每一层执行数据增强，生成各自的输入，而 DropEdge 只需要执行一次数据增强，模型的所有层共享同一个输入。

8.4 本章小结

本章主要介绍了图挖掘领域中针对社团检测、图分类、节点分类等任务的数据增强技术。图数据增强既可以通过不同策略优化网络结构，获得更鲁棒的模型输入，使得下游算法的性能得到极大的改善；也可以在模型的输入端引入随机性，帮助模型在训练过程中缓解过拟合、过平滑等问题。在算法多样化和大数据的背景下，利用数据增强来优化数据自身的结构、特征，并且进一步优化算法、模型的性能，具有重要的研究价值。

参考文献

[1] Zügner D, Akbarnejad A, Günnemann S. Adversarial attacks on neural networks for graph data [C]//Proceedings of the 24th ACM SIGKDD International Conference on Knowledge Discovery & Data Mining, London, 2018: 2847-2856.

[2] Von Luxburg U. A tutorial on spectral clustering[J]. Statistics and Computing, 2007, 17(4): 395-416.

[3] Fortunato S. Community detection in graphs[J]. Physics Reports, 2010, 486(3-5): 75-174.

[4] Blondel V D, Guillaume J L, Lambiotte R, et al. Fast unfolding of communities in large networks[J]. Journal of Statistical Mechanics: Theory and Experiment, 2008, 2008(10): P10008.

[5] Newman M E J. Finding community structure in networks using the eigenvectors of matrices[J]. Physical Review E, 2006, 74(3): 036104.

[6] Girvan M, Newman M E J. Community structure in social and biological networks[J]. Proceedings of the National Academy of Sciences, 2002, 99(12): 7821-7826.

[7] Raghavan U N, Albert R, Kumara S. Near linear time algorithm to detect community structures in large-scale networks[J]. Physical Review E, 2007, 76(3): 036106.

[8] Li P Z, Huang L, Wang C D, et al. Community detection by motif-aware label propagation[J]. ACM Transactions on Knowledge Discovery from Data, 2020, 14(2): 1-19.

[9] Clauset A, Newman M E J, Moore C. Finding community structure in very large networks[J]. Physical Review E, 2004, 70(6): 066111.

[10] Rosvall M, Bergstrom C T. Maps of random walks on complex networks reveal community structure[J]. Proceedings of the National Academy of Sciences, 2008, 105(4): 1118-1123.

[11] Zlatić V, Gabrielli A, Caldarelli G. Topologically biased random walk and community finding in networks [J]. Physical Review E, 2010, 82(6): 066109.

[12] Bo D, Wang X, Shi C, et al. Structural deep clustering network [C]// Proceedings of The Web Conference,Taipei, 2020: 1400-1410.

[13] Fan S, Wang X, Shi C, et al. One2multi graph autoencoder for multi-view graph clustering[C]//Proceedings of The Web Conference, Taipei, 2020: 3070-3076.

[14] Waniek M, Michalak T P, Wooldridge M J, et al. Hiding individuals and communities in a social network[J]. Nature Human Behaviour, 2018, 2(2): 139-147.

[15] Fionda V, Pirro G. Community deception or: How to stop fearing community detection algorithms [J]. IEEE Transactions on Knowledge and Data Engineering, 2017, 30(4): 660-673.

[16] Chen J, Chen L, Chen Y, et al. GA-based Q-attack on community detection [J]. IEEE Transactions on Computational Social Systems, 2019, 6(3): 491-503.

[17] Li J, Zhang H, Han Z, et al. Adversarial attack on community detection by hiding individuals[C]//Proceedings of The Web Conference, Taipei, 2020: 917-927.

[18] Fortunato S, Barthelemy M. Resolution limit in community detection [J]. Proceedings of the National Academy of Sciences, 2007, 104(1): 36-41.

[19] Zhou J, Chen Z, Du M, et al. RobustECD: enhancement of network structure

for robust community detection [J]. IEEE Transactions on Knowledge and Data Engineering, Early access, 2021.

[20] Newman M E J, Girvan M. Finding and evaluating community structure in networks[J]. Physical Review E, 2004, 69(2): 026113.

[21] Lü L, Zhou T. Link prediction in complex networks: A survey[J]. Physica A: Statistical Mechanics and its Applications, 2011, 390(6): 1150-1170.

[22] Zhang M, Chen Y. Link prediction based on graph neural networks [J]. Advances in Neural Information Processing Systems, 2018, 31: 5165-5175.

[23] Salton G, McGill M J. Introduction to Modern Information Retrieval[M]. New York: McGraw Hill, 1983.

[24] Jaccard P. Étude comparative de la distribution florale dans une portion des Alpes et des Jura[J]. Bull. Soc. Vaudoise. Sci. Nat., 1901, 37: 547-579.

[25] Ravasz E, Somera A L, Mongru D A, et al. Hierarchical organization of modularity in metabolic networks[J]. Science, 2002, 297(5586): 1551-1555.

[26] Adamic L A, Adar E. Friends and neighbors on the web [J]. Social Networks, 2003, 25(3): 211-230.

[27] Zhou T, Lü L, Zhang Y C. Predicting missing links via local information[J]. The European Physical Journal B, 2009, 71(4): 623-630.

[28] Lü L, Jin C H, Zhou T. Similarity index based on local paths for link prediction of complex networks [J]. Physical Review E, 2009, 80(4): 046122.

[29] Brin S, Page L. The anatomy of a large-scale hypertextual web search engine [J]. Computer Networks and ISDN Systems, 1998, 30(1-7): 107-117.

[30] Monti S, Tamayo P, Mesirov J, et al. Consensus clustering: A resampling-based method for class discovery and visualization of gene expression microarray data[J]. Machine Learning, 2003, 52(1-2): 91-118.

[31] Zachary W W. An information flow model for conflict and fission in small groups[J]. Journal of Anthropological Research, 1977, 33(4): 452-473.

[32] Newman M E J. Modularity and community structure in networks [J]. Proceedings of the National Academy of Sciences, 2006, 103(23): 8577-8582.

[33] Adamic L A, Glance N. The political blogosphere and the 2004 US election: divided they blog [C]//Proceedings of the 3rd International Workshop on

Link Discovery, Chicago, 2005: 36-43.

[34] Rosvall M, Bergstrom C T. Maps of random walks on complex networks reveal community structure[J]. Proceedings of the National Academy of Sciences, 2008, 105(4): 1118-1123.

[35] Blondel V D, Guillaume J L, Lambiotte R, et al. Fast unfolding of communities in large networks[J]. Journal of Statistical Mechanics: Theory and Experiment, 2008, 2008(10): P10008.

[36] Raghavan U N, Albert R, Kumara S. Near linear time algorithm to detect community structures in large-scale networks[J]. Physical Review E, 2007, 76(3): 036106.

[37] Danon L, Diaz-Guilera A, Duch J, et al. Comparing community structure identification[J]. Journal of Statistical Mechanics: Theory and Experiment, 2005, 2005(09): P09008.

[38] Shervashidze N, Schweitzer P, Van Leeuwen E J, et al. Weisfeiler-lehman graph kernels[J]. Journal of Machine Learning Research, 2011, 12(9): 2539-2561.

[39] Neumann M, Garnett R, Bauckhage C, et al. Propagation kernels: Efficient graph kernels from propagated information[J]. Machine Learning, 2016, 102(2): 209-245.

[40] Shervashidze N, Vishwanathan S V N, Petri T, et al. Efficient graphlet kernels for large graph comparison[C]//Artificial Intelligence and Statistics, Florida, 2009: 488-495.

[41] Gärtner T, Flach P, Wrobel S. On graph kernels: Hardness results and efficient alternatives[M]// Schölkopf B, Warmuth M K. Learning Theory and Kernel Machines. Berlin: Springer, 2003: 129-143.

[42] Borgwardt K M, Kriegel H P. Shortest-path kernels on graphs[C]// Proceedings of the Fifth IEEE International Conference on Data Mining, Houston, 2005: 8.

[43] Grover A, Leskovec J. node2vec: Scalable feature learning for networks[C]//Proceedings of the 22nd ACM SIGKDD International Conference on Knowledge Discovery and Data Mining, San Francisco, 2016: 855-864.

[44] Narayanan A, Chandramohan M, Venkatesan R, et al. graph2vec: Learning distributed representations of graphs[C].Proceedings of the 13th International workshop on Mining and Learning with Graphs, Halifax, Canada, 2017.

[45] Dai H, Dai B, Song L. Discriminative embeddings of latent variable models for structured data[C]// Proceedings of the International Conference on Machine Learning, New York, 2016: 2702-2711.

[46] Narayanan A, Chandramohan M, Chen L, et al. subgraph2vec: Learning distributed representations of rooted sub-graphs from large graphs[C]. Proceedings of the 12th International Workshop on Mining and Learning with Graphs, San Francisco, 2016.

[47] Simonovsky M, Komodakis N. Dynamic edge-conditioned filters in convolutional neural networks on graphs[C]//Proceedings of the IEEE Conference on Computer Vision and Pattern Recognition, Honolulu, 2017: 3693-3702.

[48] Fey M, Eric Lenssen J, Weichert F, et al. Splinecnn: Fast geometric deep learning with continuous b-spline kernels[C]//Proceedings of the IEEE Conference on Computer Vision and Pattern Recognition, Salt Lake City, 2018: 869-877.

[49] Ying Z, You J, Morris C, et al. Hierarchical graph representation learning with differentiable pooling[C]//Advances in Neural Information Processing Systems, Montreal, 2018: 4800-4810.

[50] Ma Y, Wang S, Aggarwal C C, et al. Graph convolutional networks with eigenpooling[C]//Proceedings of the 25th ACM SIGKDD International Conference on Knowledge Discovery & Data Mining, Anchorage, 2019: 723-731.

[51] Debnath A K, Lopez de Compadre R L, Debnath G, et al. Structure-activity relationship of mutagenic aromatic and heteroaromatic nitro compounds. correlation with molecular orbital energies and hydrophobicity[J]. Journal of Medicinal Chemistry, 1991, 34(2): 786-797.

[52] Helma C, King R D, Kramer S, et al. The predictive toxicology challenge 2000-2001[J]. Bioinformatics, 2001, 17(1): 107-108.

[53] Borgwardt K M, Ong C S, Schönauer S, et al. Protein function prediction via graph kernels[J]. Bioinformatics, 2005, 21(suppl_1): i47-i56.

[54] Pan S, Wu J, Zhu X, et al. Task sensitive feature exploration and learning for multitask graph classification[J]. IEEE Transactions on Cybernetics, 2016, 47(3): 744-758.

[55] Yanardag P, Vishwanathan S V N. Deep graph kernels[C]//Proceedings of

the 21th ACM SIGKDD International Conference on Knowledge Discovery and Data Mining, Sydney, 2015: 1365-1374.

[56] Zhou, J, Shen, J, Yu, S, et al. M-Evolve: Structural-mapping-based data augmentation for graph classification [J]. IEEE Transactions on Network Science and Engineering, 2020, 8(1): 190-200.

[57] Ugander J, Backstrom L, Kleinberg J. Subgraph frequencies: Mapping the empirical and extremal geography of large graph collections[C]//Proceedings of the 22nd International Conference on World Wide Web, Rio de Janeiro, Brazil, 2013: 1307-1318.

[58] Jha M, Seshadhri C, Pinar A. Path sampling: A fast and provable method for estimating 4 - vertex subgraph counts [C]//Proceedings of the 24th International Conference on World Wide Web, Florence, 2015: 495-505.

[59] Wang H, Zhang P, Zhu X, et al. Incremental subgraph feature selection for graph classification [J]. IEEE Transactions on Knowledge and Data Engineering, 2016, 29(1): 128-142.

[60] Yang C, Liu M, Zheng V W, et al. Node, motif and subgraph: Leveraging network functional blocks through structural convolution[C]// Proceedings of 2018 IEEE/ACM International Conference on Advances in Social Networks Analysis and Mining, Barcelona, 2018: 47-52.

[61] Xuan Q, Wang J, Zhao M, et al. Subgraph networks with application to structural feature space expansion[J]. IEEE Transactions on Knowledge and Data Engineering, 2019, 33(6): 2776-2789.

[62] Zhou J, Shen J, Shan Y, et al. Subgraph augmentation with application to graph mining [M]//Xuan Q, Ruan Z Y, Min Y. Graph Data Mining. Singapore: Springer, 2021: 73-91.

[63] Chen G, Wang J, Qiu K, et al. Subgraph network for expanding structural feature space with application to graph data mining[M]//Chee W T. Online Social Networks: Perspectives, Applications and Developments. New York: Nova Science Publishers, 2020: 69-92.

[64] Rong Y, Huang W, Xu T, et al. Dropedge: Towards deep graph convolutional networks on node classification [C]//Proceedings of International Conference on Learning Representations, Addis Ababa, 2020.

网络科学与工程丛书　图书清单

序号	书名	作者	书号
1	网络度分布理论	史定华	9787040315134
2	复杂网络引论——模型、结构与动力学（英文版）	陈关荣 汪小帆 李翔	9787040347821
3	网络科学导论	汪小帆 李翔 陈关荣	9787040344943
4	链路预测	吕琳媛 周涛	9787040382327
5	复杂网络协调性理论	陈天平 卢文联	9787040382570
6	复杂网络传播动力学——模型、方法与稳定性分析（英文版）	傅新楚 Michael Small 陈关荣	9787040307177
7	复杂网络引论——模型、结构与动力学（第二版，英文版）	陈关荣 汪小帆 李翔	9787040406054
8	复杂动态网络的同步	陆君安 刘慧 陈娟	9787040451979
9	多智能体系统分布式协同控制	虞文武 温广辉 陈关荣 曹进德	9787040456356
10	复杂网络上的博弈及其演化动力学	吕金虎 谭少林	9787040514483
11	非对称信息共享网络理论与技术	任勇 徐蕾 姜春晓 王景璟 杜军	9787040518559
12	网络零模型构造及应用	许小可	9787040523232
13	复杂网络传播理论——流行的隐秩序	李翔 李聪 王建波	9787040546057
14	网络渗流	刘润然 李明 吕琳媛 贾春晓	9787040537949
15	复杂网络上的流行病传播	刘宗华 阮中远 唐明	9787040554809
16	一种统一混合网络理论框架及其应用	方锦清 刘强 李永	9787040560114

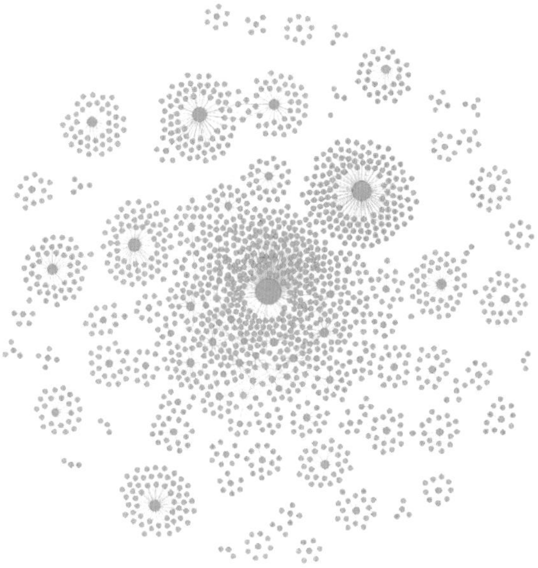

图 1-4　以太坊钓鱼用户交易网络

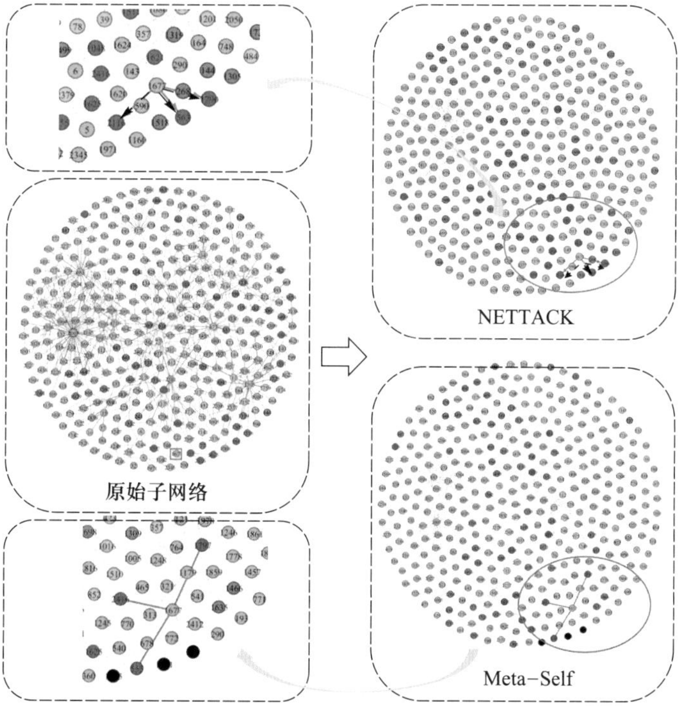

图 6-7　NETTACK 和基于元梯度攻击方法的结果展示

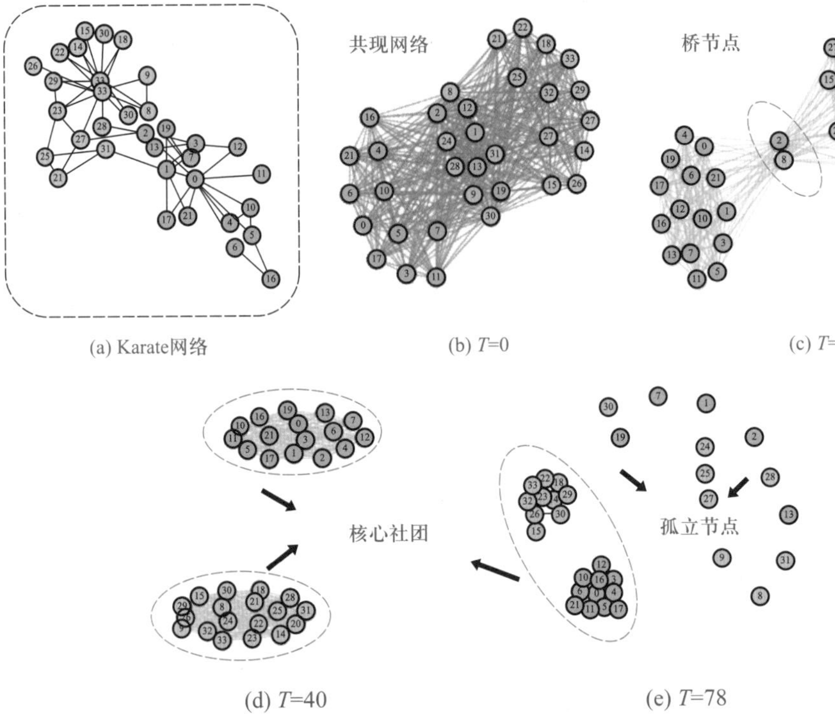

图 8-3　Karate 网络利用不同阈值进行剪枝的示意图